山西太原晋祠献殿，始建于金大定八年，与著名的鱼沼飞梁、圣母殿共同构成了晋祠祭祀空间的主体建筑群。

　　献殿是华夏坛庙建筑形制中特有的组成部分，是坛庙建筑的标志性元素，是古代华夏祭祀文化、礼制文化、民俗文化的缩影。

教育部 2016 年人文社会科学研究规划基金项目『晋陕豫坛庙建筑艺术形态特征研究』（批准号：16YJA760023）资助

黄河文明的记忆
晋陕豫坛庙建筑艺术

刘勇 著

中国建筑工业出版社

序
一

探究古老建筑的
艺术魅力
彰显优秀的传统
文化精神

　　对于一个民族、一个国家来讲，文化的意义是显而易见的，它是在长期的物质积累过程中形成的思想意识、精神价值、精神气质和精神力量，并且世代传承。它对于社会中的每个人都有着深刻的影响，它唤起人们对民族、国家的认同感、自豪感，成为民族凝聚力强大、可靠的保证，构成社会发展、国家兴旺的精神基础。

　　中华民族是世界上最古老的民族之一，上下五千年从未中断过的历史、恢宏庞大的国度、多民族融合的发展历程、志存高远的思想境界，造就了它辉煌璀璨的古代文明和兼容并蓄、深邃精奥、雄浑博大的传统文化。以"仁爱""忠信""和谐"等理念为核心价值观的中华文化，特色鲜明，魅力无穷，具有强大的吸引力、感召力和持久的生命力，是我们今天文化自信的重要精神源泉。

　　对文化的感知和传承需要物质载体来实现，这就是文化遗产的价值之所在。文化遗产是凝聚着民族文化意识和文化精神的文明成果。在中华民族丰富的文化遗产中，坛庙建筑是非常特殊的，它源起于华夏先祖的祭祀文化。早在新石器时代，华夏土地上已经出现了作为祭祀场所的祭坛和神庙，因此，坛庙建筑是最早的中国古代建筑类型之一。此外，坛庙建筑还是中国古代建筑中文化属性最突出的类型。《左传·成公十三年》载："国之大事，在祀与戎"，坛庙建筑所承载的传统祭祀文化，在古代中国社会占有最为重要的精神和文化地位，并且这种地位历经数千年从未改变，坛庙建筑也由此成为古代中国主流文化的标志和象征。

　　坛庙建筑在古代中国社会的作用无可替代。对自然神祇和祖先的祭祀，加上西周以后形成的对先贤烈士的祭祀，构成了传统祭祀文化的主体内容。祭祀，就其精神层面来讲，是一种信仰活动，而信仰的作用是巨大的：正是对自然的崇拜与信仰，使华夏社会产生了天地和谐、万物共生的发展观念；正是对祖先的崇拜与信仰，使华夏民族数千年来血脉相连、愈挫愈奋、兴旺发达；正是对先贤烈士的崇拜与信仰，使华夏民族英雄辈出、群贤荟萃、不可胜数。

　　基于对传统信仰思想、传统祭祀文化及相关民俗意识、民俗理念进行表达的目的，坛庙建筑艺术的内容极为广泛，形式丰富多样。特殊的文化语义成就了坛庙建筑鲜明的艺术特征，使之无论是在宏观层面的建筑选址、建筑格局，还是在微观层面的建筑装饰，都显著区别于其他类型的中国古代建筑。从这些艺术特征之中，除文化思想的表达、精神观念的传承外，还可以解读出文明教化的价值、传统审美的价值和历史研究的价值。这些艺术特征与文明价值，直到今天，仍然值得我们参考和借鉴。

华夏文明的主体是黄河文明，黄河文明发祥与发展的核心地域在地处黄河中游的晋陕豫三省，这里是华夏民族人文初祖黄帝和炎帝部落联盟的主要活动区域，也是史载"尧都平阳，舜都蒲坂，禹都安邑"的三座都邑所在地。夏、商、周三代，国都或在山西晋南，或在河南中州，或在陕西丰镐，奠定了这一地域黄河文明主导的地位。秦汉以降，直到北宋，晋陕豫三省一直为王朝统治的核心地域，引导着黄河文明的进步与发展，而与之相伴的，是其领先的祭祀文化和坛庙建筑艺术。直到今天，仍有大量坛庙建筑历经数百年、上千年的雨雪风霜，矗立在晋陕豫三省的山川田野、城镇村落之间，构成了一道道唤起人们对古代黄河文明记忆的人文景观。

刘勇老师本科和研究生所就读的天津大学建筑学院，是国内较早开展古建筑和文化遗产保护研究的高校院系，其学术氛围浓郁，学术底蕴深厚。在这样的环境熏陶下，刘勇老师打下了较为坚实的学术研究基础，形成了独到的研究思维。他撰写的这部著作呈现给读者的，除晋陕豫坛庙建筑艺术与文化等主体内容外，还有关于中国古代建筑根本问题的思考。

"郁郁乎文哉"，这是孔子对西周时期礼乐昌盛的赞美，在经济强盛、社会稳定、文化繁荣的当代中国，这样的话语，具有了全新的含义。刘勇老师的这部力作，为我们打开了一扇深入认识晋陕豫坛庙建筑艺术、感悟黄河文明和黄河传统文化精神的大门，值得祝贺。

杭侃

北京大学考古文博学院教授

山西大学副校长

云冈学研究院院长

序
二

从中岳庙解读坛庙
建筑艺术精髓
把握中岳信仰的
文化传承

2017年初夏，山西大学刘勇老师为完成教育部人文社会科学研究规划基金项目"晋陕豫坛庙建筑艺术形态特征研究"课题，与4名学生来嵩山考察岳庙建筑艺术，在郑州市文物局领导的推荐下，我们认识了。由于我在登封市文物局已经工作三十余年，日常的主要工作就是对中岳庙、汉三阙、嵩阳书院、观星台、少林寺等历史建筑的保护与研究，曾全程参与登封"天地之中"历史建筑群申报世界文化遗产的工作，是唯一受到人事部、国家文物局表彰的工作人员，因此我与刘老师就嵩山古建筑研究的话题很谈得来，考察工作进行得十分顺利，我们也成了朋友。

在交谈中，刘勇老师对坛庙建筑艺术的深入解读令我印象深刻；他分析道：嵩山中岳庙是中国坛庙建筑艺术的典范，其各方面的艺术形态，特别是空间艺术，表现力极强，构建出了作为祭祀场所浓郁的环境氛围，使人感受到了艺术的真谛，反映了华夏古人卓越的想象力和创造力。据记载，西汉之前嵩山已建有祭奉中岳神的太室祠；汉武帝元封年间，大规模增建太室祠；东汉安帝元初五年，在太室祠前增建太室阙；北魏时将太室祠命名为中岳庙。中岳庙现存的庙图有《大金承安重修中岳庙图》、清康熙年间绘《中岳庙营建图》、清乾隆年间绘《钦修嵩山中岳庙图》，从这些庙图和现存庙中建筑可以看出，嵩山中岳庙以"飞甍映日，杰阁联云"的建筑形态和气象庄严的空间格局，完成了艺术上的千年嬗变。

刘勇老师还谈到，通过对中岳庙建筑布局与庙制演变的研究，可以解读出不同历史时期中岳信仰的意象特征，从而把握古代中岳信仰文化传承的脉络。这种将建筑艺术与文化传承相结合、相统一的研究思路，也使我感到非常新颖。嵩山居古代华夏所谓的"天地之中",独特的地理位置使其成为王朝的象征。铸于西周初年的天亡簋铭文曰:"乙亥,王有大礼,……王祀于天室(嵩山),降,天亡佑王",记录了周武王祭祀嵩山的史实。嗣后,据文献记载,自秦汉至清末,有73位帝王或亲至、或遣使,数百次祭祀嵩山,于中岳庙行祭礼;清乾隆皇帝更是以盛大的威仪,奉母诣中岳庙致祭,并题诗咏颂。中岳信仰文化为古代官民所共享,传承上千年,深远恢宏,在黄河文明史上留下了深刻的烙印。

2020年9月初,我看到了刘老师完成的课题成果《黄河文明的记忆:晋陕豫坛庙建筑艺术》一书的初稿,拜读之后,感觉耳目一新。刘老师以一个建筑艺术学者的视角,分析了包括中岳庙在内的晋陕豫黄河流域主要坛庙建筑的艺术特征及其所形成的文化影响力,阐述了这些坛庙建筑对黄河文明传承和发展的贡献。该书图文并茂,是一部以严谨的学术态度、晓畅的文笔阐述古代建筑艺术与建筑文化的佳作,填补了相关学术研究与建筑文化普及等方面的空白。

刘老师是继刘敦桢、杨焕成、宫熙、杜启明等知名学者之后,又一位研究中岳庙建筑艺术,并以独到的研究思维拓展了相关研究领域的学者。他的成果即将付梓,嘉惠学林,我为之高兴,故不揣浅陋,妄作此序。

宫嵩涛

河南登封市文物管理局副局长

中国书院学会副会长

嵩山文化研究会副会长

目录

引言

彼黍离离，
彼稷之苗。
行迈靡靡，
中心摇摇。
知我者，
谓我心忧；
不知我者，
谓我何求。
悠悠苍天，
此何人哉？
……

《黍离》，这首载于《诗经》、为后世传颂的千古名篇，其篇首的《诗序》这样写道："黍离，闵（通悯）宗周也。周大夫行役，至于宗周，过故宗庙宫室，尽为禾黍。闵周室之颠覆，彷徨不忍去，而作是诗也"。在华夏先民的心目中，宗庙作为祭祀祖先的场所，是王朝、世家的象征，代表着血脉的延续、地位的沿袭和精神的传承；宗庙倾颓则意味着王朝、世家气象的衰微，运道之败落。南唐后主李煜有名作曰："一旦归臣虏，沈腰潘鬓消磨。最是仓皇辞庙日，教坊犹奏别离歌，垂泪对宫娥"。这位亡国之君以宗庙为咏叹对象，发思物伤怀之感。由此可见，在华夏传统文化体系中，宗庙建筑承载着怎样厚重的精神寄托和价值表现。

同样是面对祭祀之所，唐代著名诗人杜甫置身于"锦官城外柏森森"的成都武侯祠，发出的却是一种别样的感慨："出师未捷身先死，长使英雄泪满襟"，道出了对先贤烈士鞠躬尽瘁精神的缅怀。

据《史记·周本纪》和《逸周书·作雒》所载，周武王灭商之初，就考虑立城于伊、洛，以近"天室"，以保天命。出土于陕西的西周初期青铜器天亡簋上有铭文曰："王祀于天室"，天室即古人看作能与天神相通的中岳嵩山。周王将王朝的命运与自然神灵的庇佑联系起来；现保存于嵩山中岳庙南面，创建于东汉安帝元初五年（公元118年）的太室阙上的铭记，就是以赞颂中岳神君的灵应为主要内容的。对自然神明的崇拜在华夏社会有着漫长的传承历史，供奉自然神明的祭祀场所也都享有着崇高的等级和地位。清乾隆皇帝在奉母谒中岳庙致祭时曾题诗云："正正堂堂地，巍巍焕焕京。到来瞻气象，果足庆平生。"

在华夏传统建筑体系中，像中岳庙、武侯祠和王室宗庙这样，祀奉天地山川自然神明、先贤义士和祖先的各类祭祀建筑，有着辉煌璀璨的外观形象，有着相同的文化属性，有着流传久远的社会影响力，被统称为坛庙建筑。据东汉许慎《说文解字》中对"坛"的释义："坛，祭场也"，可见坛的本意就是祭祀场所。华夏先人为了祭祀时达到与天地诸神的沟通，以露天的台坛为场地。据《说文解字》对"庙"的释义："庙，尊先祖貌也"，可见庙的出现最初就是为了尊崇祖先。清代学者段玉裁在著作《说文解字注》中对"庙"类建筑有更明确的阐述："古者庙以祀先祖，凡神不为庙也，为神立庙者，始三代以后"。按段氏的考证，为先祖以外的其他神明立庙，或将祭祀其他神明的建筑称之为庙，始于夏商周三朝以后。

对于祭奉自然神祇、祖先、先贤的一般等级的坛庙建筑，古代常称之为"祠"；如陕西汉中勉县祭奉诸葛亮的武侯祠、山西晋南夏县祭奉司马光的司马温公祠、山西太原祭奉古晋国始祖叔虞的唐叔虞祠等。当祀奉对象的爵位和身份升级为王时，其祀所就被称之为庙了；如关羽在宋代被追封为"武安王"，孔子被追谥为"至圣文宣王"，岳飞被追封为鄂王，他们的祀所均以庙命名。故而"祠庙"一词可以作为坛庙建筑中除坛壝以外的祭祀建筑的总称。发展到后来，民间常将祠与庙的称谓混用，大量一般等级或者低等级的祭祀建筑以庙命名。需要指出的是，今之世人常将佛教建筑也称为庙，混淆了其与坛庙建筑的界限。实际上，将佛教建筑称为寺院才符合其历史本源和文化实质。

事实上，在古代中国的和平时期，建筑营造堪称规模最盛、消耗资财和民力最大的社会工程，受到社会广泛的关注，影响力也最大。

正是由于这样的原因，加上建筑本身具有的可感知的艺术性，使得华夏先人不仅把建筑作为功能使用之所，更赋予建筑以深层次的文化价值和内涵。

据《史记·高祖本纪》记载，萧何在建造长安未央宫时曾说服刘邦道："天下方未定，故可因遂就官室，且夫天子以四海为家，非壮丽无以重威，且无令后世有以加也"。其意为：战争成败还不确定，正可以乘此时机修筑宫殿，而不会受到指责。天子占有天下，不这样壮观瑰丽不足以体现天子的威势和尊严，这样做也可以令后人无法超越。对此，现代著名建筑学家梁思成评论道："认识到建筑艺术可能有的政治作用。"[1]萧何清楚地看到了建筑与政治、文化、思想之间的关系，建筑可以作为思想表达的载体。

关于建筑对思想的表达，西方现代建筑大师勒·柯布西耶做过精彩而深刻的描述："人们用石头、木头、水泥来建造房子和宫殿，这就是建造活动。……但，突然间你触动了我的心，……我说：'这多么美啊。'这就是建筑。艺术就在这里。……如果墙壁冲天升起，使我感动，我就理会了你的意图，你的情绪是温和的、激烈的、迷人的或崇高的。你竖立起来的石头这样告诉了我。你把我放置到一定的位置上，……使我产生了一种思想，一种非语言或声响所能激发出来的思想，而完全是从形象和各形象间的比例关系而产生的思想。……它们是建筑的专用语言，使用某些原材料，从或多或少的功能条件开始，建立起某种关系，它触动了我的感情，这就是建筑。"[2]

用这样的理解来认识华夏坛庙建筑再恰当不过了，坛庙建筑其实就是伴随着古代先人关于天、地、自然，关于社会，关于人类自身的朴素思想的形成而出现的，是为表达这些思想而设立的。1983年考古界在辽宁省凌源市牛河梁发现了距今约五千年的红山文化晚期祭祀遗址——女神庙和祭坛。其空间形态明确，体系完整，表明在那时，坛庙建筑已经作为古代先人表达朴素思想情感的物质载体而存在了。

华夏文明的主脉与核心是黄河文明，而地处黄河中游的晋陕豫三省是黄河文明的发祥地，是黄河文化圈的核心地域。独特的地理环境，适宜的气候条件，丰饶的物产资源，使得这一地域早在新石器时代就孕育出了农耕生产的萌芽。在此后漫长的历史进程中，农耕成为这片土地上世代传承的生产方式，如先秦时期即已流传于民间的《击壤歌》所云："日出而作，日入而息，凿井而饮，耕田而食"。人们以土地为条件聚族而居，形成一个个形态稳定的社会单位，在这样的生活形态中，古代先人们从祈求风调雨顺、期盼平安多福的朴素愿望出发，逐渐形成了以"天人合一""道法自然""敬天法祖""崇德尚贤"等为核心理念的思想意识。在以后的历史演进中，这样的思想不断传承、发展和融汇，如溪流而汇成江河，最终构建出一个成熟完整的思想体系。

在此过程中，晋陕豫地区的坛庙建筑也经历了漫长的历史演进。随着古代礼制制度的发展，其艺术形态逐渐丰富，规制逐渐完备，文化影响力逐渐广泛。在祭奉祖先和先贤的坛庙建筑中，特殊的建筑与空间氛围使人感受到了祀奉对象的身世背景、功绩勋劳、精神气节所折射出的黄河文明所崇尚的道德标准、行为标准、树人标准。这对于体现黄河文明信仰体系和价值体系的维度，构建稳定、和谐、向上的社会形态起着巨大的精神支撑作用、社会教化作用和文化引领作用。晋陕豫坛庙建筑最终成为在中国古代建筑体系中，对黄河文明所蕴含的自然思想、文化思想、社会思想、教化思想、美学思想以及民俗精神体现得最为丰富和全面的建筑类型，传承至今的晋陕豫三省的坛庙建筑遗存也成为悠久、博大的黄河文明的物质见证，成为感悟黄河文明、传承华夏精神血脉的记忆源泉。

今天，我们穿过晋陕豫坛庙建筑幽深的艺术长廊，仍旧能够读得懂黄河文明中博大深远的睿语哲思，体味得到华夏民族自古以来的精神气质，触摸得到由祖先和先贤信仰而产生的，使华夏民族血脉相连、生生不息、长盛不衰的文化根基，这也就是进行晋陕豫坛庙建筑艺术课题研究的文化价值和社会意义所在。

那么，有形的坛庙建筑是怎样表达无形的思想理念的呢？

通过其巧妙的建筑艺术语言。

在表达思想、理念、情感、意象的各类艺术形式当中，文学语言是最通俗、最具魅力的一种。但是相对来讲，这种艺术缺乏直观性和体验性，有过切身感受的人才能较为深刻地理解它所表达内容的精神实质；而没有体验过的人，其认知往往只能停留在较为表面的层次。建筑艺术语言则不同，它同样是无

声的，却可以被感知。它可以营造出一个直观的，可通过视觉、听觉，甚至嗅觉来感知的空间环境，可以凭借"鳞次栉比，五步一楼，十步一阁，廊腰缦回，檐牙高啄"的建筑群体组合、"各抱地势，钩心斗角，如鸟斯革，如翚斯飞"的建筑形象、"地灵草木得余润，郁郁古柏含苍烟"的园林景观、"庭院深深深几许，杨柳堆烟，帘幕无重数"的院落空间，将人引入一个胜境，从而产生或庄重肃穆，或亲切宜人，或"心憭慄以怀霜"，或"志眇眇而临云"的内心感受。这就是建筑的艺术魅力所在，以独特的形式，表现相通的情感。形式独特，就耐人寻味；情感相通，就可以引发共鸣。在坛庙建筑中，拜谒者的内心感受必然会升华为对祀奉对象的畏惧、崇敬和景仰之情，从而领悟到建筑所表达的无形的思想理念。

坛庙建筑由于具有强烈的文明教化与信仰塑造方面的作用，因此常常被称作宗教建筑，但事实上，坛庙建筑并不完全等同于宗教建筑。两者的共同之处在于，建造的主要目的之一都是为了表达信仰、传播思想、传承理念；供奉的都是为社会大众所崇拜、所景仰、所信赖、所感恩的对象；两类建筑都

有着辉煌的建筑形象、宏大的空间格局；都有一套成熟的礼仪。但是，完整的宗教建筑所需具备的信仰对象、信仰理论和修行者这三个要素，坛庙建筑仅有其一，即有明确的信仰对象。因此，将其归类为准宗教建筑更为准确。由于没有修行者进行信仰理论的传播，坛庙建筑所表达的黄河文明的各种思想理念，要靠拜谒者自己去感悟。也正因为如此，坛庙建筑更强调艺术性，强调融文化思想理念于建筑艺术之中。

从学术研究的角度来讲，坛庙建筑艺术可大致划分为以下几个方面：一为建筑选址艺术，二为总平面构成艺术，三为立面构图艺术，四为空间艺术，五为装饰艺术，六为楹联匾额艺术，七为建筑象征艺术。需要指出的是，传统建筑的将作制度、构造做法、营造技艺虽然是建筑艺术表现力的坚实基础，但并不属于建筑艺术的范畴，不应与之混淆。

由于坛庙建筑独特的文化属性，对这类传统建筑的研究基本集中在国内。随着我国伟大复兴的逐步实现，对华夏文明的再认识、对优秀传统文化的传承和弘扬已成为全社会的思想共识和强烈愿望。但是，对晋陕豫黄河文化圈坛庙建筑的研究并没有像对传统寺院、宫殿、民居那样得到应有的重视。

目前的研究存在以下不足：

一、在研究内容方面，大量集中在对坛庙建筑的将作制度、构造做法、营造技艺、建筑形制的分析上，深入探讨坛庙建筑艺术的成果甚为缺乏。

二、在研究深度方面，即使是针对坛庙建筑艺术的研究，也大多是对坛庙建筑某些具体艺术形态的描述和分析，未涉及很多需要深入思考的根本性问题。如"坛庙建筑在选址艺术上有怎样的文化考量""坛庙建筑是怎样通过空间的营造来构建艺术氛围的""坛庙建筑是通过怎样的艺术处理来体现其文化属性和个性特征的"等。其实，对此类问题的思考才是我们深刻解读坛庙建筑艺术的必由之路。至于将坛庙建筑艺术与传统信仰、民俗文化精神结合起来，进行全面分析，探讨其中的传统文化意蕴，由表及里、由物质现象到精神内核，深入发掘坛庙建筑的文化价值和社会价值的研究就更为缺乏。

三、在研究广度方面，目前针对特定地域、成体系的坛庙建筑艺术综合研究成果还没有见到。而仅从对某一坛庙建筑的研究或对某一专题的研究中,无法看出坛庙建筑艺术的总体格局和特征。

本书开拓了新的研究视角和新的研究领域,以中华民族宝贵的文化遗产——晋陕豫坛庙建筑为研究对象,以坛庙建筑与黄河文明及地域文化的关联性为切入点,在分析晋陕豫坛庙建筑传承与发展的地理历史背景的基础上,全面、系统地探究晋陕豫坛庙建筑遗存的地域分布特征、选址艺术特征、礼制文化特征以及总平面构成、立面构图、空间、装饰、楹联匾额等艺术特征,并揭示这些艺术特征所蕴含的黄河文化理念和民俗思想精神。这样的研究,具有较强的学术创新价值,填补了国内相关研究领域的空白。

本书虽为社会科学与建筑领域的专业研究成果,但其研究对象和研究内容接近社会大众,语言文字可读性强,图文并茂。因此,除了供专业读者使用外,还可面向广大热爱中华传统文化和传统建筑的社会人士,从而达到社会价值和社会效益的最大化。

应当说,坛庙建筑艺术研究是很艰难的课题,原因有二:一是晋陕豫坛庙建筑分布广泛,散落在三省的广大地域,需要耗费大量的时间和精力考察、考证。二是坛庙建筑大多年代久远,要全面分析其建筑艺术,不能只考察坛庙建筑遗存本身,还需要从各种文献资料、历史记载中多方查证,工作量浩繁。

"千淘万漉虽辛苦,吹尽狂沙始到金",在历时两年半的奔波、走访和实地调研后,在对七十多个典型实例深入分析、对三百六十多件历史文献进行查证、对四千余张照片进行梳理的基础上,本书提出了一系列分析和观点,以求为我国坛庙建筑艺术研究作出些微薄的贡献。由于研究周期较短,且研究内容繁复,书中定有错漏和值得商榷之处。如能引起学界和社会上较多的讨论和思考,那将是令我甚感欣慰的。

附带说明,传统文庙虽然也属于坛庙建筑,但由于受到历代帝王、士大夫的高度关注,在历史演变中已经形成了较为固定的建筑形制和空间模式,作为一个独立的体系已被广泛研究,故传统文庙建筑艺术不在本书研究之列。此外,存在于晋陕豫广大地域的大量的民俗神祠,虽然在严格意义上不属于坛

庙建筑，但是从文化属性上来说，
与坛庙建筑相近，故本书选用其中
的一些实例，以便更好地说明问题。

1. 梁思成. 梁思成谈建筑[M]. 北京：当代世界出版社，2006：
276.

2. 勒·柯布西耶，著. 走向新建筑[M]. 吴景祥，译. 北京：中
国建筑工业出版社，1981：117.

第一章

华夏传统信仰与坛庙建筑

一

文明先声：
传统崇拜和信仰的产生与演进

华夏民族由蒙昧走向开化，由野蛮迈入文明，在此过程中产生了作为文明先声的崇拜与信仰。从位于黄河之畔的山西吉县柿子滩遗址的岩画中，可以看到旧石器时期华夏先民崇拜与信仰的印记。

华夏先民最初的信仰之一，是对存在于自然界的神秘力量和自己祖先的崇拜敬仰，这种信仰的产生离不开他们所处的生存环境。

据科学考证，华夏先民在很长的历史时期内都处于"穴居而野处"的生存状态，《墨子·节用》曰："古者人之始生，未有宫室之时，因陵丘堀穴而处焉"。史学家钱穆先生在研究了中国文字的形态和古人的祭祀礼制后，于《中国古代山居考》一文中认为，汉民族的穴居"必以乘高凿山为穴者为主"，这一论断已为考古发现所证实。山岳自然环境作为远古先民的栖息之地、取食之地，极大地影响他们的生存状态，当然成为先民们敬畏的对象。并且，山岳自然环境又具有神奇的能量和不可捉摸的秉性，各种自然现象，如山洪暴发、严寒酷暑、狂风骤雨、江河横溢、地裂山崩等，其发作的缘由远远超出了先民的认知能力。于是在他们的思想意识里，如《礼记·祭法》所云："山林川谷丘陵，能出云为风雨，见怪物，皆曰神"，对山川的崇拜心理逐渐演化为自然崇拜思想。

自然崇拜思想是人类社会早期出现的共同思想，存在于所有的民族和地域。但是，在华夏民族生息繁衍的黄河流域，这一思想由于农耕社会的特性而被强化，从而占据社会思想的主要地位。

据考古发现，黄河流域的农耕生产形态早在距今七千多年前的新石器时代即已出现。从河南省新郑市裴李岗新石器时代遗址的出土文物来看，当地华夏先民已经懂得耕种粟类作物，以及粮食的存储、加工和畜禽的饲养，在那个时代农业种植已经是他们生产的主要方式了。

在所有的文明形态中，农耕文明对自然的依赖是最重的，长久以来流传于中国民间的一句农谚："靠天吃饭""赖地穿衣"，就是对这种依赖性最好的注脚。然而自然是多变的，在万物和谐、风调雨顺之时，古代先民衣食丰足，老幼皆有所养，其乐融融；而当发生干旱、洪涝、蝗灾、地震等自然灾害时，则往往出现赤地千里、饿殍遍野、易子相食的惨象。在这样的情形下，华夏先民当然认为自然神明左右着土地的收获，操纵着众生的命运，于是随着农耕文明的演进，自然神明崇拜与信仰也在华夏社会世代延续和传承。

华夏先民对上天的崇拜和信仰是最为强烈的。天象变幻无常，这些变化很多时候会决定性地影响农耕收获，早在夏商周或之前的时期，对上天的崇拜思想便已普遍存在。《诗经·大雅·生民·板》云："敬天之怒，无敢戏豫。敬天之渝，无敢驰驱。昊天曰明，及尔出王。昊天曰旦，及尔游衍"。敬天思想是古代全社会的普遍信仰，不仅广泛存在于庶民百姓的观念之中，而且为统治阶级所接受。周武王灭商之初，就曾考虑立城于伊洛，以近"天室"，以保天命。

对天的崇拜和信仰所演化出的天命思想贯穿了整个中国古代，春秋之时，已把最高统治者称为天子。《诗经·大雅·江汉》曰："明明天子，令闻不已。"《史记·五帝本纪》曰："于是帝尧老，命舜摄行天子之政，以观天命。""天子"的称谓，既具有敬天之意，又依托百姓对天的信仰，取得其作为统治者的至高无上的地位。秦王嬴政在扫灭六国、一统华夏，登位为皇帝后，在象征权力的玉玺上刻"受命于天，既寿永昌"字样，就是天命思想的集中体现。

华夏民间千百年来也有"五十而知天命"的俗谚，此句源于《论语·为政》，影响广泛、深远，同样是天命思想的表现。

农耕的生产方式使华夏先民对土地无比眷恋、无限崇拜，如果说对天的崇拜主要源于畏惧，那么对土地的崇拜就是发自热爱。《礼记·郊特牲》曰："地载万物，天垂象，取财于地，取法于天，是以尊天而亲地也。"土地崇拜是自然崇拜的又一种类型，华夏先民把土地细分为山林、川泽、丘陵、坟衍、原隰，称之为"五土"，而以社为土地之神。成书于东汉的《白虎通·社稷》云："社者，后土之神也"，又云："不谓之'土'何？封土为社，故变名谓之'社'，别于众土也。"

《诗经·小雅·甫田》中的诗句表现了两千六七百年前，华夏先民对土地和社神的景仰感激之情："倬彼甫田，岁取十千。我取其陈，食我农人。自古有年，今适南亩。或耘或耔，黍稷薿薿。攸介攸止，烝我髦士。以我齐明，与我牺羊，以社以方。……农夫之庆。报以介福，万寿无疆。"该诗的意思是："在这片辽阔的土地上，每年都收获无数的粮食，只需以往年的存粮就可养育百姓，从来都是这样的好年景。如今来到南边这片土地，看到农人有的除草有的培垄，黍米高粱茂盛兴旺，真应该好好犒奖那些能干的人们。奉以五谷烹制的美食，献以羔羊牺牲，祭祀土地神灵和四方诸神……农夫们相互庆贺，喜气洋洋，心中感激神灵的赐福，愿周王万寿无疆。"从中可以看出，在华夏先民的心目中，对土地丰收的渴望和对土地神明的感恩所凝聚成的土地崇拜信仰是多么强烈，它贯穿了整个华夏古代社会发展史，留下了永恒的烙印。

前文已述，据考证，远古时期华夏先民的居住方式主要为"凿山穴居"或"因山穴居"。山地万物茂盛，供养他们的生存，先秦著作《慎子》曰："山川为天下衣食"。山地复杂多变，神秘莫测，被认为有神灵驱使。《诗经·大雅·崧高》有云："崧高维岳，骏极于天。维岳降神，生甫及申。维申及甫，维周之翰。四国于藩，四方于宣。"诗句的意思是："巍峨的山峰以四岳为长，四岳的高峻可达于天上，四岳降下神灵，诞生了甫侯和申伯两位贤良，甫侯、申伯是国家的栋梁，他们是诸国的屏障，布王恩于四方。"甫侯和申伯是周宣王时的贤臣，诗中把二人的出生归功于四岳之神的降临，将二人的贤能同样归功于山岳神灵的赐福，反映出周时华夏先民的山岳崇拜思想已经非常成熟。事实上，至迟在西周初年，山岳就已经不仅仅是华夏先民的崇拜对象了。《国语·周语·内史过论神》云："昔夏之兴也，融降于崇山……商之兴也，梼杌次于丕山……周之兴也，鸑鷟鸣于岐山……"又云："夫国必依山川，山崩川竭，亡之征也"。山岳崇拜作为自然崇拜的一种类型，更具有了独特的政治象征意义。

华夏大地山脉无数，其中为先民所崇拜者，以五岳五镇为代表。《尚书·虞书·舜典》云："岁二月，东巡守，至于岱宗……五月南巡守，至于南岳……八月西巡守，至于西岳……十有一月朔巡守，至于北岳"。从中可以看出，早在夏以前的上古时代，华夏已经形成了"封岳"的山岳崇拜思想，最初为四岳之制，后成五岳。

先秦时期，名山大川之祀或在诸侯，或在天子，不可胜计。在汉代之前，五岳的命名也不相同，周朝因建都丰、镐，故以华山为中岳，周平王迁都洛邑后，始以嵩山为中岳，华山为西岳。汉武帝时，五岳之制和五岳崇拜达到一个新的高度，汉宣帝于神爵元年（公元前61年）颁诏，以泰山为东岳，华山为西岳，霍山（今天柱山）为南岳，恒山为北岳，嵩山为中岳。至此，五岳命名之法完成。

隋开皇九年（589年），文帝废霍山之名，改位于湖湘之滨的衡山为南岳，此举意味着华夏核心版图向南的扩张。北岳恒山在宋代以前均于山阳的河北曲阳举行登临之礼，后来的元、明、清三朝均建都北京，曲阳之山在北京以南，与北岳之名不相称，因此自明代起，称京城以北的山西浑源恒山为北岳。

五岳崇拜是对五岳神明的崇拜，历代帝王以为五岳神明加封尊号来表达崇拜之情。《礼记·王制》曰："天子祭天下名山大川，五岳视三公……"周代岳神的地位与周公、召公相同。唐宋两代，五岳神明的尊号由王及帝，达到了和封建帝王相近的尊崇地位。华夏社会对五岳神明的崇拜随着岳神尊号的加封而愈加强烈，与对上天和土地的崇拜一样，逐渐演化成为世代传承、长盛不衰的华夏古代文化现象。

华夏山岳崇拜思想中的五镇崇拜现已较少为人所知，《周礼·春官·小宗伯》曰："兆五帝于四郊，四望、四类亦如之"，东汉郑玄注四望为望祭五岳、四镇、四渎，据此，似乎周代已有"四镇"之名。同五岳之制始于四岳一样，五镇之制也始于四镇，《旧唐书》卷二十四《志第四·礼仪四》载："五岳、四镇……年别一祭……东镇沂山……南镇会稽……西镇吴山……北镇医巫闾山"，宋代增加山西霍山为中镇，五镇始具。直到清代，五镇声名不减，康熙帝曾多次登临南镇、西镇，乾隆帝也数登北镇，并题诗咏颂；民间社会的五镇崇拜一直兴旺昌盛，至清末逐渐没落。

华夏山岳崇拜思想的传承延续，也受到了占据古代社会思想主流地位的儒家的大力推动。孔子云："仁者乐山"，将儒家最核心的仁学思想与雄浑高峻、气势伟岸的山岳联系起来，以有形的山岳喻示"仁者"的标准和内涵，加深了社会民众对山岳的崇拜感。

与山岳崇拜相随的便是对水的崇拜。同山岳崇拜以五岳崇拜为引领一样，华夏先民对水的崇拜以四渎崇拜为象征。《尔雅·释水》云："江、河、淮、济为四渎。四渎者，发源注海者也。"《风俗演义·山泽》释曰："渎者，通也，所以通中国垢浊，民陵居，殖五谷也。江者，贡也，珍物可贡献也。河者，播也，播为九流，出龙图也。淮者，均，均其务也。济者，齐，齐其度量也。"对水的崇拜同样源于自然崇拜思想，《礼记·王制》云："四渎视诸侯……"表明了周代四渎神明等同于方国诸侯的地位。唐宋两代，四渎神明的封号由公而王，对水神的崇拜达到了高峰。

华夏民族以天地山川崇拜为主体的自然崇拜思想作为一个文化体系传承数千年，深刻地影响到华夏古代社会生活的诸多方面，以及民众的精神世界，直到今天，仍可以从中获得很多有益的理念。

华夏传统信仰文化的另一体系是祖先崇拜。

《说文解字》曰："祖，始庙也"，表明祖字本身即蕴含了崇拜之意。华夏农耕社会是以血缘关系为基本纽带构建的，血缘认同是华夏民族凝聚力的根本特征，而血缘认同自然要追根溯源，追念先祖。宋代朱熹云："万物本乎天，人本乎祖。故以所出之祖配天地。"《明史·卷四十八》云："敬天法祖，无二道也。"早在商周时期或更久远的时代，华夏民族就认为祖先的福泽保佑着后世，以懿德嘉行引领着后世。《诗经·周颂·思文》曰："思文后稷，克配彼天。立我烝民，莫匪尔极。贻我来牟，帝命率育。无此疆尔界，陈常于时夏。"全诗颂扬周族先祖后稷生民之德、养民之功，洋溢着感怀崇拜之情。

对于华夏农耕民族来讲，祖先崇拜有着重大的社会意义。对祖先的崇拜能够从内心世界给社会大众带来共同的价值观、共同的精神寄托、共同的道德约束，这对于社会的稳定发挥着不可替代的作用，因而为世世代代所传承。

华夏传统信仰文化的又一体系是先贤崇拜。

华夏民族最早的先贤尧、舜、禹、汤，以他们的丰功伟绩与崇高品质为后世敬仰和崇拜。《礼记·祭法》云："尧能赏均刑法以义终，舜勤众事而野死……黄帝正名百物以明民共财，颛顼能修之。契为司徒而民成，冥勤其官而水死。汤以宽治民而除其虐，文王以文治，武王以武功，去民之蓄，此皆有功烈于民者也。"先贤崇拜思想的出现不晚于西周时期，《礼记·祭法》云："夫圣王之制祭祀也，法施于民则祀之，以死勤事则祀之，以劳定国则祀之，能御大蓄则祀之，能捍大患则祀之。"以此为思想源头，华夏社会将在政治上、军事上、文化上、道德教化上、思想构建上为国家民族作出卓越贡献或树立起榜样的人士作为崇拜的对象，谓之先贤。这一思想理念传承数千年，构建出一支强大的先贤崇拜的文化源流，对于培育华夏民族的精神气质和道德情操起到了极为重要的作用，先贤崇拜的文化价值和社会意义是怎样强调也不过分的。

先贤信仰文化中的一个独特现象是先贤的神性化，先贤神性化的过程多数离不开城隍崇拜。

"城隍"两个字最早见于《周易·泰卦》："上六：城复于隍"。《说文解字》曰："隍，城池也。有水曰池，无水曰隍。"城隍祭祀较早的记载为《礼记·郊特牲》："天子大蜡八，伊耆氏始为蜡。"蜡神有八，水塘居七，城隍神即由水塘神衍化而来。周代已有每年年底祭奉八神的规制。

隋唐宋元历朝，城隍崇拜已相当普遍。城隍崇拜以城隍作为一方的守护之神、正义之神，如唐代张九龄《祭洪州城隍文》所云："城隍是保，氓庶是依"。

史载，宋代范仲淹就"新官三日例谒庙"一事，请教理学名家程颐时，程答曰："正如社稷先圣，又如古先贤哲，谒之。"[1]城隍神的功德既与古代先贤相同，那么人们自然将一些先贤附会推崇为城隍神。《宋史·苏缄传》曰："缄殉节于邕州，交州人呼为苏城隍。"此外，苏州城隍春申君、杭州城隍文天祥、郑州城隍纪信等，也都是彪炳青史的古代贤达。城隍逐渐由自然神转变为人格神，反过来说，一些古代先贤也就被神性化了。

宋、元、明三代是城隍崇拜与信仰得到极大发展的时期，据《怀宁县志》载，安庆城隍庙内有元代余阙所撰碑记："今自天子都邑，下逮郡

1.（明）叶盛，撰. 水东日记·卷三十[M]. 魏中平，点校. 北京：中华书局，1980.

县，至于山陬海峤，荒墟左里之内，无不有祠。"[2]表明了当时城隍庙建设的兴盛和城隍崇拜的昌隆。明代城隍崇拜的大发展，离不开洪武皇帝的推动，朱元璋有言："朕立城隍神，使人知畏，人有所畏，则不敢妄为。"[3]城隍神成为震慑邪恶的力量和象征。

相比之下，自然神和祖先神使人感到敬畏，而人格化了的城隍神则使人感到亲切。因此，城隍崇拜逐渐演变为华夏古代民间社会最为普遍、最大众化、最世俗化的信仰之一，蕴含了最为丰富的民俗文化理念和精神。

2. 中国地方志集成（安徽府县志辑十一卷: 民国怀宁县志·卷四·名胜）[M]. 南京: 江苏古籍出版社, 1998.

3.（明）余继登, 撰. 典故纪闻·卷三[M].北京: 中华书局, 1981.

二

祭祀：
崇拜与信仰的宣示方式

对自然神明、祖先和先贤的崇拜与信仰，通过祭祀来表达和宣示。华夏民族的祭祀传统源远流长，1983年在辽宁省凌源市发现的牛河梁红山文化晚期祭祀遗址，距今已有约五千年。1979年发掘的辽宁喀左县东山嘴祭祀遗址，同样距今约五千多年。

在以黄河流域晋陕豫地区为核心地域的夏、商、周三代，祭祀已被看作国家礼典中最重要的组成部分，《左传·成公十三年》曰："国之大事，在祀与戎"，表明了祭祀在国家事务中的地位。

祭祀之重是天地之祀。古人以天为阳，以地为阴，因一年之中，冬至日为阳气开始生发之时，故于冬至日祭天；又因夏至日为阴气开始生发之时，故于夏至日祭地。《魏书·礼志》曰："冬至祭上帝于圜丘，夏至祭地于方泽……"

华夏先民还以配享的方式在祭天时同祭祖先，构建出独特的祭祀规制。《新元史·卷一百八十九·列传第八十六》曰："河南程氏曰：'万物本乎天，人本乎祖，故冬至祭天而以祖配之，以冬至者气之始也。万物成形于帝，人成形于父。故季秋飨帝，而以父配之，以季秋者，物成之时也。'"河南程氏即宋代理学大家程颐、程颢兄弟，上述引文阐述了以祖配天而祭之理。据《宋史·志·礼三》记载："或问：郊祀后稷以配天，宗祀文王以配上帝，帝即是天，天即是帝，却分祭，何也？曰：为坛而祭，故谓之天，祭于屋下而以神祇祭之，故谓之帝。"也就是说，在古人的祭祀观念中，天神称为帝，祭天为设坛而祭，祭天神则在屋下、在殿内。

天地祭祀最为盛大隆重的仪式莫过于封禅大典。唐代张守节为《史记·封禅书》作注的《正义》有云："筑土为坛以祭天，报天之功，故曰封……小山上除地，报地之功，故曰禅。"古人认为群山中泰山最高，离天最近，又贵为至尊的东岳，因此泰山封禅为帝王们所向往。司马迁在《史记·封禅书》中引用《管子·封禅篇》，说明华夏先祖炎黄二帝、尧、舜、禹、汤都曾登泰山祭天。除秦始皇外，汉武帝也曾封禅泰山，并以"明堂"为祭殿，殿内以郊礼祭祀天神，然后于堂下行燃柴祭天的"燎"礼，最后登上泰山举行"封"礼。

《史记·封禅书》还记载了汉武帝专祀后土神的故事。内云："其明年冬，天子郊雍，议曰：'今上帝朕亲郊，而后土毋祀，则礼不答也……'，于是天子遂东，始立后土祠汾阴脽上。"其实，据《蒲州府志》和山西万荣后土祠《历朝立庙致祠实迹》记述："轩辕氏祀地祇扫地为坛于脽上。二帝八元有司，三王方泽岁举。"也就是说，早在炎黄时代，华夏先祖轩辕黄帝已经在汾阴脽上扫地为坛，开祭地之先河；嗣后，尧舜二帝有八个部门，专门负责祭祀后土事宜。汉以后，从汉武帝至宋真宗，先后有数位皇帝二十余次御驾汾阴脽上，拜祭后土神明。金元时，由于建都北京，路途过远，而且草原民族出身的帝王不完全理解农耕民族对土地的崇拜情感，故只派地位较高的官员前往致祭。明永乐十八年，在北京建天地坛，取代后土祠祭祀后土神。明嘉靖九年，又在北京建方泽坛，即地坛，后土祭祀文化得以传承和延续，天地坛则改为天坛。

周代及以前，山川及四岳祭祀已被列入国家重大祭祀体系，见诸史料者，如《礼记·王制》曰："天子祭天下名山大川，……诸侯祭名山大川之在其地者"，又曰："天子五年一巡守，岁二月，东巡守至于岱宗，柴而望祀山川。……五月，南巡守至于南岳，如东巡守之礼。八月，西巡守至于西岳，如南巡守之礼。十有一月，北巡守至于北岳，如西巡守之礼。"但据《史记·封禅书》载："自五帝以至秦，轶兴轶衰，名山大川或在诸侯，或在天子，其礼损益世殊，不可胜记。"表明在先秦时期，虽然形成了较为成熟的山岳崇拜思想，但山川祭祀并没有一套统一完整、明确有序的规制。

《封禅书》云："及秦并天下，令祠官所常奉天地名山大川鬼神可得而序也。"秦都在陕西咸阳，故以崤山为界，将名山大川分为东西两域。祭东域山岳五座：嵩高山、恒山、会稽山、泰山、湘山；祭大川有二：济水、淮水；祭西域名山有七：华山、薄山、岳山、岐山、吴岳、鸿冢、渎山；祭名川有四：黄河、沔水、湫渊、长江。秦制使山川祭祀的对象更加明确和条理。

秦以前，虽然对山川祭祀的等级作了约定，但据《曲礼》《礼记》《封禅书》中的记载可以推断，当时不仅天子享有祭祀天下山岳大川的权力，诸侯也具有祭祀其治域内名山大川的合法权力，而且五岳四渎也包含其中。秦建立中央集权的国家之后，五岳四渎祭祀的政治象征意义受到重视，据《史记·封禅书》《汉书·郊祀志》的记述，西汉文、武二帝常借机有意识地收回五岳祭祀的权力，将其转变为天子专权。

在两汉奠定了五岳祭祀的基本理念和制度之后，虽然华夏大地历经

1.（西晋）陈寿,撰. 三国志裴松之注全文通译：三国志卷二·书二·文帝纪第二[M]. 裴松之,注. 杜小龙,译. 北京：团结出版社,2019.

2.（西晋）陈寿,撰. 三国志裴松之注全文通译：三国志卷三·魏书三·明帝纪第三[M]. 裴松之,注. 杜小龙,译. 北京：团结出版社,2019.

3.（唐）房玄龄. 晋书·载记[M]. 北京：中华书局,1996.

4.（北齐）魏收,何德章,修订. 魏书·礼志[M]. 北京：中华书局,2017.

5.（清）陈梦雷,蒋廷锡. 钦定古今图书集成·方舆汇编·山川典·第252卷·淮水部汇考二[M]. 济南：齐鲁书局,2006.

6.（唐）魏徵. 隋书·礼仪志[M]. 北京：中华书局,1997.

7.（清）陈梦雷,蒋廷锡. 钦定古今图书集成·方舆汇编·山川典·第67卷·华山部汇考二[M]. 济南：齐鲁书局,2006.

8. 班固. 汉书·卷六·武帝纪第六[M]. 颜师古,注释. 北京：中华书局,1962.

9.（宋）范晔,撰. 后汉书·卷九十七·志第七·祭祀上·光武即位告天[M].（唐）李贤,等,注. 北京：中华书局,2000.

了除西晋短暂的统一之外长达三百六十多年的战乱与分裂的状态，但其间五岳祭祀并未彻底中断，而是在朝代更替中得以延续，堪称文化奇迹。魏黄初元年（220年），曹丕受禅于汉，祭告天地时，五岳即在从祀之列。黄初二年郊祀天地，"六月庚子，初祀五岳四渎，咸秩群祀"[1]。其后，太和四年（230年），魏明帝遣曹真伐蜀，自己东巡，"遣使者以特牛祠中岳"[2]。晋永嘉三年（309年），匈奴刘聪兵围洛阳，战酣之际，刘聪竟"亲祈嵩岳"[3]。北魏天兴元年（398年）定都平城后，"岳渎在夏至日从祀方泽"[4]。北魏泰常三年（418年），"立五岳四渎庙于桑干水之阴"[5]，加强了五岳四渎祭祀的格局。据《魏书》记载，在孝文帝迁都洛阳以前，魏帝遣使祭祀北岳达六次以上。这些现象显示，五岳信仰与祭祀早已深入人心，已成为社会文化生活和精神生活中不可或缺的一部分。此外，祭祀五岳的专权象征着王朝的"正统"与"天命"，具有强烈的政治意义，在两朝甚至多朝并存的当时，也引得帝王们高度重视。

及隋灭南陈，华夏重归一统，臣民屡请封禅，隋文帝虽未行此举，但提出："但当东狩，因拜岱山耳"[6]。开皇十五年（595年），隋文帝仿上三代帝王，至泰山行巡狩之礼。大业四年（608年），隋炀帝又北巡恒山，行巡狩之礼，大业十年（614年），炀帝"过祀华岳，筑场于庙侧"[7]。

唐宋时期的山岳祭祀，多为在地方长吏致祭的同时，再遣使祭告。五岳各自尊位的高低，因国家政治中心的变迁而有所差别，中、西二岳地近洛阳和长安两京，故多受崇祀。武则天曾在中岳行盛大的封禅大典，此为华夏古代史上唯一一次泰山以外的封禅，唐玄宗也曾在天宝九年议行华山封禅。宋代因重视火德，南属火，故南岳祭祀地位凸显；王朝南渡后，五岳之中唯南岳可遣使致祭。

华夏民族的祖先祭祀分为华夏共祖祭祀和先民近祖祭祀两个体系，后者也包括历代帝王对其祖先的祭祀。据《绎史》引证《竹书纪年》和《博物志》记载："黄帝崩，其臣左彻取衣冠几杖而庙祀之"，华夏共祖黄帝祭祀由此开始。以《国语》《礼记》《礼祀》等史料的记载可以推测，在尧舜禹至夏商周时期，公祭黄帝未有间断。汉武帝元封元年（公元前110年）曾"祠黄帝于桥山"[8]。东汉光武帝于建武二年（公元26年）举行盛大的祭祀之礼时，"为圆坛八陛……其外坛上为五帝位……黄帝位在丁未之地"[9]。

魏晋南北朝及隋唐时，祭祖愈加隆重。据《魏书·太宗纪》记载，北魏神瑞二年（415年），明元帝"幸涿鹿，登桥山，观温泉，使使者以太牢祠黄帝庙"。《魏书·世祖纪》记载，太武帝于428年"东幸广宁，以太牢祭黄帝"。《魏书·礼志》也记载了文成帝和平元年（460年）"帝东巡，历桥山，祀黄帝"的史实。元代沿袭唐宋公祭黄帝的规制，并在《元典章》中明确规定：伏羲、神农、黄帝是开天辟地的先祖，国家应世代祭祀。明太祖除遣使往黄帝陵致祭外，更是亲书祭文，表达对华夏先祖的崇敬之情。清代，黄帝公祭礼仪更加宏大，从清世祖入关到宣统退位的二百六十余年间，大规模的公祭达二十六次以上。

华夏先民对炎黄的祭祀，除专门在庙堂举行时享祭祀之礼和禘祫祭祀之礼外，还在行祭天之礼时配祭炎黄等华夏始祖，以表达对万物之祖和人本之祖的共尊。

华夏民族先贤祭祀的传统始于周或周之前，其时礼乐制度的创设，使华夏社会逐渐进入新的文明阶段，尊奉前代贤哲以激励后人也渐成社会风尚。《周礼·春官宗伯·大司乐》云："凡有道者、有德者使教焉，死则以为乐祖，祭于瞽宗。"乐祖代表先贤，瞽宗为商代的大学，表明周人已认识到了先贤祭祀的社会教化作用，先贤祭祀将先贤奉为楷模，使得人人争而向往，这对于树立良好的社会道德规范，培养高尚的社会情操，建立稳定和谐的社会体系有着重大的意义和价值。

据《水经注·卷十三》记载："《史记》曰：赵襄子杀代王于夏屋，而并其土，迎其姊于代，其姊代之夫人也。至此曰：'代已亡矣，吾将何归乎？'遂于磨笄山而自杀，代人怜之，为立祠焉，因名其山为磨笄山。"这是史料中记载的晋陕豫黄河流域较早的先贤祭祀，代夫人因"以弟慢夫，不仁也；以夫怨弟，非义也"[10]，身处两难境地而舍身取义，为华夏古代社会树立了道德标杆。另一例较早的先贤祭祀为晋国介子推，《后汉书·卷六十一·周举传》曰："举稍迁并州刺史……举既到州，乃作吊书以置子推之庙"，表明至迟在东汉时期，已有将介子推作为先贤的祭祀活动。

10.（西汉）刘向，撰. 列女传·节义传·代赵夫人[M]. 南京：江苏古籍出版社，2003.

唐贞观四年（630年），太宗诏令各州县皆建孔庙，孔子成为普遍祭祀的先贤。与此同时，众多先贤也被列入祀典，成为祭祀对象。唐天宝十三年（754年），玄宗诏令各地建立先贤祠，"先贤"之名始见，先贤祭祀正式成为普遍的社会文化活动，先贤精神的社会影响力广泛加强。宋代延续了唐以后地方官员祭祀先贤的规制，并突破了以前"祭不越望"的传统，受祭对象即使不是本地生人，只要对地方有杰出贡献，便可立祠受祭。这样的祭祀制度使得先贤的思想和精神对整个社会都产生了巨大的影响，推动了宋代迈向古代社会的文化巅峰。

先贤祭祀中传承最为久远、文化影响力最大的无疑是孔子祭祀。祭孔可以追溯到公元前478年，在孔子逝世后的第二年，鲁哀公下令在孔子旧宅立庙，按岁时祭祀，开启了祭孔的先河。汉高祖十二年（公元前195年），刘邦途经鲁国，以太牢祭孔子。建武五年（公元29年），汉光武帝遣使大司空宋宏诣曲阜向孔子致祭。汉明帝永平二年（公元59年），诏令于太学和全国郡县学祭祀孔子，嗣后，祭孔演化为全国性文化活动。

在晋陕豫黄河流域，先贤祭祀最为盛大隆重的莫过于关公祭祀。关公祭祀始于唐宋，宋徽宗崇宁二年（1103年）封关羽为忠惠公，大观二年（1108年）进封武安王，宣和五年（1123年）敕封义勇武安王，从祀武王庙。元明两朝关公祭祀有增无减，万历十八年（1590年）封关公为协天护国忠义大帝，此为关公受封帝号之始。满清入关后，关公祭祀走向高潮，雍正三年（1725年），颁诏比隆孔子祀典，追封关帝三代俱为公爵，于京师白马关帝庙后殿供奉，遣使告祭。其山西解州、河南洛阳冢庙，并各省府州县择庙宇之大者，置牌位供奉于后殿，春秋两次致祭。咸丰四年（1854年），颁诏确定关庙祭礼，其规制完全等同于祭孔之礼。关公祭祀已成为弘扬忠、勇、仁、义、信等华夏民族高尚道德精神的最普遍、最有效的方式。

城隍祭祀源于水塘之祭，真正名实相符的城隍祭祀大约出现在魏晋南北朝时期。据《北齐书·慕容俨传》记载：天保年初，北齐慕容俨受命镇守郢州城，被南朝梁军围困，城守孤悬，众情危惧，"城中先有神祠一所，俗号城隍神，公私每有祈祷。于是顺士卒之心，乃相率祈请，冀获冥佑"。另据《南史·梁武帝诸子传》载："大宝元年，纶至郢州……祭城隍神。"

唐以降，随着华夏古代社会的发展和城市的兴起，对城市的保护神城隍的祭祀也愈加普遍，祭祀礼仪中融合了大量的民俗内容，成为一道特色鲜明、有着广泛民众参与的文化景观。

三

坛庙建筑：
祭祀的空间与场所

作为祭祀的空间与场所，坛庙建筑是伴随着祭祀的产生而出现的。位于山西省万荣县汾阴之地的后土祠，其前身是扫地坛，祠内献殿所存的始刻于金代、复刻于明代的庙貌图碑碑阴《历朝立庙致祠实迹》一文的首句为："轩辕氏祀地祇，扫地为坛于脽上"。庙貌图碑石的对面，立有明嘉靖年间所刻的一通石碑，上书："轩辕扫地之坛"六字（图1-1），这是古人对更为久远的华夏祭祀文化和祭祀场所的记忆。

《通典》云："周制，大司乐云：'夏日至礼地祇于泽中之方丘'。地祇主昆仑也，必于泽中者，所谓因下以事地。"泽中方丘，为华夏先民以为适宜祭地之处。汾阴古脽立于黄汾两河交汇处，中断洪流，揭成高阜，四面环水，为天然的祭地圣坛之所在。自轩辕黄帝始，于汾阴设坛祭地成为传统，传承数千年，汉武帝始立后土祠于汾阴脽上，"亲望拜，如上帝礼"[1]，使之成为坛庙建筑的典范。

除文献所记载的坛庙建筑的早期渊源外，考古发现也证实了早在新石器时代，坛庙建筑就已出现。1983年在辽宁省凌源市牛河梁发现的距今约五千年的红山文化祭祀遗址中，祭坛和女神庙清晰可辨。祭坛有平面呈圆形的，也有接近方形的（图1-2）。圆形祭坛由三层以立石为界桩的台阶和堆石构建而成，祭坛的堆筑场地明显经过平整和夯实。祭坛的堆筑方式是先进行界桩的埋置，石界桩分外、中、内三圈，外层低，内层高，形成了逐渐上升的形态。然后在桩圈内以环形布放的形式铺设石灰石或花岗岩石块，形成坛顶封石。如果把这样的祭坛建筑形制与明清祭天之所——北京天坛圜丘进行比照，就会发现二者之间鲜明的传承关系：同样是圆形构筑，同样是三层石坛，同样是外低内高的建筑形态。

女神庙位于牛河梁主梁顶部遗址群落的中心位置，为南北走向、轴线关系明确的半地穴式建筑。女神庙主体建筑由主室，东、西侧室，北室和南侧三室组合而成，南面另有一单室建筑。主体建筑南北长18米左右，东西宽7米左右。主室与东、西两侧室相贯通，形成横向轴线，又与南、

1.（西汉）司马迁. 史记·卷十二·孝武本纪第十二[M]. 北京: 中华书局, 2006.

图1-1
"轩辕扫地之坛"碑

北侧室构成了纵向轴线，两轴线交会于主室，强调出主室作为祭祀主要空间的地位（图1-3）。女神庙建筑低于室外约0.8米，地面有夯实的痕迹。建筑内部有很多装饰艺术的印记，室内墙壁上以赭红和黄白相间的色彩，交错地描绘出三角形、勾云形、条带形等几何图形，有的部位还以直径约2厘米的圆窝点纹作为装饰，反映出那个时期华夏先民对祭祀文化的理解和审美。

女神庙建筑空间明确的主次划分，表明此时的坛庙建筑在建筑秩序、空间等级方面已经形成了清晰的概念；其明确的空间轴线关系则可视为传承数千年的坛庙建筑基本空间格局的滥觞。

陕西凤翔雍山血池秦汉祭祀遗址的发现，将黄河流域早期的自然神祭祀坛庙建筑的实物形态揭示了出来，被列为2016年全国十大考古发现之一。据《史记·封禅书》和《汉书·郊祀志》记载，雍地的祭祀传统可追溯到黄帝时代。春秋时期，秦国以雍城为都，于雍地建立了四畤（畤为祭祀上天神明之所），使之成为国家最高等级的祭祀圣地。秦始皇扫灭六国之后，在其先祖以畤祭天的基础上，吸收

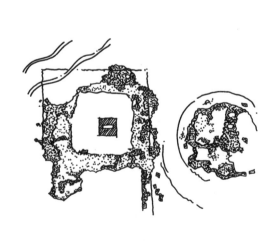

图1-2
牛河梁祭坛遗址平面示意图

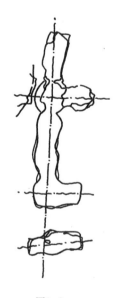

图1-3
牛河梁女神庙遗址平面示意图

六国的礼仪，在雍地郊祀时形成了新的祭祀风尚。汉高祖二年增设北畤，形成完整的以雍五畤祭祀上天五帝的坛庙建筑体系。考古学家根据遗址出土的器物，按类型学年代判断，血池遗址可能就是汉高祖在雍城郊外原秦畤基础上设立的，专门用于祭祀上天五帝之一黑帝的北畤。"高山之下，小山之上，封土为坛，除地为场，为坛三垓……"，这是史籍中对秦汉时期祭祀上天五帝的场所"畤"的选址和规制的描述，而血池遗址完全与之吻合。在对山梁高处古遗址的调查中，还发现许多夯土基址和战国至西汉早期的板瓦、筒瓦和瓦当。从其规模上可分辨出大型殿宇和中型建筑的不同规制，与雍畤设有斋宫等建筑群落的文献记载相一致。

对自然神明和祖先神明的祀奉，开启了华夏坛庙建筑艺术的源流。在数千年的历史演进中，随着祭祀礼制的成熟和完善，这一艺术源流也变得规模愈加浩大，体系愈加复杂，类型愈加丰富，汇成了华夏传统建筑洪流中文化特征最鲜明、艺术特色最突出、对世代华夏先民影响最深刻的一脉。

前文已述，坛庙建筑与宗教建筑有相似之处，但并不相同，坛庙建筑是通过肃穆、庄重、充满仪式感的建筑与空间环境使人达到内心的触动，得到熏陶和洗礼。事实上，也正是因为坛庙建筑没有明确的教义理论和职业传播者，因此在数千年的历史演进中，后人才得以将不同时代、不同社会背景下产生和引进的内涵丰富的文化元素和形态多元的民俗元素，不断融入坛庙建筑的艺术建构之中，使得华夏坛庙建筑在历史传承和发展中长盛不衰，始终具有蓬勃的生机与活力。

四

礼制：

坛庙祭祀建筑的规范与格局

在古代华夏社会，"礼"是一个核心的思想观念，它可以被看作是社会运行的诸多方面，如国家治理、制度设立、阶级秩序、纲常伦理、道德教化、行为准则等方面的指导思想的本源，正如《左传》所言："礼，经国家，定社稷，序民人，利后嗣者也"。

"礼"在殷商时代的甲骨文中为会意字，据推测，初为祭祀中奉祀鬼神的礼器，继而引申为祭祀鬼神的礼仪。《说文》曰："礼，履也，所以事神致福也。"现代学者郭沫若有如下阐述："大概礼之起源于祀神，故其字后来从示，其后扩展而为对人，更其后扩展而为吉、凶、军、宾、嘉的各种仪制"[1]。

1. 郭沫若. 十批判书：孔墨的批判[M]. 北京：东方出版社，1996.

2. 孔子弟子及再传弟子. 论语·八佾篇[M]. 北京：中华书局，2006.

"礼"的思想由出现到成熟历经了漫长的时期，而这一过程其实也就是华夏社会由野蛮迈入文明的过程。"礼"的思想早在尧舜时期即已出现，《史记·五帝本纪》记载，尧命舜摄政，"修五礼"，舜命伯夷为秩宗，"典三礼"。西周初年，周公旦将"礼"的地位提升为治国之本，使"礼"的思想转变为制度。《礼记·明堂位》记载："武王崩，成王幼弱，周公践天子之位以治天下，六年，朝诸侯于明堂，制礼作乐，颁度量，而天下大服。"周代社会生活的各个方面，如衣着、饮食、起居、祭祀、丧葬等，当然也包括建筑，都纳入了"礼"的范畴，形成了孔子所称颂的"郁郁乎文哉"[2]的礼制。

礼制思想由制度安排和仪式化的形式内容共同体现，制度是抽象的，形式内容是具象的、可感知的，礼制思想由此更加深入民众的内心。《礼记·礼器》曰："先王之立礼也，有本有文。忠信，礼之本也；义理，礼之文也。无本不立，无文不行。"本是内在的思想，文是外在的形式，是思想的载体。在后来的历史演进中，外在的形式随着政治、经济、文化环境的变化而不断调整，表现出巨大的灵活性和适应性，但礼制之本却未曾改变，在华夏古代社会传承达数千年之久。

"礼"的思想和礼制体系在华夏古代社会的作用和价值是无可替代的。《礼记·祭义》曰："天下之礼，致反始也，致鬼神也，致物用也，致义也，致让也。致反始，以厚其本也；致鬼神，以尊上也；致物用，以立民纪也；致义，则上下不悖逆矣；致让，以去争也。合此五者，以治天下之礼也，虽有奇邪，而不治者则微矣。"其意为：礼有如下作用，一是使人缅怀初始，二是使人不忘祖先，三是作为制度和规范，四是树立道义，五是提倡谦让。缅怀初始，意在使人饮水思源，不忘其本。不忘祖先，意在使人知道尊上。作为制度和规范，意在树立纲纪，使人遵守。树立道义，则君臣父子不相悖逆，和谐相处。提倡谦让，则使人免去争斗。这五项作用合起来，就构成了一个以礼而治的良好社会，即使还有些奸邪之徒，其数量也微乎其微了。

　　《礼记·曲礼上》也对"礼"在社会构建中的作用作了精彩阐述："道德仁义，非礼不成；教训正俗，非礼不备；分争辨讼，非礼不决……祷祠祭祀、供给鬼神，非礼不诚不庄。"清代重臣曾国藩在《圣哲画像记》中这样论述"礼"的作用："先王之道，所谓修己治人。经纬万汇者何归乎？亦曰礼而已矣"。孔子则更是直言："不学礼，无以立"。礼，奠定了古代华夏民族的精神气质。"仁""智""义""德""忠""信"等为华夏民族所崇尚的品格也都源自于"礼"。

　　"礼"的思想植根于华夏古代农耕经济社会，它的出现有着必然意义和现实价值。农耕经济最为突出的需求是社会安定。从时间跨度来讲，农业生产周期很长，所谓春种一粒粟，秋收万颗子。从地域空间来讲，民众大都扎根在固有的土地上，流动能力很弱。社会的动荡、战乱、王朝的暴虐等人为灾祸，都会对农业收成和民众生活造成影响，甚至形成巨大的威胁。因此，期盼社会和谐，期望以高尚的道德情操引领社会风尚，成为普遍的愿望和追求。同时，古人相信"天人感应""天人合一"，相信人间社会的和谐能够带来上天的降福，在漫长的社会发展进程中，这样的愿望愈来愈强烈、愈来愈成熟，终于孕育出了伟大的"礼"的思想。

　　如前文所述，礼和祭祀有着天然的关系，在其演变为一个思想体系和一种制度体系的同时，就必然会将当时国之大事之一的祭祀纳入"礼"的范畴，以"礼"的思想和礼制规则，构建出坛庙建筑这一祭祀空间和场所的规范与格局。坛庙建筑也就因此归属于礼制建筑并成为其最主要的组成部分。

　　坛庙建筑与礼制的融合并非于朝夕之间完成，一方面，坛庙建筑体系的成熟和定型，历经了漫长的历史过程；另一方面，礼制体系的完善和健全也非一蹴而就，并且在后来的各个朝代，坛庙建筑礼制还因政治、文化环境的变迁而不断调整。

礼制对坛庙建筑的规范，从宏观到微观无处不在。坛庙建筑组群的格局、规模、等级的划分，殿宇的开间、面阔和进深的确定，建筑屋顶的形式，建筑的装饰色彩，甚至门钉、门簪的规格和数量要求，都可见到礼的规制。在金章宗承安五年（1200年）刻立的《大金承安重修中岳庙图》碑中，能够清晰地看到当时中岳庙的礼制特征。中岳庙为"外城内廷""前朝后寝"的空间格局，外城以高大城墙围合，四角设角楼，角楼雄立于收分比例较大的高台之上，气势壮观。

现藏于山西万荣后土祠内，始刻于金天会十五年（1137年）的汾阴后土祠庙貌碑上，也刻有"外城内廷"和"高台角楼"。可见，在同一历史时期，同等祭祀礼制级别的坛庙建筑，在建筑组群的格局、规模上都遵从着同样的礼制规范。单体建筑亦然，如《礼记·礼器》所云："有以高为贵者，天子之堂九尺，诸侯七尺，大夫五尺，士三尺"，表明春秋以前，建筑台基的高度已有礼制的限定，用来划分人的地位和身份。后来较多地运用于高等级礼制建筑主要殿宇的须弥座台基，使得普通坛庙建筑和高等级坛庙建筑之间、高等级坛庙建筑中不同建筑之间的礼制划分更加明显。

坛庙建筑的屋顶形式也有严格的礼制限定。最高等级的重檐庑殿顶仅用于祭天、祭地、祭岳、祭先皇等国家祭祀坛庙建筑的大殿；其余屋顶形式，如单檐庑殿顶、歇山顶、悬山顶、硬山顶，也基本上需要依据坛庙建筑的等级加以运用。

坛庙建筑的装饰色彩在不同朝代有所差异，但也存在礼制的规范。《春秋谷梁传注疏》曰："楹，天子丹，诸侯黝，大夫苍，士黈。"据考古发现，殷商时期的最高等级建筑以红色饰柱，以白色饰墙。汉代以后，由于将阴阳五行学说中的五色与五方相配，而土居中，属黄色，故黄色跃居为中央正色，等级最尊，红色退居其后。魏晋南北朝时琉璃瓦出现，嗣后建筑屋顶逐渐以黄色最尊，绿色次之，黑色为卑，这样的礼制等级关系延续传承到清末。

此外，传统建筑的很多细节也有礼制规定。如明代制度：公主府第正门用"绿油铜环"，公侯府第正门用"金漆锡环"，一二品官员府第用"绿油锡环"，三至五品官员府第用"黑油锡环"，而六至九品官员只能用"黑门铁环"；坛庙建筑也是比照这样的规制，依据建筑的地位、等级加以运用。

五

晋陕豫黄河流域坛庙建筑的流变和遗存

　　依据祀奉对象的不同，坛庙建筑分为对自然神祇的祭祀、对祖先的祭祀和对先贤的祭祀三大类，其中对自然神祇的祭祀又分为天神体系（包括上天、五帝、日、月、风、云、雷、雨等）和地祇体系（包括社稷、后土、岳渎、城隍等）。在以晋陕豫黄河流域为核心地域的华夏古代社会，对上天五帝的祭祀等级最高，后土次之。《公羊传·僖公三十一年》载："鲁郊何以非礼？天子祭天，诸侯祭土。"《礼记·王制》曰："天子祭天地，诸侯祭社稷，大夫祭五祀。"除汉代早期仍以秦雍城五畤为祭天之所外，祭天的坛庙建筑一般随帝王所在的都城而设。黄河流域的古代都城，如安阳、洛阳、汴梁等，其地的祭天坛庙建筑或已不可考，或尚未发现。目前经考古挖掘，整体保存较为完整的是位于陕西西安雁塔区的隋唐长安天坛遗址。

　　古人以城南为阳，祭天之所均设于都城之南，隋唐的天坛（时称圜丘）亦然，位于长安城正门明德门外东950米处。距今已有一千四百多年的圜丘共四层，为高8米、素土夯筑的圆坛，较明清北京天坛共三层、高5.4米的建筑形态更为庄重恢宏。圜丘按北周规制"十有二陛，每等十有二节"，每层圆坛均设十二陛，向十二个方向辐射布置，每陛又设十二阶，象征一年十二个月和一日十二个时辰的天象运行。

　　在古代华夏社会，祭天为天子的专权，故祭天坛庙建筑具有唯一性。位于山西省万荣县汾阴脽上的后土祠于西汉成为历代天子的祭地之所，并在北宋年间达到极盛，其规模为现存后土祠的25倍，为海内后土祠庙之冠。汾阴后土祠的遗存至今保有较为完整的规制，为海内外所共仰。汉以降，祭祀后土的规制愈来愈宽松，加上以农耕为生产生活方式的华夏先民对土地怀有无比的崇敬和热爱之情，故而在晋陕豫地区，众多后土祠庙以官民共建、官民共享的方式陆续营造出来，至今仍保有一些珍贵的遗存，成为缅怀华夏农耕社会源远流长的后土文化的历史记忆。

　　五岳祭祀源远流长，西汉武帝崇神祀神之意愿尤甚，故大兴天下岳庙，增建河南嵩山中岳庙的前身太室祠，营建陕西华阴西岳庙的前身集灵宫，均在其时。北魏时期，太室祠庙址在屡次变迁之后，终定于嵩山南麓的黄盖峰下，并定名为中岳庙。唐代，中岳庙多有扩建，武则天和唐玄宗对中岳神君的尊崇，使中岳庙的文化影响力大增。

北宋乾德二年（964年），重修中岳庙行廊一百多间，饰以丹青，绘以壁画，遍栽松柏。北宋大中祥符六年（1013年），增修崇圣殿及牌楼八百余间，时有"飞甍映日，杰阁联云"之誉，此为中岳庙鼎盛时期。后渐倾颓，金大定、承安两朝庙院状貌逐渐恢复，至元末，中岳庙又多有塌废，仅余殿房一百余间。其后，明代历朝屡有修葺，今日所见中岳庙恢宏壮丽的建筑空间艺术形态，为清代初年和清乾隆年间大规模修整后的历史遗存，其规模、庙制堪称晋陕豫山岳祭祀坛庙建筑之冠。

集灵宫初建于华山脚下，后迁至今址，东汉时即定为西岳庙，北魏时进行了大规模修整。唐朝以长安为都，地近西岳，唐高祖及唐玄宗多次拜祭西岳神祇。北宋建隆二年（961年），西岳庙进行了一次大规模修葺，并以唐代旧基为基础大兴扩建，西岳庙庙制达到史上最盛。

明成化年间，因西岳庙大多塌废而进行修建，历时二十八年之久。嘉靖二十年前后，再度进行"葺故筑新，起圮植颓"的修缮。修缮完成后的西岳庙有正殿五楹，殿后寝室各二楹，前为棂星门，七座头门，五座国朝碑楼，东西旱船各两座，外为楹楼，连以角楼，凡间二百有奇，并增设了郁垒神荼殿两座。同中岳庙一样，西岳庙在清初和乾隆年间曾两度修葺，大规模修葺后的祠庙庙制宏大，蔚为壮观。民国21年（1942年），西岳庙遭到严重破坏；20世纪80年代，西岳庙经过陆续修复，还原了较为完整的明清庙貌，成为海内外闻名的华夏山岳祭祀坛庙建筑遗存。

从以上对万荣后土祠、中岳庙和西岳庙历史流变的阐述可以看出，宋代是晋陕豫黄河流域祠祀自然神祇的坛庙建筑空前发展、达到辉煌鼎盛的时期。著名学者陈寅恪评价道："华夏民族之文化，历数千载之演进，造极于赵宋之世。"[1]宋代的文化昌盛不同于隋唐，而是体现出强烈的亲民性和通俗性特征。宋太祖赵匡胤曾于乾德元年（963年）为中岳神君制衣冠剑履，中岳神君夫妇着民衣、戴礼冠自此而始。这样的思想理念和做法拉近了自然神祇与世俗社会之间的距离，使得自然神祇在社会大众心中的形象，由之前的凛凛生威、高高在上而变得柔和亲近。宋代官民对祠祀文化的传承和对坛庙建筑的营造表现出了空前的积极性。此外，宋代的礼制意识也比较宽松，并且金元两朝在占据了晋陕豫黄河流域后延续了这样的文化形态，种种背景因素促成了坛庙建筑向社会的普及和向民间的延伸，东岳庙即为突出的一例。

东岳庙以东岳泰山神为祀奉对象。在众多的山岳神明中，东岳神地位最尊，最为社会民众所崇信，文化影响力最大。黄河流域的东岳庙约在唐代之前兴起，宋金时期趋于昌盛，州县村镇均有东岳庙的兴造，这一趋势在元明两朝仍持续不衰，其中尤以山西境内河东、上党和晋中数量最多，而历史最悠久、遗存最完整的当属蒲县东岳庙。

1. 陈寅恪，邓广铭.《宋史·职官志》考证序[M]. 北京：中国大百科全书出版社，2011.

蒲县东岳庙位于山西蒲县城东两公里处柏山之巅，环山皆松柏丛林，郁郁葱葱、峰峦叠翠，故亦称柏山寺。柏山寺始建年代不详，据《蒲州县志》和庙内碑石记载，自唐贞观之后，柏山寺就屡有修建，宋金时庙貌已具相当规模，元代地震中毁坏严重，后延祐五年（1318年）重建。现柏山寺内祀奉的对象不是威严莫测的自然神明东岳神君，而变为道教神谱中的武成王黄飞虎。黄飞虎在明代小说《封神演义》中有突出的事迹，小说中周武王评价黄飞虎："威行天下，义重四方，施恩积德，人人敬仰，真忠良君"。封神后的黄飞虎化身为东岳神君，在道教神系中执掌幽冥地府，总管人间吉凶祸福。对于古代社会民众来说，道教观念深入人心，黄飞虎的事迹使这位神明形象生动、真切，如同世俗社会上真实的高尚贤达一般，因此将黄飞虎作为东岳庙祀奉的主神，便成为自然而然的趋势，这一趋势也折射出了坛庙建筑在历史流变中逐渐与道教融合的文化现象。

道教源起于华夏本土，深深扎根于民间，其思想理念、意识形态有着广泛而深厚的社会基础。南北朝以后，道教受到帝王贵族的推崇，上升为社会主流思想。李唐王朝建立后，皇家以老子为先祖，道教的影响力进一步加强。北宋自真宗开始，帝王崇信道教，特别是宋徽宗，更是自封"道君皇帝"，亲作《御注道德经》《御注冲虚至德真经》，道教发展达至鼎盛阶段，文化影响遍及社会各个阶层；随之而来的，是道教对华夏祠祀文化和坛庙建筑的全面渗透。

道教的神祇体系广泛而又兼容，既包括众多未可感知的天神，又包括民间信仰中的神明，还有众多经过神化的真实的历史杰出人物。这一体系与华夏自然神祇坛庙建筑、先贤坛庙建筑中的祀奉对象具有高度的一致性和统一性。因此，在借助于帝王贵族的推动后，道教便以坛庙建筑这个相传已久、文化渊源深厚的场所作为了弘法的平台。

自南北朝始，嵩山中岳庙成为道教圣地。现存于中岳庙内，极具史料价值的《中岳嵩高灵庙之碑》为北魏太安二年（456年）所立，记述了当时的著名道士寇谦之修祀中岳庙并宣扬道教的事迹。宋元之后，中岳庙演变为道教主要流派全真教的圣地。而同样位于黄河流域，同样为五岳之祀的华山西岳庙，也在宋元时期成为全真派的圣地。

在祠祀自然神的坛庙建筑中，除岳庙外，后土庙和城隍庙也成为道教场所。后土神在道教的神祇体系中被列为四御/六御中的第四位天帝，"掌阴阳，育万物"。北宋政和六年（1116年），徽宗封后土为"承天效法厚德光大后土皇地祇"，后土神的地位达到了顶峰。城隍原来也属自然神祇，后被道教纳入自己的神祇体系中，成为道教尊奉的主要冥界神明之一。明初洪武帝朱元璋以王、公、侯、伯四个等级大封天下城隍爵位，并岁时祭祀，为城隍庙建筑与道教的全面融合起到了推动作用。

城隍庙建筑道教化的过程，也是城隍神由自然神明过渡到人格神的过程。汉高祖的大将纪信为最早的城隍人神。宋代以后，华夏各地的城隍神愈加人格化，众多得到当地民众认同的已故去的英雄或名臣被奉为城隍神，成为城隍庙中的祀奉对象。

2.（西晋）陈寿，撰. 三国志裴松之注全文通译：三国志·卷三十六·蜀书六·关张马黄赵传第六[M]. 裴松之，注，杜小龙，译. 北京：团结出版社，2019.

除自然神祇坛庙建筑外，祠祀先贤的坛庙建筑中的关帝庙也在宋代以后成为道教圣地。关羽自三国始即被颂扬为"忠义"精神的化身，曹操赞曰："事君不忘其本，天下义士也"[2]。关羽后被道教尊为"关圣帝君"，成为护法四帅之一。关公信仰的影响力至清代达到了顶峰，遍及海内外，被誉为"武庙之冠"的解州关帝庙在庙制和规模上也都达到了史上最盛。

坛庙建筑之融合于道教，除表现为祠祀对象演变成道教神祇外，也反映在建筑布局、建筑组成、建筑命名等方面。

前文述及的山西蒲县柏山寺，在建筑组成中，除山门、献亭、大殿等坛庙建筑的必要内容以外，还有后土祠、圣母祠、清虚宫、凌霄殿等与东岳神君祭祀无关、表现出浓厚的道教文化理念、为民间社会广泛认同的建筑内容。特别是在整个建筑群落的最北端，还设有地狱府。由十五孔窑洞构成的十八层地狱，内塑五岳大帝、十殿阎君和六曹判官等，以逼真的人物场景表现出道教惩恶扬善的教义，这样的建筑形式已经完全脱离了早期单纯的东岳崇拜与信仰。

明清时期的嵩山中岳庙建筑群落，在中轴线上出现了"化三门"这样的建筑命名。该建筑南面以一座牌坊与中岳庙山门天中阁相接，北向与崇圣门相望，取道教教义中"一气化三清"之意。一气化三清表示道的延续、演化与形成，喻示"道之无处不在，无物不存"。中岳庙中轴线最北端的建筑，名为"黄箓殿"，为存放道经之所，从建筑形制分析，该建筑并不是中岳庙祭祀建筑群的组成部分，应为道教所专用。

在万荣后土祠戏台与献殿之间庭院的东西两侧，各有一座建筑，称"东、西五虎殿"（图1-4）。东五虎殿内供奉着五岳大帝，西五虎殿供奉的则是三国时期蜀汉的五虎上将，此五人与五岳大帝并尊颇不相称，东、西五虎殿的存在与后土祠也丝毫没有关联，应当是道教影响所致。

同样的现象在山西介休后土庙表现得更为明显。明代奠定基本建筑格局的后土庙中的三清殿（楼）、吕祖阁、土地祠、关帝庙显然纯属道教建筑遗存，三清殿（楼）甚至取代了后土大殿而居于整个建筑群落中轴线上的正殿位置。

解州关帝庙虽然在庙院的主轴线上未改变历史格局，但增设了东侧轴线院落，是为崇宁宫。该院落由三清殿及道众公所等道教建筑组成，既自成一体，又附属于关帝庙，与之共同构成宏大的建筑组群（图1-5）。类似做法在很多融合于道教的坛庙建筑中都可以见到。

晋陕豫三省地处黄河中游，为黄河文明发祥与发展的腹心之地。自黄帝、尧、舜到上三代的夏、商、周，自秦、汉、隋、唐到元朝建立以前，这里在长达四千多年的历史时期决定着华夏民族和华夏文明的兴起、发展与强盛。即使在元朝以后，华夏政治重心移至幽燕，这里也依然作为古老文明延续的首善之地，扮演着重要的角色。漫长的历史和厚重的文明积淀造就了这片土地上浩浩荡荡、辉煌璀璨的坛庙建筑文化源流。直至如今，晋陕豫三省的坛庙建筑历史遗存仍以最为宏大的规模与最为丰富的形态，构成了最具代表性和典型性的坛庙建筑遗存体系。从中可以打开一扇认知的大门，去解读它产生和发展的历史、地理、文化背景以及它所包含的各个方面的艺术特征。

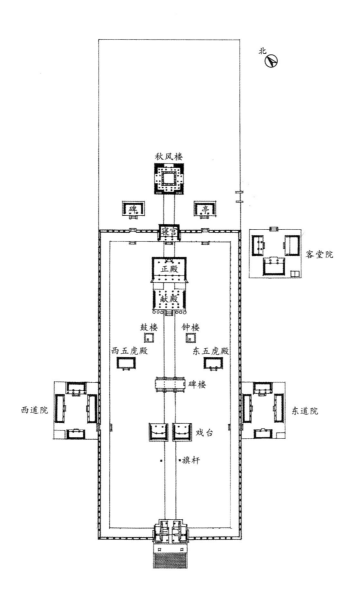

图1-4
万荣后土祠平面图

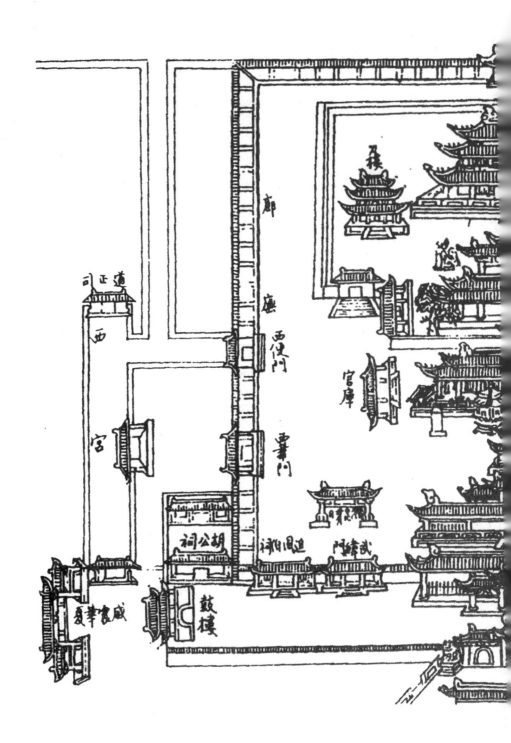

图1-5
清乾隆时期解州关帝庙庙貌图
(资料来源:《解州全志》)

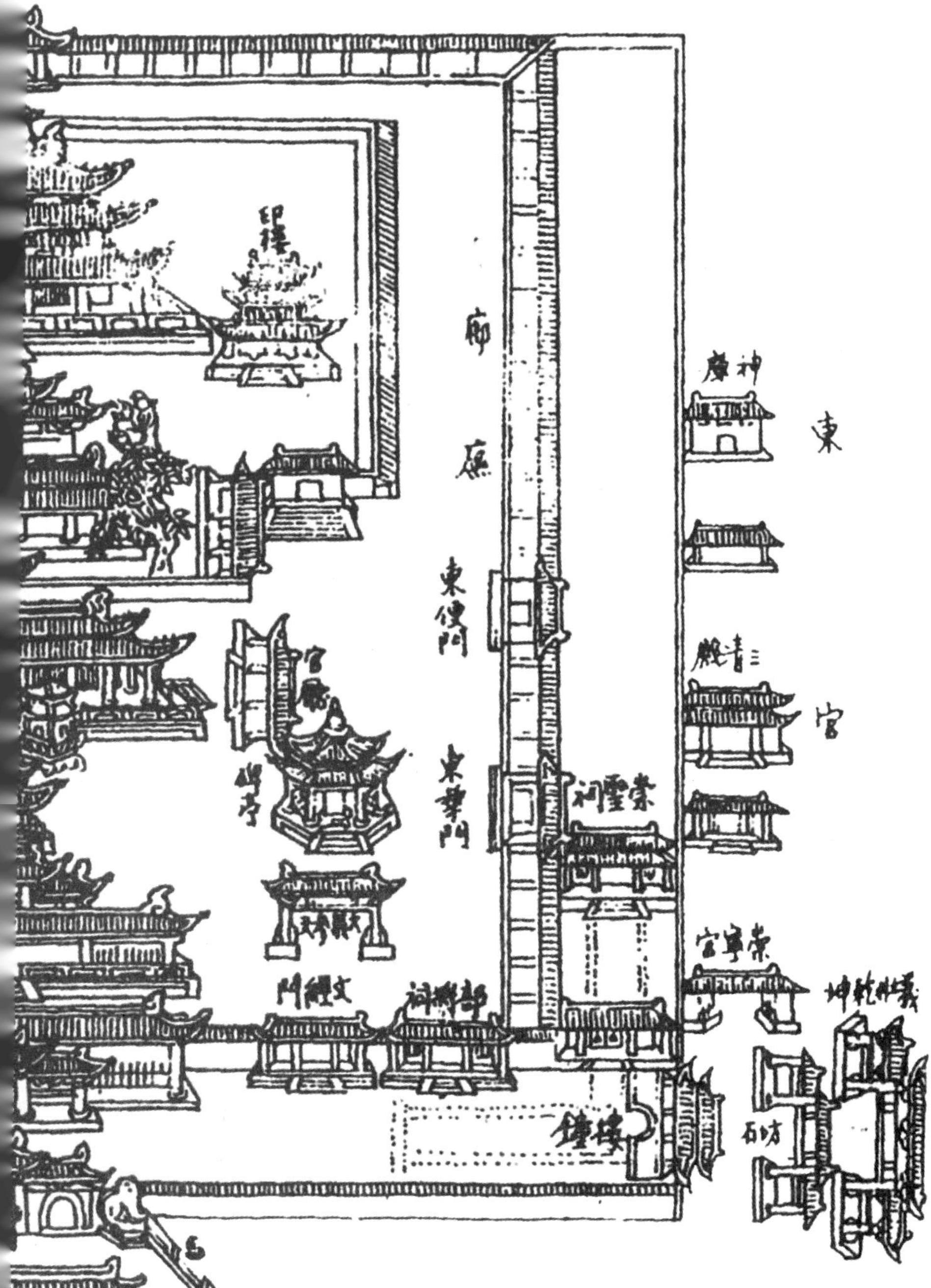

印樓
廊廡
神廟
東宮
三清觀
東便門
官廳
碑亭
東華門
崇聖祠
崇寧宮
文經門
鐘樓
石坊

第二章

晋陕豫坛庙建筑
传承发展的历史
文化背景

晋陕豫黄河流域：
华夏坛庙建筑文化的主脉所在

在华夏文明的诞生和演进过程中，晋陕豫三省是最为重要、最为辉煌的空间和舞台。

据《史记·五帝本纪》载："炎帝欲侵陵诸侯，诸侯咸归轩辕，轩辕乃修德振兵……以与炎帝战于阪泉之野，三战，然后得其志。蚩尤作乱……于是黄帝乃征师诸侯，与蚩尤战于涿鹿之野，遂禽杀蚩尤，而诸侯咸尊轩辕为天子，代神农氏，是为黄帝。"这段文字记述了华夏民族的雏形形成的历程。早在距今五千多年的远古时代，轩辕部落崛起于黄河中游，在发展过程中与炎帝部落三战而胜，而后两大部落的联盟形成，标志着华夏文明史的发端。

黄帝建都于有熊（今河南省新郑），完全控制了黄河中游地区。后来，活动于东夷之地、由八十一个氏族组成的武力强盛的九黎族，在首领蚩尤的带领下，为觊觎中原沃土而西侵。与居于豫东的炎帝交锋，炎帝部落节节败退，属地尽失，故求救于黄帝。黄帝聚诸侯之师，与蚩尤大战于涿鹿，苦战而胜。此战奠定了华夏民族雄踞黄河流域肥田沃野，从此兴旺昌盛，由荒蛮迈向文明的基石，炎黄也因此被认可为华夏共祖。

继黄帝之后而为首领的唐尧带给华夏民族的是太平治世，太史公曰："学者多称五帝，尚矣。然《尚书》独载尧以来。"[1] 在古代学者的观念中，华夏文明自尧始，开创了新里程，开启了新篇章。

《帝王世纪》云："尧都平阳"，平阳即今山西省晋南临汾市，位于黄河支流汾河之滨。尧以清廉的品德、仁爱的襟怀、俭朴的生活、任人唯贤的治国才能，使得华夏社会九族和睦、国泰民安。为颂扬其功德，表达景仰之情，平阳建有尧庙，祭祀唐尧。史载尧庙始建于西晋，距今已一千七百余年。其旧址在汾河西岸，西晋惠帝元康年间迁至河东，唐高宗显庆三年（658年）迁至现址。是为较早的华夏民族祠祀先贤的坛庙建筑。

1.（西汉）司马迁. 史记·卷一·五帝本纪第一[M]. 北京：中华书局，2006.

尧庙门楼高耸，东西两侧的两个横眉，一曰"就日"，一曰"瞻云"，语出自《史记·五帝本纪》："帝尧者……其仁如天，其知如神，就之如日，望之如云"。

尧之后，舜为首领，都蒲阪。蒲阪即今山西省晋南永济市，同样位于河滨之地。舜以美德感化民风，在其治理下，政教大行，八方宾服，四海咸颂，舜成为与尧并尊的圣贤帝王。《孟子》曰："舜卒于鸣条"。在山西晋南运城市鸣条冈上，立有舜帝庙，始建于唐开元年间，占地一百五十余亩，气势恢宏。上千年来，河东（即晋南）也一直是历代帝王以国礼祭祀舜帝之地，北魏太和年间诏曰："祭尧于平阳，祭舜于河东。"[2]《唐六典》曰："享虞舜于河东"。

史载"禹都安邑"[3]（一说禹都阳城），安邑在今山西省晋南夏县，阳城在今河南省登封市。继舜而为首领的禹，同样以晋豫为统治中心，定九州，率万民，将华夏文明推向一个新的阶段，而大禹历经万难治水成功的业绩和德行，也被视为民族精神而世代传承。祠祀大禹的坛庙建筑古已有之，《后汉·乾祐元年·重建禹庙碑》载："昔乃庙立故都绍隆本址，历代绵邈。"《元·至正十四年夏县重修大禹庙碑》载："盖盛德必一百世祀，有庙则人心萃，所由来尚矣。在昔唐虞之世，洚水横流，民无底居，而天下几不国矣。大禹出而治之，然后九州以平……迨于今几四千年……安邑夏后氏故都，邑之人尤重事禹。"

尧舜禹之都，皆在晋豫之地，可知以此地为中心的黄河流域，实为华夏民族的蕃息之地、华夏文明的源头和摇篮。虽然尚无文物可考，但可以合理地推断，华夏民族形成以后，最早的、最高等级和最大规模的坛庙建筑一定出现在这一方土地上，并且作为王朝和国运的象征为后世所传承。

据夏商周断代史研究和中华文明探源工程考证，大禹之子启开创的华夏第一个世袭制王朝夏朝，其核心领土范围西起河南省西部、山西省南部，东至河南省、河北省和山东省交界处，南至湖北省北部，北及河北省南部，并以今河南偃师、登封、新密、禹州为中心都邑。夏君桀暴虐无度，兴起于今河南商丘的商汤几经运筹，率师伐夏，与桀战于鸣条，胜而灭夏，定都亳，国号为"商"。《诗经·商颂·殷武》云："昔有成汤，自彼氐羌。莫敢不来享，莫敢不来王。曰商是常。"

鸣条在今河南省封丘东，亳在今河南省商丘谷熟镇西南，以此地为统治中心，于是"商邑翼翼，四方之极。赫赫厥声，濯濯厥灵。"[4]史载商都曾有多次迁徙，在第二十位君主盘庚迁殷至商亡的不到三百年里，殷一直是商代后期的政治、经济、军事和文化中心。殷位于河南安阳，是考古发现的有文献可考、有文物为证的华夏文明早期的都城。殷墟内的五十余座建筑遗址有宗庙和祭坛，是为商代坛庙建筑的范式。

2.（北齐）魏收. 魏书·礼志[M]. 何德章，修. 北京：中华书局，2017.

3.（晋）皇甫谧. 帝王世纪·世本·逸周书[M]. 陆吉，注解. 济南：齐鲁书社，2010.

4.（春秋）孔丘. 诗经·三百零五篇·商颂·殷武[M]. 北京：北京出版社，2006.

周人崛起于陕西省渭水以北、岐山以南之周原，周文王之子姬发率师与商军决战于牧野（今河南汲县），周军大胜而商亡，姬发建周朝，称武王，以陕西户县沣河东岸的镐京为都，是为宗周。武王之后，辅政成王的周公旦深感镐京作为都城地属偏远，难以掌控中原，遂于伊、洛二水之间的洛阳盆地营建副都，是为成周（今河南洛阳）。镐京作为周都，凡二百七十六年，周幽王亡于犬戎之祸后，继位的平王决意东迁，定都成周洛邑，河南重新成为京畿之属，华夏重地，凡五百余年。众多的诸侯国，如宋、陈、卫、郑、蔡等国的国都也均在河南境内。

《史记·封禅书》曰："昔三代之君，皆在河洛之间"，阐明了河南省在夏商周三朝文明演进中的地位和作用。由于都城之所在，必然也是当时最重要的坛庙建筑，如天地祭坛、宗庙的所在地。因此，虽然夏商周三朝的坛庙建筑大约已不可考，但可以断定，河南省为先秦时期华夏坛庙建筑文化的主脉所在。

秦并天下之后，以陕西咸阳为都。作为重大的国家活动，秦对自然神的祭祀以其先祖所立之雍四畤为场所。雍，指春秋时代秦国的国都雍城，在今陕西宝鸡凤翔境内。畤为祭坛，宋代王安石在《和王微之〈登高斋〉》一诗中有："白草废畤空坛埒"的句子。《史记·封禅书》载："秦襄公既侯，居西垂，自以为主少皞之神，作西畤，祠白帝""其后十六年，秦文公东猎汧渭之间，卜居之而吉。文公梦黄蛇自天下属地，其口止于鄜衍。文公问史敦，敦曰：'此上帝之征，君其祠之。'于是作鄜畤，用三牲郊祭白帝焉。"史载，秦宣公四年作密畤于渭南，祭青帝；秦灵公三年在三畤原作吴阳上畤，祭黄帝；在三畤原作吴阳下畤，祭炎帝。此五畤，除西畤外，俱在雍，为雍四畤，分别祭祀黄、炎、青、白四位天帝。

5.（汉）贾谊. 贾谊集·贾太傅新书·过秦论[M]. 长沙：岳麓书社，2010.

6.（西汉）司马迁. 史记·卷十二·孝武本纪第十二[M]. 北京：中华书局，2006.

秦亡后，汉高祖以关中"据崤函之固，拥雍州之地"[5]而定都于陕西长安。《史记·封禅书》载："……汉兴，高祖……二年，东击项籍而还入关，问：'故秦时上帝祠何帝也？'对曰：'四帝，有白、青、黄、赤帝之祠。'高祖曰：'吾闻天有五帝，而有四，何也？'莫知其说。于是高祖曰：'吾知之矣，乃待我而具五也。'乃立黑帝祠，命曰北畤。"并诏曰："吾甚重祠而敬祭，今上帝之祭及山川诸神当祠者，各以其时礼祠之如故"。由此，秦代的雍四畤演变为汉代的雍五畤，属国家最重要的坛庙建筑。

西汉武帝敬神尤甚，于元光二年（公元前133年）冬十月"初至雍，郊见五畤。"[6]亳人谬忌上书曰："天神贵者泰一，泰一佐曰五帝，古者天子以春秋祭泰一东南郊。"[6]武帝纳之，"令太祝立其祠长安东南郊。"[6]其后，又有人上书曰："古者天子三年一用太牢具祠神三一：天一、地一、泰一。"[6]武帝又纳之，于泰一坛前设天一坛和地一坛。虽然如此，但武帝并未在此三坛行祭祀的最高礼仪——郊祀礼，而是仍于元朔四年（公元前125年）、元狩元年（公元前122年）、元狩二年、元鼎四年（公元前113年）、元鼎五年于冬十月"郊雍"[6]。并且，武帝在元鼎四年郊祀五畤时，以只祭天不祭地不合道理为由，令"立后土祠汾阴脽上"[6]。后土祠建成后，武帝曾六次亲诣汾阴拜祭。元鼎五年（公元前112年）十月，武帝在郊祀雍五畤后，令祠官于甘泉修筑泰一祠坛，是为"甘泉泰畤"。甘泉在陕西省淳化县，据《汉书·郊祀志》载："祠坛放（模仿）亳忌泰一坛，三陔，五帝坛环居其下，各如其方……五帝各如其色，日赤月白。"祠坛祭祀多位天神，有泰一神、五帝神及日月星斗众神，等级分明，秩序井然。

武帝之后，汉元帝"遵旧仪，间岁正月一幸甘泉郊泰畤，又东至河东祠后土，西至雍祠五畤。凡五奉泰畤、后土之祠。"[7]汉成帝建始元年（公元前32年），丞相匡衡上书，其书据《汉书·郊祀志》载曰："昔者周文、武郊于丰、镐，成王郊于洛邑。由此观之，天随王者所居而飨之，可见也。"成帝因此"作长安南北郊，罢甘泉（泰畤）、汾阴祠"[8]，后又罢雍五畤之祀。建始二年（公元前31年）正月，汉成帝于长安南郊祭天，三月，于长安北郊祠后土，此为于国都郊祀天地之开端。翌年，匡衡免官，成帝因无嗣及天灾等故，请皇太后降诏，"其复甘泉泰畤、汾阴后土如故，及雍五畤、陈宝祠在陈仓者。"[7]据《汉书·成帝纪》记载，成帝数次"行幸雍，祠五畤"。

7. （汉）班固，撰．颜师古，注释．汉书·卷二十五·郊祀志[M]．北京：中华书局，1962．

8. （汉）班固，撰．汉书·卷十·成帝纪[M]．颜师古，注释．北京：中华书局，1962．

汉平帝元始五年（公元5年），主持国政的王莽提出新的天地祠祀理念，认为应当"天地合祭，先祖配天，先妣配地，其宜一也。天地合精，夫妇判合，祭天南郊，则以地配，一体之谊也。"[7]并且，"天地有常位，不得常合，此其各特祀者也……以日冬至使有司奉祠南郊，高帝配而望群阳，日夏至使有司奉祭北郊，高后配而望群阴。"[7]王莽的祠祀理念随其覆亡而湮灭，取而代之的东汉却将这一革新理念延续传承并加以光大。

建武元年（公元25年），刘秀于河北鄗城千秋亭称帝，定都于洛阳，史称东汉，华夏政治中心再一次东迁，河南再次成为京畿重地。刘秀此举有着各种因素的考量。洛阳之南的南阳为刘秀祖居之地，根基强大，洛阳之北为刘秀势力所属，定都洛阳战略环境安全，政治上可靠。洛阳历史上为东周都城，法理正统，且在战乱中遭受的损害较长安为轻，宫阙相对完整可资利用，无需大耗民力。此外，西汉末年国家经济重心已转移到河北、河南一带，关中的农业收获和物资生产已不足以维持对庞大的王朝都城的供给。赤眉军建都长安后，就因严重饥荒不得不撤离，最终覆灭。有鉴于此，自东汉以后，曹魏、西晋均以洛阳为都，洛阳成为正统王朝的象征。

建武二年（公元26年），洛阳城南营建祭坛，其形制以王莽之论为基准，《后汉书·志·祭祀上》载曰："圆坛八陛，中又为重坛，天地位其上，皆南向，西上。其外坛上为五帝位……其外为壝，重营皆紫，以像紫官，有四通道以为门。日月在中营内南道，日在东，月在西，北斗在北道之西，皆别位，不在群神列中。八陛，陛五十八醊，合四百六十四醊，五帝陛郭，帝七十二醊，合三百六十醊……凡千五百一十四神。"由以上记述可以看出，该坛为天地同祭，基本形制为坛上设重坛，天地神位面南，在上层，五帝神位在下层。台阶设在八个方位，坛外为两重如紫官样的墙壝。四面皆有通道，通道内有日月等神位，整个祭坛共祭祀神明一千五百一十四位，开创了合祀诸神的先河。

东汉著名学者蔡邕著有《明堂论》："明堂者，天子太庙，所以崇礼其祖以配上帝者也。夏后世曰世室，殷人曰重屋，周人曰明堂。"明堂为坛庙建筑中的一种特殊类型，为最高统治者专用，所谓："天子造明堂，所以通神灵，感天地，正四时，出教化，崇有德，重有道，显有能，褒有行者也。"[9] "明堂"一词最早见于《逸周书》，据《明堂论》和《考工记·匠人》所述，明堂系由夏代的"世室"、商代的"重屋"演变而来。

9.（汉）班固. 白虎通义[M]. 上海：上海古籍出版社，1992.

成书于东汉时期的《大戴礼·明堂篇》对当时明堂的形制记述如下："明堂者……凡九室，一室而有四户八牖，三十六户，七十二牖，以茅盖屋，上圆下方。"据《续汉书·祭祀志》载，汉明帝即位后，于永平二年（公元59年）"初祀五帝于明堂，光武帝配。五帝坐位堂上，各处其方，黄帝在未，皆如南郊之位，光武帝位在青帝之南少退，西面。"由以上记述可以看出，东汉洛阳明堂以五帝为尊，而以光武帝配祀。

公元493年，北魏皇帝拓跋宏怀着对华夏文明的向往和仰慕之情，同时也为证明自己王朝的正统地位，排除万难，将都城由塞外的平城迁至洛阳。公元534年，北魏亡，由东汉至北魏，洛阳陆续作为国都长达数百年之久。

公元581年，杨坚受禅于北周，为隋文帝，定都大兴城。大兴城在今陕西西安及城东、城南、城西一带，因隋文帝早年曾受封大兴公而得名。隋朝建立之初，仍以汉长安城为都，但其城破败狭小，污染严重，故于城东南方向的龙首原南坡营建新城，并造祭祀坛庙建筑。《隋书·志·礼仪一》记载隋代天坛（时称"圜丘"）如下："为圜丘于国之南，太阳门外道东二里。其丘四成（层），各高八尺一寸。下成（层）广二十丈，再成（层）广十五丈，又三成（层）广十丈，四成（层）广五丈……"这一形制使得此建筑较东汉时期的祭坛更为雄浑高大，气势不凡。四层的坛制容纳了较多神位，其中包括东汉天坛祭奉的五方帝、日月神神位。该坛在唐朝建立后继续沿用，废弃于唐末。其遗址已于1999年在陕西师范大学南侧的荒坡上被发掘出来，经考证与史籍记载完全一致。

隋定都关中不久，其经济上的弊端愈来愈凸显。关中的粮食供给能力不足以满足一个强盛帝国庞大首都的需要，而要将丰饶的江南生产的粮食西运关中，又需通过崎岖艰险的长途山道，运量运力有限，解决不了问题。以此为契机，加上对政治、文化等因素的考虑，偏好奢华壮丽的隋炀帝登基后，大力营建东都洛阳。洛阳自东周时即为都城，"职贡所均，水陆辐辏"[10]，大运河的开凿又使其与江南的交通运输通达顺畅，洛阳的政治地位在北魏亡国七十年后又得以提升起来。

华夏文明史上辉煌璀璨的大唐王朝承续隋制，始都关中。由大兴城扩建而成的长安城，为开拓和经营西域，构建大唐盛世，作出了历史性贡献。但自唐高宗之后，粮食供给再次成为重大的困扰，加上运输的难题，大唐朝廷只好一逢关中歉收，便迁移至东都洛阳，洛阳和长安被高宗称为"东西二宅"。

武则天光宅元年，改称洛阳为"神都"，并长驻于此，洛阳的政治地位超越长安。史载："则天临朝，儒者屡上言请创明堂。则天以高宗遗意，乃与北门学士议其制，不听群言。垂拱三年春，毁东都之乾元殿，就其地创之。"[11]唐代洛阳明堂为旷世巨构，之所以毁乾元殿，就其地而建，是由于武氏改变了前代明堂建在城南的规制，将明堂建在皇宫宫城，以此作为外朝正殿，"法紫微以居中，拟明堂而布政。"[12]垂拱四年，明堂建成，据《旧唐书·武后本纪》载："明堂高二百九十四尺，方三百尺。凡三层，下层法四时，各随方色，中层法十二辰，上为圆盖，九龙捧之。上层法二十四气，亦为圆盖，以木为瓦，夹纻漆之，上施铁凤，高一丈，饰以黄金。中有巨木十围，上下通贯，栌、栌（栌即栌，谓斗栱也）、撑（斜柱，支柱），借以为本。下施铁渠，为辟雍之像，号曰万象神宫。"唐洛阳明堂作为祭天和布政两用的坛庙建筑，其建筑形制前所未有，对后世有明显的启示价值。

武则天之后，唐玄宗时期输粮入陕的漕运和陆运渐趋改善，大唐的国基重新扎根在长安，而洛阳则逐渐失去了往日的光彩。安史之乱后，唐朝仍以长安为都。至晚唐时，由于皇权衰微，藩镇割据，长安供给已完全依靠江南的输入，而漫长的供给线路时常面临运河沿线藩镇的威胁，长安城处在危困之中。随着唐朝的覆亡，长安和关中崇高的政治、文化地位从此在华夏传统文明的版图上消失。

华夏文明的重心重又回到中原，继唐而起的后梁、后晋、后汉和后周多以汴州为都，称东京开封府。此地处黄淮之间，控引汴河、惠民河、广济河，漕运极为便利。公元960年赵宋王朝建立后，仍以开封府为都，称东京。宋真宗景德三年（1006年），以宋太祖曾任后周归德军节度使所领之河南宋州为帝业肇基之地，将其升为应天府。宋大中祥符七年（1014

10.（清）董诰，等. 全唐文·01部·卷十三·幸东都诏[M]. 北京：中华书局，1983.

11.（晋）刘昫. 旧唐书·卷二十二·志第二·礼仪二[M]. 北京：中华书局，1975.

12.（唐）魏徵. 隋书·卷十九·志第十四·天文上[M]. 北京：中华书局，1997.

年），建应天府为南京，并在此立赵氏家庙圣祖殿，后又建赵宋宗庙鸿庆宫。北宋庆历二年（1042年），以河北大名府为北京，后又以河南府为西京。北宋南京在今河南商丘，西京在今河南洛阳，由此，四京之中有三京位居河南，东京更是以国家的政治、文化、经济中心，在一百六十余年里，引领华夏文明达到一个高峰。

前文已经述及，作为华夏文明一支重要的文化源流，黄河流域的坛庙建筑在宋代同样达到了一个高峰。在京畿河南省，祠祀自然神明的登封嵩山中岳庙、济源济渎北海庙、祠祀祖先神明的淮阳太昊陵庙，都在这一时期达到史上空前的规模。在与河南比邻的山西省（时称河东路），由于悠久的历史、厚重的文化积淀以及与河南紧密相关的历史渊源，自汉始立的汾阴后土祠在大中祥符三年（1010年）和元祐二年（1087年）分别得到大规模修整，盛况空前。竣工之日，"邦人瞻观，远近为之欢欣鼓舞，携带老稚来歆享，益加敬焉。"[13]在山西太原，宋太平兴国年间大修晋祠，天圣年间建宏大壮观的圣母殿，后又屡加修整添建，使之成为祖先和先贤崇拜的圣地。

13.（宋）杨照. 重修太宁庙记[Z].

在国都东京，赵宋王朝以华夏正统的身份营建天子坛庙。政和五年（1115年），徽宗在亲自对《考工》之论进行比较研究后，下诏令蔡京总监明堂建筑，明堂选址同唐代一样在宫城之内，位于寝宫东南、大庆殿东侧。

随着赵宋王朝的亡国，徽宗明堂也湮没在历史的尘埃中，所幸详尽的史籍记载，能使人解读到宋代对前朝坛庙建筑文化和形制的传承与弘扬。赵宋的亡国，也意味着河南如同关中一样，在华夏传统文明中崇高的政治、文化地位的消失。

在古老华夏的版图上，没有哪一个地区，像山西省这样，由于其独特的环境条件、特殊的地理位置，以及源远流长的文化传承，而在华夏文明的演进和华夏历史的发展中扮演了不可替代的角色，也没有哪个地区像山西省这样，从远古到明清，在长达四五千年的历史长河里，由于一直处在华夏传统文明的核心地域，而有着最为精彩辉煌的坛庙建筑发展历程，留下最为丰富多样的坛庙建筑遗构。

山西由于在春秋时期为晋国主要领地和国都所在地而简称晋。山西为黄土覆盖的山地高原，域内山地、丘陵面积占地域总面积的80.1%，东西两侧以太行山脉和吕梁山脉纵向布列，中间由恒山、太岳山、中条山等分隔，形成由北向南的雁北、太原、长治、晋城、临汾、运城等多个盆地。山西东南部为长治、晋城盆地，古为上党郡。《释名》曰："党，所也，在山上，其所最高，故曰上党也"。此地居高临下，俯瞰河南平原，为咽喉锁钥之地，古有"得上党而望中原"之说。战国时期秦赵两国之所以举全国之力决战于上党，并不只为韩国属地上党十七座城池的归属问题，更是为了夺取这一战略要冲。

上党地区还是华夏文明中远古神话的渊薮，华夏民族最为著名的神话传说，如见于《淮南子》《太平御览》的女娲补天、抟土造人、羿射九日，见于《山海经》的炎帝尝百草、精卫填海，见于《列子·汤问》的愚公移山，见于《山海经·海内经》的大禹治水等，均发生于上党。这些神话至今仍在上党地区的长治县、黎城县、长子县、壶关县、屯留县、平顺县一带流传。而上党地区为数极多的坛庙建筑遗存，如以关村炎帝庙、高平古中庙、北和村炎帝庙为代表的炎帝庙；以高平三王村三嵕庙、下霍护国灵贶王庙、壶关三嵕庙为代表的嵕王庙；以北社村大禹庙、西青北村大禹庙、侯壁村夏禹神祠为代表的禹王庙；以阳城下交汤帝庙、大阳镇汤帝庙、阳城郭峪村汤帝庙、神后村汤帝庙为代表的汤帝庙，从实物例证的角度反映了上党传统文化与华夏古代文明之间极大的关联性，印证了神话传说对华夏文脉传承的重要价值。

山西的临汾、运城盆地，古称河东，西汉时为河东郡。顾炎武《日知录·第三十一卷》有云："河东，山西一地也，唐之京师在关中，而其东则河，故谓之河东。"河东一地，南隔黄河与河南省相邻，西隔黄河与陕西省相望。《史记·货殖列传》曰："昔唐人都河东，殷人都河内，周人都河南，夫三河在天下之中，若鼎足，王者所更居也，建国各数百千岁。"河内、河南均地属河南省，河东与之共为华夏文明的主要发祥之地。

周成王桐叶封弟，叔虞建号唐国，为周王朝血缘最近的诸侯。叔虞子燮父改唐为晋，定都河东，后世献公大加征伐，晋遂成大国。晋国传承了蓄息于此地的华夏先祖的遗风，其"尚武、尚贤、尚法、尚功"的思想，深远地影响了后世的政治文化，晋国也由此而先贤辈出。崇德尚法、"退避三舍"的晋文公，事君不二、身死不渝的狐突，忠君之托、死而后已的荀息，功不言禄的介子推，智谋深远、以死谢君的先轸，舍身救主、取义成仁的程婴、公孙杵臼，开渠引水、济世利民的窦犨均成为华夏民族道德教化的楷模。祠祀这些先贤的坛庙建筑，如建于唐宋年间的晋阳唐明镇晋文公庙、建于北宋建隆三年（962年）的山西乡宁县樊家坪村荀息祠、建于山西灵石的介子推祠、建于山西左权县庄子村的先轸祠、建于金代以前的山西盂县藏山祠、建于唐代以前的山西太原窦大夫祠，表达了对先贤精神气质和思想品格的景仰和传承。

隋末，由于地近陕西关中，河东成为唐高祖晋阳起兵西取隋都的跳板。随着大唐的建立和盛世的到来，河东厚重的文化积淀猛然爆发，王勃、王维、卢纶、柳宗元等，或出生于河东，或祖籍河东，其文化成就在华夏文明史上留下浓墨重彩的一笔。时至今日，河东人对于传统文化的传承与弘扬仍有着不懈的执着和热情。

在古代历史上，山西对于华夏文明的延续和发展起到过不可替代的作用。山西北部地区，包括忻州盆地、朔州、大同，直接面对着世代游牧于蒙古高原的草原民族。在从春秋到明代长达两千多年的时空跨度里，除元朝以外，草原民族的入侵和对华夏文明的伤毁，始终是华夏民族面临的巨大威胁。在战国、秦、汉三个历史时期，晋北是抗击匈奴的桥头堡和集结地。在魏晋时期，北方草原上涌现出逐渐强大的鲜卑民族，在摆脱并击败匈奴之后，几经壮大，建立魏国，后又突破晋北防御，迁都平城（今山西大同市）。隋唐两代，晋北又成为中原王朝防御北方突厥强劲铁骑的前沿。隋云州道行军元帅杨素曾率军出击，大败突厥。隋炀帝曾避突厥大军于雁门郡城。赵宋王朝前期，雄起于北方草原的契丹国凭借从后晋石敬瑭手中攫取的幽云十六州，多次南下中原，甚至于辽会同九年（947年）十二月攻陷汴京，灭亡后晋。明朝建立后，为防御北方草原的北元、瓦剌、鞑靼等部，沿长城设立九边重镇，其中晋北设大同镇和太原镇，从侧翼拱卫都城北京的安全。

漫长的边塞历史，使抗御北方游牧民族入侵的晋北长城关隘，如雁门关、宁武关、偏头关、杀虎口关等，成为华夏边塞文化的符号和象征。曾经鏖战于晋北的历代边塞名将，如战国时的赵将李牧、西汉景帝时的飞将军李广、北宋初年的忠烈杨家将，也成为华夏民族崇拜和景仰的英雄烈士。坐落于雁门关下、始建于明代以前的李牧祠，坐落于山西代县城东北的鹿蹄涧村、始建于元天历二年（1329年）的杨忠武祠，都是以他们为祭祀对象的海内知名的祠庙建筑。

山西中部为太原晋中盆地。晋平公（春秋时期晋国国君）十七年（公元前541年），晋国大夫荀吴北征，击破占据今太原一带的赤狄部落，太原与晋中地区并入晋国版图。太原晋中盆地北接晋北要隘，南临河东沃野，东依太行山，扼守着草原游牧民族入侵华夏、西犯长安、南指中原的咽喉之地，故此在历史上对捍卫华夏文明起到了举足轻重的作用。清代军事地理学者顾祖禹所著的《读史方舆纪要》曰："天下大势，必有取于山西"，而山西之势，决胜于太原。

由于晋北多受草原文明的影响，晋南为华夏文明发祥与昌盛之地，再加上位于太原西南的古晋阳城，曾为鲜卑化的北齐政权的别都和唐末沙陀族首领李克用的根据地；因此，居于晋南、晋北两者中间的太原晋中地区，在传统文化形态上表现为多元融合发展，并以华夏文化为主导。以晋祠为代表的坛庙建筑的长盛不衰就说明了这一点。

两周初年，周成王封胞弟叔虞于唐，称唐叔虞。后叔虞宗族的一支迁至晋阳，于悬瓮山麓晋水发源地建祠祀祖，是为唐叔虞祠，后称晋祠。东

14. 刘大鹏，著. 晋祠志·序[M]. 慕湘,吕文幸，点校. 太原：山西人民出版社，2003.

汉汉安三年（144年），太原地震，波及晋祠。北齐天保年间，文宣帝高洋扩建晋祠，"大起楼观，穿筑池塘"[14]。隋开皇六年（586年），在祠区西南方增建舍利生生塔。唐贞观二十年（646年），太宗驾临晋祠，亲撰《晋祠之铭并序》，并再行扩建。北宋太平兴国年间，太宗赵光义在晋祠大兴土木，并刻碑以纪其

事。天圣年间，宋仁宗封叔虞为汾东王，并为叔虞之母邑姜修建了壮美的圣母殿。宋徽宗崇宁年间重修圣母殿，赐号"慈庙"。金大定八年（1168年），增修献殿，以为圣母贡献祭品。蒙元建国后，于至元四年（1267年）重修唐叔虞祠内建筑，至正元年（1341年）整修晋祠。明洪武二年（1369年），加封圣母为"广惠显灵昭济圣母"，嗣后屡有修葺。晋祠悠久的历史、宏大的规模、完整的建筑与景观遗存，使其成为黄河流域坛庙建筑文化中祠祀祖先、先贤的一脉所在。

二

晋陕豫坛庙建筑中的释道两教文化基因

　　坛庙建筑是传统祭祀文化的产物，具有文化建筑的属性。在官殿、衙署、陵墓、住宅、商铺、寺院、道观和祠庙等古代主要建筑类型之中，既是礼制建筑，又是准宗教建筑的坛庙建筑文化底蕴最为深厚，其文化底蕴的积淀与释道两教文化基因的注入密不可分。

　　东汉明帝永平八年（公元65年），楚王刘英获诏曰："楚王……尚浮屠之仁祠，法斋三月，与神为誓。"[1]由此可知，在明帝之时，被时人称为浮屠教的佛教已在汉地传播，而传播的地域以当时的国都河南洛阳和陕西关中的长安为中心，波及彭城（今徐州）等地。由于对佛教的认识并不深刻，故当时普遍认为这只是一种神仙方术。佛教传播者为了使具有高度文化自信的华夏民众接受新的宗教教义，也就宣扬"老子入天竺变化为佛陀，教化胡人"。黄老学说在当时已有相当的文化影响力，曾作为西汉初年国家的主要治国理念达六十余年。借此，佛教的地位逐渐等同于华夏本土的宗教，东汉桓帝将佛陀与黄帝、老子同等奉祀，视沙门如方士，"诵黄老之微言，尚浮屠之仁祠"。[1]

1.（汉）范晔，撰. 后汉书·卷四十二·光武十王列传第三十二·楚王 英 传[M].（唐）李贤，等注. 北京：中华书局，2000.

　　魏晋承汉，佛法东渐，众多的天竺、安息高僧来到都城洛阳，译经弘法，佛学思想和教义得到越来越多人的了解和认知。南北朝之时，南朝宋、齐、梁、陈各代帝王大都崇信佛教，梁武帝更是自称"三宝奴"，四次舍身出家。在其倡导之下，大批佛教寺院建立起来，据考证，梁朝有佛寺两千余座，其中仅都城建康（今江苏南京）一地就有大寺七百余座。在占据着晋陕豫华夏文明发祥地的北朝，虽然在北魏太武帝和北周武帝时发生过禁佛之事，但其他各代帝王，包括实际掌国达十五年之久的著名的冯太后，都笃信佛教。北魏文成帝在平城（今山西大同）开凿云冈石窟，孝文帝迁都洛阳后又始建龙门石窟，至北魏末年，北方有寺院上万座。

　　隋文帝自幼长于佛院，灭陈而一统南北之后，即令在五岳胜地各建佛寺一座，在国都建国家寺院大兴善寺。隋仁寿年间，全国修造了一百余座舍利塔，拥有重要寺院三千余座。

　　在大规模的佛教寺院营造中，佛教文化元素以图像、图案的形式被大量运用在殿堂的装饰艺术上。这些图像、图案形式新颖，寓意丰富、深刻，并且在长期的运用过程中在表现细节上又融入了中国特色，从而为社会民众所广泛接受，出现在了华夏本土的准宗教建筑——坛庙建筑之中。

本来，黄河流域坛庙建筑台基的基本形式大都是平直的，夯土为基，镶砖包面，因台基上皮和四边转角易损坏崩塌，故以石料加强和保护。此种形制质朴、自然、不事雕饰，在大量的坛庙建筑遗存，如陕西韩城城隍庙、山西榆次城隍庙、山西蒲县东岳庙中都可见到。山西万荣后土祠建筑遗存，从山门、戏台到正殿，也都是如此做法。南北朝时，须弥座开始运用在除佛教建筑以外的重要建筑的台基中。须弥座，又名金刚座，源自印度佛教。"须弥"一说指须弥山，在古印度传说中，须弥山为世界中心。另一说指喜马拉雅山，以山为佛像底座，喻示佛陀的神圣伟大。到了唐代，须弥座的运用更为普遍，初唐诗人王勃就有："俯会众心，竞起须弥之座"的佳句。

早期须弥座为上下部位出涩、中间部分束腰的台座形式，迨至唐宋，上下出涩层次加多，中间束腰明显加高，在构成须弥座的六个部分：上枋、上枭、束腰、下枭、下枋、圭角中，上枋、束腰、下枋多以华夏传统纹样装饰，而上枭和下枭则以佛教文化元素莲花作为装饰。

在晋陕豫三省的坛庙建筑中可以清楚地看到须弥座的运用。在金章宗承安五年（1200年）刻立的《大金承安重修中岳庙图》碑中，中岳庙琉璃正殿前的祭台（图中称为"路台"）台身砌作须弥座形，台前设踏道（图2-1）。这一图示表明在宋金或者更早的历史时期，须弥座已经被运用在大型的高等级坛庙建筑之中。在同样礼制等级的陕西华阴西岳庙中，建于明代的灏灵门、正殿灏灵殿以及灏灵门前的照壁，均采用了白色石质须弥座台基，使得建筑组群呈现出与一般坛庙建筑大不相同的格调和情致，更加恢宏壮观、绚丽堂皇（图2-2），如明代进士李楷诗中所云："宝殿周垣白帝宫，能收月色报高穹。"

图2-1
中岳庙祭台
（资料来源：《大金承安重修中岳庙图》碑）

图2-2
陕西华阴西岳庙灏灵门

在晋陕豫坛庙建筑中，还可大量见到须弥座变形为木柱或石柱的底座。中岳庙中的"配天作镇"木牌坊、"崧（同'嵩'）高峻极"木牌坊，西岳庙中的"天威咫尺"石牌坊、"少昊之都"石牌坊、"蓐收之府"石牌坊、山西万荣后土祠献殿内柱（图2-3），均采用如此做法。这样的处理较之低矮的普通石质柱础，能大大增加建筑的体量感，使之更加壮观、更有气势，高底座上复杂的纹饰也能赋予建筑更加丰富、深刻的文化内涵。

柱础是传统建筑中不可或缺的建筑构件，俗称磉盘。对于木结构建筑来讲，石质柱础尤为重要。据考古发现，先秦时期多用卵石做柱础，秦代已出现巨大的整石柱础，汉代柱础的形式有覆盆式、反斗式等，均极为简朴。南北朝时受佛教建筑艺术的影响，柱础的形式开始向更为复杂的纹样装饰和更为深刻的文化寓意方面转化。唐代雕莲瓣的覆盆式柱础最为盛行，而宋代则在融合了佛教文化元素的柱础形式演变数百年之后，于中国古代最完整的官式建筑做法规程《营造法式》中总结出柱础的雕饰规制："其所造花纹制度有十一品……九曰铺地莲花，十曰仰覆莲花，十一曰宝装莲花。或于花纹之间，间以……"

可以看出，以莲花为装饰元素的柱础艺术，在宋代已经有了广泛的实践。莲花为佛门净土的象征之物，其出淤泥而不染的圣洁品格，为佛家所崇尚，如《佛说四十二章经》："我为沙门，处于浊世，当如莲华，不为泥污。"以莲喻佛，象征佛在生死烦恼中出生，而又不为生死烦恼所困扰；且莲花身死根不死，来年又发生，符合佛教轮回之说。因为不存在礼制等级上的约束和界限，莲花纹饰柱础在晋陕豫三省很多坛庙建筑中均可见到，是最为普遍的柱础形式之一。

此外，莲花装饰还应用在坛庙建筑阑版柱（亦称望柱）的柱头上，其形式有莲花座上立瓜楞样式（图2-4），也有莲花座上立石狮子或猴子样式（图2-5）。

图2-3
山西万荣后土祠献殿内柱柱础

图2-4
榆次城隍庙献殿望柱

图2-5
安阳彰德府城隍庙泮池望柱

象，瑞兽，厚重而稳行，谐音同"祥"，被视为吉祥的化身。宋代陆游有诗云："太平有象天人识，南陌东阡捣麦香。"不过，出现在坛庙建筑之中、作为建筑装饰的白象和青狮都源自于佛教文化。

白象和青狮在佛教文化中分别为普贤菩萨和文殊菩萨的坐骑，青狮威猛无比，驱邪镇魔，而白象则象征着善良慈悲，愿行广大。晋陕豫地区很多坛庙建筑，如陕西韩城城隍庙、山西榆次城隍庙，在屋顶正脊上饰以青狮、白象（图2-6）。这些形象如同须弥座、莲花纹饰，以及出现在其他建筑装饰部位的佛家七宝一样，其佛教意蕴完全汇入了晋陕豫坛庙建筑文化之中，构成了来自异域、融合于华夏的佛教文化基因。

坛庙建筑与道教的历史渊源前文已作阐述。事实上，在历史演变过程中，道教对华夏社会的世俗文化、民间信仰多有吸取和借鉴，在进行理论化、体系化的完善以后，又将其传播于社会和民间，产生了更大的影响，正如鲁迅所说："中国根柢全在道教"。英国汉学家李约瑟也认为："中国文化就像一棵参天大树，而这棵大树的根在道家"[2]。道教文化渗透于中国古代社会的各个方面，对于坛庙建筑这类源于信仰文化、传承信仰文化的物质载体来说，道教文化基因的植入也就成为必然现象了，在道教文化渊源深厚的晋陕豫地区，这种现象表现得尤为突出。

据《汉书·艺文志》载，西汉时期山西恒山就有炼丹方士的活动，道教祖师张陵的弟子赵昉得道后，于故里山西临晋水泉里（今山西蒲县赵昉村）修养真气、弘扬师道。其时还有王乔、黄安、昌荣、君澄和张铁卿等在山西河东、代州、恒山、汾州、绛州等地传道。

魏晋南北朝时，山西道教发展达到高峰。嵩山道士寇谦之在名相崔浩

2. （英）李约瑟，原著. 中华科学文明史·第八章道家与道家思想[M]. 柯林·罗南，改编. 上海交通大学科学史系，译. 上海：上海人民出版社，2010.

图2-6
山西榆次城隍庙正殿脊刹

的举荐下，于北魏国都平城（今山西大同）向太武帝拓跋焘献经，他所宣讲的北天师道教义亦深得太武帝赞赏，于是天师道大兴。平城及其周边地区遍传此道，成为北方道教文化的中心。

隋唐嬗代之际，山西道士制造符谶，密传符命，助李唐代杨隋，得到大力褒奖。唐朝初建，高祖即以道教为本朝家教。唐代山西道教名士辈出，著名的八仙之一、道教主流全真派祖师吕洞宾即为河东蒲州河中府（今山西芮城永乐镇）人。

宋金元时期，道教各派均在山西传道，以全真道最盛，晋南为全真道传布的中心区域，平阳（今临汾）、运城、芮城等地受其影响巨大，并辐射至太原、上党等地。

豫、陕二省，因屡为帝都之所在、京畿之所属，在历朝帝王的大力推崇和民间意识的广泛认同下，道教文化根基深厚、影响巨大。豫省境内的中岳嵩山、济源王屋山、洛阳老君山，陕省境内的终南山、华山、吴山、太白山、景福山、少华山、药王山、白云山，均为道教教众拜谒、道士修行之圣地。

从晋陕豫三省的坛庙建筑装饰艺术中，可以清晰地看到道教文化基因的广泛存在。例如，在山西榆次城隍庙正殿显佑殿及寝殿，山西解州关帝庙雉门、正殿崇宁殿，山西万荣后土祠正殿，山西蒲县东岳庙行宫大殿中，都可见到建筑屋顶正脊之上立有单层或多层楼阁式脊刹。楼阁尺度瘦长，呈高耸状，有"仙阁"之意（图2-7）。以楼阁作为装饰元素，应当与道家学说相关，喻示道教所传扬的"长生""羽化""登仙"等理念。此外，宝瓶、葫芦、宝剑、花篮等道教文化元素，也以生动的装饰形象每每见于晋陕豫坛庙建筑之中。道教认为，宝瓶代表吸收煞气、趋吉避凶之意；葫芦代表祛病镇邪、救济众生之意；宝剑有"剑现灵光魑魅惊"、斩邪除魔之意；而花篮则内蓄无凡品，能广通神明。

图2-7
山西榆次城隍庙寝殿脊刹

第三章

晋陕豫坛庙建筑探访

一

岳立天中：
庭院深深与殿宇巍巍

（一）

世人对中岳嵩山大都知晓，并且一说到嵩山，又大约都会想到少林寺。这座始建于北魏年间，掩映于少室山下林木之中的千年古刹、禅宗祖庭，历来蜚声海内外，更因金庸先生的武侠小说和电影《少林寺》，而引发了无数看客对其神秘莫测的武学渊源和深邃文化积淀的向往。于是长年以来，少林寺内游人如织，天王殿、藏经阁前人头攒动。与少林寺相反，坐落于嵩山另一脉太室山脚下的中岳庙，则不大为人所知，显得清净许多。很多游客是在登临嵩山、一览中州风光时，才发现这一片璀璨辉煌的古建筑群落，才知道这同样是一座年代久远并且融合了儒、释、道三教源流的历史遗存和文化胜迹。

"中"为尊，是华夏民族的核心思想观念之一。《吕氏春秋·慎势》曰："古之王者，择天下之中而立国，择国之中而立宫，择宫之中而立庙。""中"本来是一个方位词，于是便有了政治和文化含义。就古时华夏来说，天下之中在河洛之地，历朝历代国都的选址便大多在河洛之地的洛阳和拥山河之险、更容易守卫的长安之间踌躇和摇摆。对自己的德政信心满满的王朝统治者多以洛阳为都，包括首倡"皇天无亲，唯德是辅"（见于《左传·僖公五年引周书》）的周公旦在内。于是，洛阳便拥有了十三朝古都的辉煌历史。即便是元代以后，国家重心北移至幽燕之地，河洛地区，乃至整个中原，仍被视为华夏国脉之所在。"入主中原"一词，不只是指对该地区的占据，也是指代对王朝正统地位的认可。

王朝需要象征，也需要神灵的庇佑。摩天劈地、巍然耸立于中州平原、如"岳立天中"般的嵩山便进入了王朝统治者的视野。周武王、汉武帝、唐高宗、清乾隆皇帝均曾登临嵩山，北魏孝文帝曾在山下驻足，武则天更是多次登上嵩山，并于696年腊月，开千古之先例，登嵩山举行盛大的封禅大典。了此宏愿之后，武则天取"登嵩山，封中岳，大功

告成"之意，改嵩阳县为登封县，改阳城县为告成县。巧的是，1982年5月，一位采药的当地山民在嵩山峻极峰石缝中捡到一枚金光闪闪的简片，专家对照史籍记载，确认这正是武则天于700年7月7日在嵩山祈福时，遣使向诸神祈求除罪消灾所投的金简。一千多年前的珍贵遗物承载的不仅是武则天个人对中岳神灵的信仰，也包含着古代华夏民族的精神寄托。

古代帝王和民众对中岳神灵的信仰如此虔诚，自然对祭奉中岳神灵的中岳庙也就格外关注。中岳庙的前身太室祠，汉代初年或更早的时候便已存在。东汉安帝时，在太室祠前增建太室阙；北魏时，太室祠定名为中岳庙。

带着一份探秘的心情和渴望，我和我的四位学生于2017年4月一个曙光初现的早晨，从太原出发，开始了对嵩山中岳庙的探访，希冀在宁静的环境氛围中，品味中岳庙曾经的辉煌和历经的沧桑。

（二）

车到登封已经是下午三点多，入住酒店后，我们便迫不及待地前往中岳庙，一睹千年古庙的真容。

离闭园的时间已经很近，只能仓促一看。夕阳余晖下的中岳庙果然游人很少，那份宁静让我们匆匆的脚步不禁慢了下来。座座建筑均透露出古老的气息，黄色的琉璃瓦映射出曾经的高贵和荣耀。庙院规模之大是在我们想象之中的，但庙院的环境氛围，却只有身处其间才能真正感受得到。通常情况下，人们会用"庄重"一词来形容礼制建筑；而在中岳庙，涌上心头的第一个形容词却是"肃穆"；庄重让人心生敬意，而肃穆则又增添了畏惧之感。

中岳庙的南北轴线拉得极长，封闭院落沿南北向的中央神道一重一重地展开和呈现，每个院落也都很长，将你的视线引向尽头，引向远方。神道两旁多种植柏树，再向外是槐树，各座建筑前面也多在左右两侧植以柏树。古代祠庙种植柏树的做法是很普遍的，但像中岳庙这样，种植得如此之密、如此之浓，却不多见。柏树是很有历史感和象征性的植物，那由无数条强劲的、盘曲向上的筋络构成的挺拔主干表达着不屈的意志，细小而稠密的枝叶又反映出生命的顽强、坚韧与活力。奇妙的是，中岳庙是建在一个缓坡上的，人沿缓坡向上行进，在穿过一重重修长、深邃的庭院，经过一座座或封闭或开敞的殿宇建筑和牌坊的过程中，心绪也会产生异样的感受，像是去"朝圣"。中岳庙里碑碣很多，形式各不相同，分立在建筑前面和庭院空地上。碑碣是华夏先民发明的宣示政治、记录历史的独特方式，暗沉的暮霭中，斑驳的、深灰色的石碑更能让人体味到几百年前，甚至上千年前的古人是怀着怎样的心态在这里驻足、凝望和祭拜的。不早了，明天再来。

（三）

第二天开园时分，我们来到中岳庙前，但惊讶的是，这里已经人头攒动、热闹非常，偌大的庙前广场上停车位都很难找到，昨天的宁静不见了踪影。怎么回事？打问之下才知道，一年两次的中岳庙会开锣登场了。这可真是赶巧，我们无意中确定的探访日程竟然与历时只有几天的庙会重合。好吧，姑且将探访计划后延，先观览一下这传承上千年、有着深厚根基的地方民俗的"活化石"。

和其他庙会一样，庙前广场上到处都是布列整齐的摊位，出售着色彩艳丽的各种手工艺品，售卖书籍、字画、玉石的也穿插其间，远处还有各色食品摊，卖的自然是当地的风味小食。入得庙门，人更多了，中央神道上，人们匆匆向前赶着。在崇圣门东侧的一片空地上，有一座不甚高大的四方形砖砌古建筑，看标识牌说明，这是建于宋代的神库，供储藏祭神物品之用。神库四周矗立着四尊振臂握拳、怒目挺胸、形象威严的守库铁人，铁人周边围着很多人，有的先摸摸铁人，再摸摸自己；有的先把系着铜锁或银锁的彩带挂在铁人臂膀上，然后上香磕头，再把锁取下挂在自己身上，挂得是那样精心，拜得是那样虔诚。这是什么民俗，没人说得清，上网细查才知道，原来前者称为"摸铁人"，后者称为"拜干爹"，据说身体哪处疼痛不适，只要摸摸铁人和自己相同的部位，病痛就会减轻甚至消除。拜干爹则是将铁人作为自己的保护神，将锁视为铁人送给自己的礼物，可以长保平安健康。

再往里走，好戏还在后头。

财神殿，原名崇圣门，本是中岳庙山门之后重门之制中的第一道过往门庭，1942年改建时失去原貌，改为供奉财神的殿宇。这一改，严肃的祭祀建筑变成了亲民的世俗殿宇，财神可是民间社会家家都要供奉的。这不，财神殿前香火弥漫，整个建筑都笼罩在烟霭之中，祭拜者前拥后挤，好生热闹。

文昌殿，原名化三门，取道教"一气化三清"之意，原是第二道过往门庭，同样是在1942年改为了祭奉文昌帝君的殿阁。殿前香炉里烟火升腾，膜拜者也是络绎不绝。

穿过第三道门庭峻极门前行，再经过"崧高峻极"坊，便隐约看到了辉煌壮观的中岳大殿峻极殿和殿前的喧闹景象。天气很好，湛蓝的晴空里飘浮着几片白云，清凉的微风吹拂在人们爽朗的脸上，明媚但并不强烈的阳光照射在大殿屋顶、殿前平台和烟雾缭绕的巨大香炉上，并在林木间投下斑驳的影子。这里自然是庙会的高潮，最精彩的节目也在这里上演。我们一直奇怪于一路上有许多当地人相携相伴，嘴里振振有词，手托着长达一二十米、绣有色彩艳丽的行龙和花卉图样的黄绸向大殿拥来，不知是什么缘故，现在谜底揭晓了，这是一个叫做"搭桥"的传统习俗。搭桥者舞动长绸，在峻极殿前平台上左右往返多次，向殿内中岳神像表达敬意之后，再虔诚地将长绸投入香炉中焚化，这样便搭起一座隐桥，中岳神君可以从神界来到人间，降福于百姓。

大殿外格外热闹，大殿内也热闹非常；噢，原来这里也有节目，是在给中岳神君的塑像"穿新衣"。崭新的绸质袍服和披风穿戴起来，神君显得更加光彩照人、和蔼可亲。为中岳神着衣履始于宋太祖赵匡胤的做法，这看似平常的一举，其实有着深刻的文化影响，它拉近了神灵与民俗社会的距离，中岳神灵愈加人格化，愈加亲近民众。宋代以后，中岳祭祀行为由敬神、娱神兼而娱众，成为一道形态独特的文化景观。

（四）

三天的庙会结束，该是我们细细品读中岳庙的时候了。

我一向认为，以现代人的心境去感知古人、古物是比较难的事情，时代发展了，社会进步了，人们的思想方式也已彻底改变。好在我们探访的中岳庙是一座具体的建筑群落，它有自己独特的空间环境和景观艺术。想起《易·系辞上》里的一句话："立象以尽意"，我们且静观其象，然后再细思其意吧。

中岳庙是从一座巨大的木质牌坊开始的。以牌坊作为建筑序列的前导，是元代以后祠庙建筑常见的做法，牌坊形式空灵，不遮挡视线，可以作为一个景框，与其后的建筑共同构成一个景深感很强的画面，再配上茂盛的林木植物，生动自然。中岳庙牌坊后面是天中阁，一座宏大的类似天安门的高台式建筑，不仅气势雄伟，并且将庙内景物严严实实地遮挡起来，不让你一眼望穿。

天中阁券门之后，长长的神道上矗立着一座木牌坊，名曰："配天作镇"。牌坊建在十一层台阶上，人行至此，须仰面而观。上得台阶，便到了又一层平台，感觉又上了一层境界，牌坊后面果然又有建筑——财神殿。

庭院东侧照旧矗立着那四尊铁人，细看之下，其造型与山西太原晋祠金人台上的铁人极为相像；原来，两处铁人均为北宋年间所铸，相差仅三十余年。看起来，在重要的祭祀建筑内树立铁人镇邪护庙，是当时较为

流行的做法。

庭院内立有四通古碑，宋碑三通、金代石碑一通，内容均为叙述中岳庙的历史沿革及修建盛况，其碑制宏大、书法遒劲，因四通碑的撰文者均为当时的状元，故称"四状元碑"。

中岳庙最有历史感、文化感的地方当属峻极门前的庭院。庭院东西两侧各立有两座建在高台上的建筑，从外观上看，四座建筑近乎一样，几无分别，细看才知道，是祭奉东岳神、南岳神、北岳神和西岳神的四座殿宇。古代的建筑已经毁掉，现在的建筑是在原有台基上照原样复建而成。这就很有意思，在等级观念殊为严格的中国古代，将五岳独尊的东岳神庙与其他岳庙不加区分地并列在一起，岂非一种意识上的突破？又有哪朝哪代能这样做呢？待我们看到立于峻极门东侧便门廊檐下的《大金承安重修中岳庙图》碑时，发现碑上在中岳庙相同的位置，已经刻有东岳、西岳、南岳、北岳四座岳神祭殿，并且还有另外六座民俗神殿：电君殿、府君殿、二郎殿、真武殿、土宿殿、山雷公殿与之并列。方知原来八百多年前就已经采用这样的做法，同时还让山岳之神降尊纡贵，与几位小神同受祭拜。金代承袭的是北宋的文化理念，可以猜想，破除等级观念的束缚，以豁达、开明的姿态表现事物，正是北宋带来的新气象，这何尝不是一种文化上的进步呢！

在峻极门东侧，我们看到了已默默屹立一千五百多年、极为著名的《中岳嵩高灵庙之碑》，它自然是中岳庙历史最好的见证，更是嵩山宗教文化渊源的实物记录。传说中的碑文撰写者北魏寇谦之是道教的改革者，他的改革思想正是在嵩山创立的。424年或425年，寇谦之从嵩山赴北魏国都平城布道，十六年后，北魏太武帝改元太平真君，又两年，太武帝亲至道坛接受符箓，寇谦之的新天师道成为北魏国教。道教的光大离不开寇谦之，寇谦之的道法修行则离不开嵩山的滋养。

这时发生了一件意外的事，我们用于拍摄庙院的无人机，由于飞得过低，随着一阵骤风刮过，挂到了高高的树杈之间。一般人爬不上去，找来的梯子又远没有那么高，情急之时，一位身着道服的年轻人已纵身上树，其敏捷矫健让围观者惊讶不已，也让我们再次感叹中岳文化的深不可测。

峻极门东侧墙下还并立着三座古碑石幢，西首所立为刻于明万历年间的《五岳真形图》碑，圆首方趺，上刻道家所谓的五岳真形，五个真形均似抽象符号，虽然碑上还附有文字，但仍使人感到神秘莫解。中间所立为宋代佛幢，幢顶与基座雕以双层莲花，幢身呈八边形。东首所立为明万历年间儒学之士李思孝所题的谒中岳诗文碑，释、道、儒三教之物共存，也可看作中岳庙兼容并蓄文化传承的一个佐证吧。

峻极门内再见一座木牌坊，名"崧高峻极"。看这名称，就知道前面应当是峻极殿了，牌坊只有两级台阶，以平凡之姿衬托中岳大殿的雄伟。大殿坐落在高大的台基上，前面有宽阔的月台，大殿为九间式重檐庑殿顶建筑，屋顶由前几座建筑的灰色、绿色变成了黄色，此等气势，在五岳祠庙中仅次于泰山岱庙的天贶殿。

　　不论身处熙熙攘攘的庙会人群里，还是静立于峻极门屋檐下，中岳庙的千年庭院都给我们带来一种莫名的激动，或是随处可见、早已磨得凹陷变形的石阶，或是古碑上脱落的字痕，又或者是古柏枝头依旧缀满的嫩叶，告诉我们这就是历史，这就是文化，这就是古人传承不息的气脉。

二

少昊之都：

重城大庙望太华

（一）

在中国的古诗文中，对爬山登高活动描绘得最为精彩的莫过于李白的诗句："脚着谢公屐，身登青云梯。半壁见海日，空中闻天鸡。"爬山的乐趣引得无数人心向往之，自古便有多少迁客骚人在群山间流连，寻找自然的真趣，体味人生的至乐，甚至感悟生命的哲理，如孔子所云："仁者乐山"。

说到爬山，自然以爬高山为佳。在华夏大地的无数山岳之中，泰山和华山应当是最令人向往的。东岳雄踞齐鲁，东临沧海，西镇黄河，以"拔地通天"之势、"擎天捧日"之姿，引得饱览山河、心怀天地的杜甫也为之惊叹："造化钟神秀，阴阳割昏晓。荡胸生层云，决眦入归鸟。"同泰山一样，西岳之高，耸入云天，也引来无数的咏颂。宋代名相寇准诗曰："只有天在上，更无山与齐。"唐代刘长卿诗曰："客路瞻太华，三峰高际天；夏云亘百里，合沓遥相连。"太华也就是华山，登其南峰绝顶，顿感天近咫尺，星斗可摘。低目而视，但见峰峦逶迤，莽莽苍苍，黄河渭水如丝如缕，漠漠平原如帛如绵。

况且，华山之特别处，更在于一个"险"字，华山之险峻，海内独绝。李白诗云："西岳峥嵘何壮哉，黄河如丝天际来。"唐代张乔更有传神之作："谁将倚天剑，削出倚天峰。"难怪金庸先生将武林中几位绝世大宗师的论剑之地选在华山，绝顶的武功演示在绝险的峰巅，相辅相成。

华山独特的山势，为它带来了众多民众的崇拜。在见过了无数形态各异的山岳之后，人们愈加惊叹华山之险与华山之奇，使人感到华山仿佛不是生长于大地，而是一块硕大无朋的天外飞石，充满灵性，正如唐玄宗《华山铭》曰："雄峰峻削，菡萏森爽，是曰灵岳，众山之长。"于是早在尧舜时代，对华山的祭拜便开始了。据《舜典》，（舜帝）八月西巡狩，至于西岳。自西汉至清末，官祀华山而立碑者，凡一百八十余次，其中隋炀帝于大业十年、唐高祖于武德二年十月，亲祀华山，宋真宗亦曾于大中祥符四年亲诣西岳庙。便是古代民众，也因对华山的崇拜之情，演绎出巨灵劈山、沉香救母、萧史引凤、观棋烂柯等广为流传的动人神话。

而且据说，华山神明也不负帝王和民众的祈望，屡有灵应。据《周书·武帝纪》载，北周保定元年（561年）"亢旱历时，嘉苗殄悴"，保定三年（563年）"风雨愆时，疾疫屡起，嘉生不遂，万物不长"，周武帝遂命同州刺史达奚武祀华岳祈雨，立应。唐初，刘武周雄踞代北，南下克晋阳，陷晋、绛、浍等州，唐王朝起家的根本之地河东大半丧失。李世民率军自龙门关东渡，进屯柏壁，战事胶着，胜败难料。高祖李渊自长安亲赴西岳，祭山神以祈祥兆。嗣后，唐军果然大胜，定河东，收代北，为唐王朝统一全国奠定了巩固的基础。清乾隆年间，陕西巡抚毕沅有奏报曰："……经过地方，秋稼虽已陆续登场，但社期已过，霜信将萌……而察验陇亩情形，均未能十分滋润，农民望泽孔殷，臣以西岳素昭丕应，于初十日行次华阴……次日至落雁峰顶，于金天宫内虔申祷祝，立沛甘霖，连三昼夜，丰美优渥，阖省均沾。"

更令人称奇的是，华山因险峻而带来的肃杀之象，与它的地望竟是那样的吻合。在汉民族古老的五行学说中，西方属金，亦属秋，所谓"自古逢秋悲寂寥"。自然界的西风落叶使得古人将秋季作为刑杀之天时，这与西岳之象联系在一起，真让人不由得感慨，是巧合，还是冥冥中的天意。

（二）

西岳庙里，表达华山历史地位与文化传说的是三座牌坊——"尊严峻极""少皞之都"和"蓐收之府"。

从外观看，中国传统建筑，如宫殿、庙宇、楼阁，有大小之分别、等级之差异，也能让人通过建筑细部大致分辨出它们各自的属性。当置身于传统建筑的空间环境中时，人们也常常可以感受到或亲切，或苍凉，或高贵，或肃然的某种氛围，但要让人精准地把握建筑的特定文化含义，还需要文字与建筑的结合，构成点题式的语境。

于是，牌坊发挥作用了。

牌坊源起于唐宋时期的乌头门，随后发展为一种独特的建筑形式。明代以后，牌坊的使用极为普遍，于祠庙、陵寝均可见到，城邑通衢要口、村落乡里也多有竖立。牌坊不只作为形象标志而存在，更是一方文化和民俗的代言者。从这个意义上来说，牌坊的作用便是"点题"，是以高度概括的文字和语言表达文化意念和地域特征，而牌坊的样式，简直就是为镌刻这些文字语言而塑造的，不是吗？一座常见的三间四楹牌坊，主体由三副额枋和四根立柱组成，中枋既高且宽，与两根中柱相配，正好刻上一副联语，而中枋枋额上所刻，则必然是最为精炼和生动的点题之语。边枋和边柱上也常常刻字，那是对联语语义的拓展和延伸，以达到更高的境界。

　　一座牌坊，把形态古朴、凝练的建筑与深邃、博大、意境悠远的中华传统文学语言，当然还有遒劲酣畅的传统书法，完美地结合在一起。

　　西岳庙之不同于其他岳庙，在于除主体祭祀建筑群以外，还另安排有一组建筑，位于祭祀区之北，对华山历史文化渊源的表现便在这里展开。据清乾隆年间《华阴县志》等文献记载："少皞之都"和"蓐收之府"两座牌坊原在祭祀区内，位于西岳庙正殿前，左右分立，乾隆年间被移出，改立在北区中轴线上。"少皞之都"坊在前，这座建于明代末年，历经四百年风雨沧桑的石质建筑，依旧苍劲挺拔。晴朗的天空下，满是石刻图案纹样的枋额和柱子上，阳光和阴影美妙地编织在一起，生动异常。岁月的印痕在牌坊上随处可见——几乎所有的棱角都已经磨秃，几乎所有的雕饰都已经只剩下了轮廓，甚至屋顶上的正脊和脊饰也残缺了半个。在几经修缮、焕然一新的西岳庙中，似乎只能从牌坊等少数建筑中读出历史的风云变幻，读出西岳庙的盛衰兴废。到访西岳庙的游客，驻足时间最长的便是在牌坊之下，最多的动作便是轻抚抱鼓石上方那顽皮可爱、头朝下脚朝上的倒爬石狮。

　　牌坊正中额枋间的横匾上，"少皞之都"字样依然清晰，这便是对华山文化传说的表述了。少皞，又作少昊，史称青阳氏、金天氏，是汉民族神话中的五方上帝之一，受尊为西方白帝。以五岳中的西岳作为西方主神的居所，以拔地万仞的奇峰象征少昊之威仪，实在是巧妙而生动。

　　华山既做少昊之都，便有了设立管理机构的必要，其名曰："蓐收之府"。《尚书大传》云："西方之极，自流沙西至三危之野，帝少皞神蓐收司之。"又云："蓐收，少皞之佐也。"东汉郑玄注曰："蓐收，少皞氏之子……”蓐收之府也是用一座石牌坊来表示的，但是和处于平地上的"少皡之都"坊不同，"蓐收之府"坊被设置在了一座高大的平台上。外观形式与"少皡之都"坊大致相同的"蓐收之府"坊，于是变得更加高大，更加气势不凡。

由高台两侧拾阶而上，置身于牌坊之下时，人仿佛有种登天的感觉。可不是，再向前，宽大、陡立的石阶扶摇直上，石阶尽头，似飞楼仙阁，一座金瓦红柱、三层屋檐、两翼设有配楼的宏大殿宇巍然屹立。人在石阶下方，甚至看不清它的全貌，只有大致的轮廓依稀可辨，随着向上攀登，它才渐次呈现，让人不由得惊叹，仿佛真的来到了天上人间——蓐收之府。

"尊严峻极"坊又名"天威咫尺"坊，两副字分两层雕刻在牌坊正中额枋间的上下两通横额上，显示出比庙内其他两座牌坊更高的礼制等级。不只是称谓，"尊严峻极"坊的建筑规格也更高，坊顶的屋檐为三层，而"少皡之都"坊和"蓐收之府"坊都只有两层，并且"尊严峻极"坊上的石刻图案最多，内容也最复杂，就连刻绘的主神，也是两位。西边这位端坐椅中，头戴五梁冠，颔下有须髯，着官样服饰，手持笏板，神情庄重，周围环立从者。而东边这位竟是女性，眉目端庄，着后妃服饰，双手袖于胸前，同样端坐椅中，两旁还各有一名侍者举扇而立，并有乐女随侍左右。唐垂拱四年（688年），以女性而登帝位的武则天创惊世之举，为中岳嵩山神立后，想不到此风西传，不到一千年后，灵巧的工匠又在一座牌坊上再现出神与后并尊的图景。

"尊严峻极"坊是耸立在西岳庙正殿前门金城门前面的，就像中岳庙峻极殿前的"嵩高峻极"坊，透过高大的牌坊所形成的景框，威严厚重的建筑呈现在远方目光所及之处，让人不禁感到了肃穆和压抑，开始屏住呼吸。可以想象，在古代，有多少祭拜者行至此间便双股战栗，低眉叩首。

将耸立的牌坊和堂皇的殿宇组合在一起，实在是祠庙营造中的生花妙笔。

（三）

仿佛是为了构建一种气氛，让人亲身感受到传说中的西方肃杀之象，我和四位学生于初秋时节到访西岳庙时，天色阴郁，淅淅沥沥地下着小雨，空气中透着阵阵寒意。

来到庙前，我们便急急地寻找华山。按照一般的理解，庙的四周应当山峰环绕，最起码，也应当有郁郁苍苍的山岭高冈匍匐于近旁，就像中岳庙那样。但是，这里没有，庙旁的地势平坦如砥。华山在哪里？我们不禁寻问，直到遇见两位导游才知道，华山和西岳庙并不在一起，而是在庙南五公里之外，两者相距这么远，取的就是"南望太华"之意。

站在庙前远眺，低沉、晦暗的苍穹下，我们果然看到了华山群峰依稀的轮廓。似万马奔腾，又如狂涛巨浪，远远的、黑魆魆的。忽而清晰一些，甚至好像可以看到苍茫的峰簇和叠嶂；忽而又朦胧起来，非张目决眦而不可得见。

伫望良久，我猛然间感觉华山的距离似乎并不遥远，好像华山已经拥到了近前，可以惊看韩愈诗中描写的"俄然神功就，峻拔在寥廓；灵迹露指爪，杀气见棱角"的天外飞石了。而那些传说中的华山神仙之所，如真武殿、焦公石室、长春石室、玉女窗、仙油贡、老君挂犁处、铁牛台、倚云亭，是否还如李白诗中所云，"白帝金精运元气，石作莲花云作台"呢？好一个"望太华"，可以让人有无限的想象。

回看西岳庙，所见皆红墙金瓦。长长的照壁、高大的门楼、洁白的须弥座石基，还有一对似在相互对望、形态可爱的石狮，要不是门楼正中匾额上书有"敕建西岳庙"五个蓝底金字，相信会有太多的人把这里当成一座宫殿，而不会想到这里是祭祀之所，是有着两千多年历史渊源，遍布殿、寝、楼、阁、廊宇的重城大庙。

进入门楼，抬眼而望，不远处是一座更加高大的城楼。三孔等大的石券门洞上方，灰砖砌就的城堞整齐排列，七楹城楼建筑雕梁画栋，这分明还是到了宫廷之内。听导游讲，此楼曰五凤楼，明万历年间地方志中所绘的西岳庙图中便有此名称的记载。于是我恍然大悟，原来在明清两代，西岳庙一直是被当作西岳大帝的宫院，而非祭奉神灵的建筑来营造。

过了五凤楼，后面的景物更印证了我的推测。先是一座貌似三个亭式建筑拼在一起的房子，导游说它是棂星门。奇怪了，棂星门不应当是像很多文庙建筑里的样子吗？再看眼前的建筑，三个亭式建筑均采用歇山屋顶，翼角出挑深远，整个建筑虽然不甚高大，但也由此而颇有气势。屋顶下斗栱和下昂密密匝匝，并雕刻有九个龙首；此外，每座建筑均设有两扇对开大门，满布门钉。这分明是一座门屋式建筑，怎么会叫作棂星门呢？思忖片刻，我好像明白了，既然祭奉西岳神灵，棂星门就必不可少，但采用宫廷建筑以外的建筑样式，又不符合营造者的主观意图，于是便将这样的建筑称之为棂星门了。一问导游，这座棂星门果然是明嘉靖年间的建筑遗构。

金城门以内就更有意思了，这里居然出现了一条横亘在前行通道上的人工水渠，渠周围以雕栏望柱，还有三座拱形石桥跨越其上，就像北京故宫午门内的金水桥一样，这不还是在参照宫廷建筑的规制吗？清康熙时期

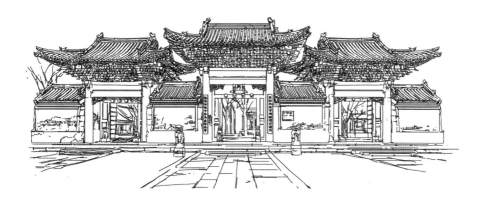

画家蓝深所作的《西岳图》中有文字记曰："引水为池，为桥"，说的应当就是这里了。

　　本以为，西岳庙内最高大的建筑自然是正殿灏灵殿，待登上庙北城墙，看到万寿阁时才发现，真正气势磅礴、恢宏壮观的建筑原来在这里。你看它雄踞于宽墙高台之上，由无数步从地面升起的石阶高高地烘托起来。万寿阁并不是一栋建筑，而是三栋，以爬廊连接成为一个整体。中间的楼阁面阔五间，高达三层，并逐渐收分，飞挑的翼角使之具有了升腾之象。左右两侧的建筑虽然规模略小，但也有两层，全部铺展开来，并肩屹立，面向南方。这便又让我感到奇怪，为什么要在这样的高处修建庞大的建筑呢？难道仅仅是想让人们把它当作"蓐收之府"吗？

　　雨早已止歇，浓云还在不住地翻腾，阴沉的天空中显露出几片微亮，远处的华山变得清晰了许多……我想我找到答案了，要达到与西岳的对话，不正需要站在这高墙之上，不正需要这样的建筑吗？

　　灰色的城墙向两翼和南方远远地伸展开去，又在五凤楼处围拢，城墙四角耸立的角楼使人当然地联想到了北京明清紫禁城的角楼。城墙包围的范围内，几乎所有的建筑都覆盖着金黄色琉璃瓦，好像是紫禁城的再现和

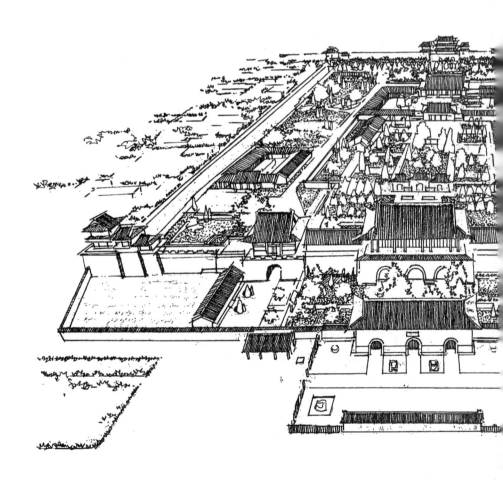

缩小版。中轴线建筑四周还砌有红色高墙，将一座"重城大庙"构建出来。

这样的建筑遗存，还有哪里能看得到呢？

（四）

在华夏岳庙当中，西岳庙可能是历经劫难最多的了。

明嘉靖三十四年（1555年），华州大地震，祠庙尽倾，后重修，房屋有所增加。四十年后，"先是灏灵角楼遭回禄（火灾），比岁庙宇为霖潦所啮"（见万历年《华阴县重修西岳庙记》），水火交攻，庙貌芜圮。万历二十九年（1601年），陕西地方官员"捐公羡若干，次第修举"，三十年春庙成。清同治年间，回民事变，焚毁了西岳庙中的五凤楼、灏灵殿、钟鼓楼、万寿阁和寝殿等建筑，左宗棠后来作大规模整修；光绪四年（1878年）冬，又续修万寿阁，补修御书楼、角楼、放生池等。民国时期，西北国民军入驻西岳庙，拆角楼，炸万寿阁，西岳庙再度衰败。如今，穿行在西岳庙的楼阁殿堂之间，谁能想象得到20世纪70年代后期这里是怎样的景象：庙门半埋入地下，内城已不存在，外城城墙也多处坍塌，夯土裸露，荒草遍地，主要建筑仅剩残缺的山门、棂星门、金城门、灏灵殿等。

西岳庙的复兴，不仅让人们看到了它曾经的模样，更是一种文化生命的延续。

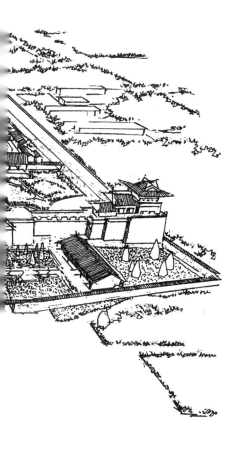

三

河汾之地有巍楼

（一）

中国古代的名楼不少，黄河流域最有名的当属河东鹳雀楼了。王之涣传颂千载的诗词自然不必引述，但无法否认的是，鹳雀楼之成名（也包括黄鹤楼、岳阳楼等）离不开古代文人的名篇佳作。超凡的辞藻与描写、高远的文化意境，使得楼阁给人带来了思想，也带来了惆怅。这些楼又大多是临水的，黄鹤楼在"烟波江上使人愁"的长江南岸蛇山，岳阳楼"在洞庭一湖"，鹳雀楼则在蒲州古城的黄河东岸。其实，河东还有一座古楼，也是临水而建，也有知名的古辞赋相伴，而且，还保持了一百五十年前重修后的古风貌，这便是秋风楼了。

不同于黄鹤楼、岳阳楼，鹳雀楼的修建是为了增添江山一景，供文墨之士、迁客骚人览物抒怀；秋风楼的建造源于祭祀，这大概是中国古代少有的建在祠庙建筑里的高楼，说不定也是少有的、因一篇辞赋——《秋风辞》而得名的高楼了。该辞的作者是汉武帝刘彻。

汉武帝本人崇尚祭祀，元鼎四年，他在雍（今陕西凤翔县南）祭天时，提出也应祀奉后土，其后便"立后土祠于汾阴脽上"，武帝"亲拜望，如上帝礼"（见于《史记·孝武本纪》）。汾阴脽在今山西晋南万荣县境内，此地北临汾水，西傍黄河，与陕西韩城司马迁祠相望。武帝来时已值深秋，朔风萧瑟，鸿雁南归，泛舟汾河的武帝饮宴中流，触景生情，遂有此"悲秋"佳作。事实上，悲秋更可以看作是悲己。和秦始皇一样，雄才大略的汉武帝一生追求长生不老，这时的他已经取得汉匈战争的决定性胜利，经济政策也卓有成效，西汉王朝在政治、经济、军事、文化各方面都达到了高峰。此次出巡，又在途中收到南征的捷报，唯一让他萦怀的，是他同常人一样无法抗拒年华的逝去，于是不禁感叹道："少壮几时兮奈老何！"

（二）

古人以山之南为阳，之北为阴；水之南为阴，之北为阳。凡建造城郭，多取阳位，所以产生了太多带阳字的城名，如洛阳、襄阳、安阳、南阳、岳阳、贵阳、咸阳、汾阳等，细查一下，大多与城市周围的山水形势相关。后土属阴，所以后土祠建在汾阴，这里的地形是一片高丘长阜，好似孕育生命的女性身体部位，也最符合祭祀"承载万物"的后土神灵的象征需要。

据司马光《资治通鉴·汉纪七》记载，汾阴建庙祀后土始于汉文帝时期，联系到史记中的说法，猜想有两种可能，一是文帝初建庙于汾阴，武帝元鼎四年改庙为祠，并同中岳嵩山太室祠一样，增其旧制；二是文帝曾谋议建后土庙于汾阴未果，武帝元鼎四年（公元前113年）始立后土祠。不管怎样，汾阴后土祠为后土祠庙建筑之祖，其设立完善了华夏民族古代祭祀天地的制度，随后的一千多年里，汉宣帝、汉元帝、汉成帝、汉光武帝、唐玄宗均多次亲诣汾阴。宋真宗于大中祥符四年（1011年）正月对汾阴后土祠的亲祀盛大无比，并提前对后土祠进行了修整和扩建，"东西饰御碑之楼，四角葺城隅之缺，金字榜碑，绘彩焕烂，前殿后寝，革古翻新"（见于台湾成文出版有限公司1976年版《荣河县志》）。

汾阴后土祭祀的历史，或许比西汉要早得多。据后土祠内保存的《历

朝立庙致祠实迹》所述："轩辕氏祀地祇，扫地为坛于脽上"。另有明代碑碣上刻："轩辕扫地之处"。河东是黄帝治下的核心地域，祭祀又是远古时代就有的重大社会活动，因此轩辕氏于汾阴扫地以祭的事并非没有可能。联想到汉武帝提出祭祀后土后，谙悉史事、典故的太史令司马谈即建议在汾阴致祭，说明这里可能早已存在后土祭祀文化的历史渊源。

缅怀历史让我们感慨，2017年9月的一个早晨，我和三个学生驱车出发，前往晋南万荣。

（三）

空中飘着细细的雨丝，我们默默地徜徉在后土祠的庭院之间，或许是天气不佳，只有零星的几位游客到访，寂静的环境，正可以让我安下心来，想象一百多年前这里曾经发生的故事。

现在的后土祠是清代晚期迁建的结果。明万历年间，在咆哮的黄河水的强力冲刷下，脽丘逐渐塌落，矗立一千多年的后土祠濒于危险境地。清顺治十二年（1655年），黄河泛滥，后土祠楼台殿阁淹没于波涛之中，只留下秋风楼和一座门殿。康熙元年（1662年），黄河再度决口，剩余建筑也荡然无存，后土祠只得易地重建。同治元年（1862年），重建后的后土祠再度被淹，同治九年（1870年），荣河知县戴儒珍迁祠于庙前村村北的高崖之上，留传至今。

后土祠建筑朴素得让人惊讶。大概是因为明代以后这里的后土祭祀改由地方主持的缘故，从山门、戏台到献殿、正殿，所有的墙垣均不加粉饰，建筑的屋顶形式也很低调，献殿是硬山顶，正殿仅是悬山顶。在看过嵩山中岳庙和华阴西岳庙以后，曾经同样辉煌的后土祠的反差太大了。但我们似乎更喜欢这样的朴素。没有了檐牙高啄，没有了廊腰缦回，也没有了绚丽的色彩，简单的几座建筑与大自然的融合是那么的贴

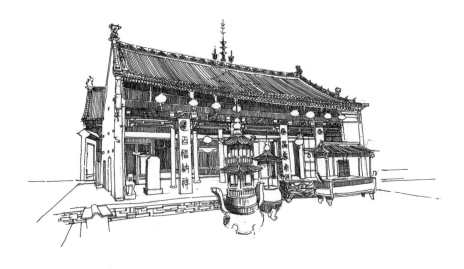

切。灰色是这里的主色调，建筑屋顶的瓦垄是灰色的，梁枋构架是灰色的，墙体和台基是灰色的，用地方黏土烧砖砌成，"乡土"味道体现得十分充分。试想，用这样的"味道"来营造祀奉后土神灵的建筑，岂不是恰如其分吗？

在后土祠，最多的是建筑雕刻。从山门开始，精美的木雕就不断地呈现在眼前，有花草图案的，有动物图形的。献殿和正殿的木雕最为丰富，它们巧妙地与建筑的枋额、梁架的接头融合在一起。有的既是建筑结构构件，又是雕刻艺术品；有的虽然只是纯粹的装饰物，但也与结构构件自然地结合在一起，丝毫没有生硬、牵强之感。

献殿和正殿里，石质柱础图案之丰富、雕刻之精美令人赞叹，同木雕艺术一样，表达了古代当地民众对后土神灵的崇拜和爱戴之情。

在献殿西侧，我们看到了始刻于金天会十五年（1137年），复刻于明嘉靖年间的《蒲州荣河县创立承天效法厚德光大后土皇地祇庙像图》碑，这是最直观、最真实地反映宋金时期万荣后土祠盛况的珍贵史料。在图碑上，看到了体现后土祠祭祀文化特征的前方后圆的空间布局形式，看到了外城内庭、重门之制的礼制特征，看到了和宋金中岳庙相同的高台角楼，以及相同的正殿斜廊，但是，没有秋风楼。

细查文献，原来，元代曾于后土祠前建秋风亭，放置元刻汉武帝《秋风辞》碑，明隆庆年间，秋风亭没于水，这才续建起巍然耸峙的秋风楼。位于后土祠最北侧的秋风楼离开主体建筑群有一段距离，像一个孤傲但忠诚的守护者，默默地巍然矗立在那里。它形象俊朗，优美的十字歇山屋顶像是它的桂冠，高大、厚重的砖砌台座是它坚实的根基，他在想什么？看看它东西两侧墙上的横匾，一曰"瞻鲁"，一曰"望秦"。原来，他的眼光并不在河东一地，也不在山西一省，而是在黄河，在黄河文明发祥和兴盛的广大流域。他在追忆历史。向西，他看到晋献公的女儿伯姬，西向入秦，嫁予秦穆公，开拓秦晋之好；看到秦昭王命驾河内，倾尽全力，赢得对赵国长平之战的胜利，为曾孙秦王嬴政一统天下奠定基础；看到北周武帝跨黄河，围平阳，下晋阳，攻灭北齐，统一中国北方；看到隋太原留守李渊龙兴晋阳，由晋入秦，据长安，建立大唐。向东，他看到孔子创立的儒学由他的弟子子夏传入晋地，将本已较为发达的河东文化推向一个新的高度。它再低头看看自己，依靠三晋这块神奇土地的养育，关羽、卫青、王勃、王维、王昌龄、王之涣、柳宗元、狄仁杰、司马光、元好问、罗贯中，这些璀璨的名字，闪耀在黄河文明史的星空。

在后土祠，从恢宏的宋金庙貌到朴素的明清再造，从《秋风辞》的吟诵到秋风楼的扬名，让人感受到文化的传承，这个传承的责任和使命也落在我辈的肩上。

四

司马迁祠的质朴与不朽

（一）

司马迁是不朽的，因为他给后人留下了两样不朽的财富。一样是物质的，也就是《史记》，另一样是精神的，是"人固有一死，或重于泰山，或轻于鸿毛，用之所趋异也"的思想境界。我们今天或许无法想象，在"行莫丑于辱先，诟莫大于宫刑""自古而耻之"的西汉，司马迁宁愿遭受最为不堪的屈辱也要活下去，会遭到社会大众何等的讥讽和嘲笑。要知道，名将李广可是仅仅因为率军迷路这样的客观原因要受到质询（并且即使被判有罪，还可以支付罚金赎为平民），就愤而自杀了。当时的社会不会理解司马迁的苦心，他自己也明白"此可为智者道，难为俗人言也"。

理解司马迁是在西晋。这时的华夏已经由贵族时代变成了士族时代，不滞于物，不拘一格，无视传统舆论是这个时代的风尚，司马迁《史记》的史学价值、文学价值以及文化价值得到认可。西晋永嘉四年（310年），司马迁故乡夏阳（今陕西韩城）的太守殷济"瞻仰遗文，慕其功德，遂建石室，立碑树柏"，太史公祠始立。北宋靖康年间重修了寝宫，清康熙七年（1668年），当地大规模修葺太史公祠，将祠院填筑得平整宽阔，四周围以高大的砖砌垛墙，并用条石修砌台阶和缓坡，以连通地面和高冈上的祠庙。

其实，即便在西晋，获得理解也并不容易，那也是一个视生命如粪土的时代，好在有司马迁自明心志的《报任安书》。"盖西伯（周文王）拘而演《周易》；仲尼厄而作《春秋》；屈原放逐，乃赋《离骚》……韩非囚秦，《说难》《孤愤》"，通过对史上"倜傥非常之人"受难与成就的比照，司马迁阐述了自己的理想和遭遇："欲以究天人之际，通古今之变，成一家之言。草创未就，会遭此祸。"

（二）

事实上，周文王、孔子、韩非虽然和司马迁一样曾身处厄境，但也有不同之处。前几位的命运是交在别人的手上，而司马迁却是被迫在受辱和死亡之间自己作出选择。其实，和司马迁更加相似的另有其人，也在汉代，与司马迁相隔也不算很远，这就是韩信。受胯下之辱时的韩信也面临两个选择，一是愤而杀掉羞辱他的人，然后因罪被杀；二是屈身受辱，结果，"信孰视之，俛出袴下，蒲伏，一市人皆笑信，以为怯"。正在撰写《史记》的司马迁不会想不到这个故事，不会不从中受到启示；只不过，韩信是因谋反罪被杀的，不能提及。

我们对司马迁祠的探访，是从位于半山坡的展室开始的。在不大的展室里，有司马迁多次外出游历的路线图，也有他师从名家的学习经历介绍。他曾漫游江淮，赴会稽，渡沅江，跨湘水，也曾北过汶水、泗水，于鲁地观礼，还曾南过薛、彭，寻访楚汉相争的战场故地。在做了汉武帝的近侍郎中之后，他曾至平凉、崆峒，并奉使巴蜀。行万里路使他拥有了开阔的胸襟。司马迁家学渊源深厚，随父迁居长安后，又从侍中孔安国学《尚书》，从大儒董仲舒习《春秋》，打下了坚实的学术功底，开拓了超越常人的眼界。司马迁的学问不止在于史学，作为太史令，他同样精通天文，曾参与了中国古代比较完整的历法《太初历》的制定。

司马迁祠墓建造于韩城市芝川镇东南的高冈上，这个选址直到今天仍令人赞叹，它在黄河流域众多的先贤祠庙建筑中独树一帜，极有象征意义，喻示着司马迁"高山仰止"的伟大人格。山下入口处竖一清代木牌坊，上书"汉太史司马祠"，沿坡上行，见一元明时期的牌坊，上书"高山仰止"四字，迤逦而上，又见一砖砌牌坊，名曰："史笔昭世"，由此再蹬几十级石阶，复见迎面一砖砌牌坊，曰："河山之阳"。透过牌坊仰望，高大的墙垛后面便是祠院了。在一路的攀登中，"仰之弥高"一词不觉映入我的脑海，我想，这应当是许多访客共同的感受吧。

（三）

祠院并不很大，但极质朴、素雅。青砖铺地，几株挺拔、苍劲的古柏傲然屹立，还有高大的墙垛，再就是排列在献殿里的密密的古碑。

献殿和其后的寝殿迎门而立，形式也极为质朴，献殿为五开间敞轩式建筑，平缓的台基，不加雕饰的梁柱，使人感到高洁脱俗，而平直、舒缓的屋顶，则在表现出古风古韵的同时，又暗喻了司马迁不为尊者讳、秉笔直书的精神风范。

站在墙垛旁，极目四望，东可瞰黄河逶迤，西可眺梁山巍巍，南可见千仞之壑，北可观芝水长流，山河形胜，蔚为壮丽，这应当是对司马迁史家之绝唱最为恰当的诠释了。

在众多的古代史学著作中，《史记》和《资治通鉴》是公认的最杰出者，不知道是碰巧，还是真有血脉的传承，两书的作者都姓司马，老家也相距不很远。《史记》之前的编年体史书，由于体裁形式的局限，存在严重不足。一是不容易讲明某一历史事件的前因后果，二是不容易阐明事件中人物的作用和地位。有鉴于此，司马迁开纪传体史学之先河，以纪人为本，兼而纪言、纪事，为后世史书的编纂树立了榜样。司马迁是一代文人的代表，《史记》中渗透着浓郁的人文情怀，它强调以立德、立功、立言为方式的进取精神，颂扬志向高远、百折不回、舍生取义的人格品质，还表达了呼唤真情的人道主义思想。司马光一生从政，他的因"鉴于往事，有资于治道"而得名的《资治通鉴》，虽然富有突出的政治色彩，但其中大量的名言警句，如"爱之不以道，适所以害之也""知过非难，改过为难，言善非难，行善为难""丈夫一言许人，千金不易""尽小者大，慎微者著，兼听则明，偏信则暗""得财失行，吾所不取"等，充满了对人性的深刻理解和对立身处世的谆谆告诫。可以说，史学两司马的历史功绩不仅在于流传千载的鸿篇巨制，更在于对华夏民众思想品格、精神道德和气质情操的塑造。

"桃李不言，下自成蹊"，用出自《史记·李将军列传》里的这句话结束此文吧。

第四章

建筑遗存地域分布特征与概况

一

概述

　　由于木结构建筑存在不耐自然侵袭，易开裂，易腐朽，易为雷、火、地震毁坏等自然原因，也存在每逢战乱兵燹便被肆意破坏等人为原因，晋陕豫大地上的祠庙建筑至新中国成立前夕已经损毁了太多，但幸运的是，三省的坛庙建筑遗存仍然保留了较为完整的基本体系。

　　这些建筑遗存包括了坛庙建筑中坛壝、自然神祠庙（含城隍庙）、祖先祠庙、先贤祠庙等所有的类型。其中坛壝以陕西隋都大兴城圜丘遗存为代表；自然神祠庙以河南登封中岳庙、陕西华阴西岳庙、山西万荣汾阴后土祠、山西介休后土庙、河南济源济渎庙、山西蒲县柏山东岳庙、山西万荣解店东岳庙、山西汾阳五岳庙、山西黎城城隍庙、山西榆次城隍庙、山西长治潞安府城隍庙、陕西韩城城隍庙、陕西西安都城隍庙、河南郑州城隍庙、河南卢氏县城隍庙等为代表；祖先祠庙以河南淮阳太昊陵庙、河南新郑轩辕庙等为代表；先贤祠庙以山西运城舜帝陵庙、山西临汾尧庙、山西阳城下交汤帝庙、稷山稷王庙、山西太原文庙、山西代县文庙、山西平遥文庙、山西襄汾汾城文庙、河南洛阳河南府文庙、陕西韩城文庙、陕西耀县文庙、山西太原晋祠、山西解州关帝庙、山西常平关帝庙、河南洛阳关林、山西文水则天庙、山西孟县藏山祠、山西夏县司马温公祠、山西太原窦大夫祠、河南南阳武侯祠、河南汤阴岳飞庙、河南洛阳周公庙、河南卫辉比干庙、陕西韩城司马迁祠、陕西岐山周公庙、陕西白水仓颉庙、陕西勉县武侯祠等为代表。

　　从始建年代来看，有些坛庙建筑，如嵩山中岳庙、华阴西岳庙、淮阳太昊陵庙、新郑轩辕庙，其起源可以追溯到西汉或之前，距今已有两千多年的历史。

　　从建筑遗存的历史年代来看，最早为北宋时修造，如山西太原晋祠圣母殿，建于北宋天圣年间（1023～1032年），徽宗崇宁元年（1102年）重修，其后历代精心维护，至今仍不失初日风采。殿宇面阔七间，进深六间，周设围廊，重檐歇山顶，建筑形态既优美、俊雅又不失恢宏的气度，堪称黄河流域坛庙建筑遗存之无上珍品。此外，位于山西阳泉林里村南玉泉山腰的关王庙正殿，位于山西泽州县周村镇周村北的东岳庙正殿、泽州县西顿村的济渎庙正殿，位于河南济源济水东源处庙街村的济渎庙寝殿，也都属于北宋遗构。属于金代的建筑遗存很多，如山西泽州冶底岱岳庙天齐殿、山西陵川玉泉东岳庙正殿、山西阳城下交汤帝庙拜殿、山西平遥文庙大成殿、山西清徐清源文庙大成殿、山西定襄关王庙大殿、山西大同关帝庙正殿、山西文水则天庙正殿等。而属于元代的建筑遗存则更是遍布各地。

对坛庙建筑遗存的保护和修缮在新中国成立后得到大力加强，晋陕豫坛庙建筑遗存也逐渐有了自己的身份认同和归属。自1961年起，先后有八批建筑遗存被认定具有重大历史、艺术、科学价值，成为国家重点文物保护单位，而确定为省级文物保护单位的则更多。这些国家重点文物保护单位和省级文物保护单位已经基本上覆盖了晋陕豫三省具有历史价值、文化传承价值和学术研究价值的坛庙建筑遗存，可以反映出晋陕豫坛庙建筑体系的艺术形态特征和文化内涵。

晋陕豫国保级和省保级坛庙建筑遗存地域分布广泛，分布类型复杂。相对来说，同一祠祀对象的建筑遗存大多分布于某一相对集中的地域，呈现出大致的坛庙建筑"群落式"分布特征。由于地理环境条件和生活方式不同、历史发展轨迹不同，晋陕豫地区，特别是山西省域内，不同地区崇拜与信仰文化发展的差异性很大，坛庙建筑的"群落式"分布特征，正是这种差异的反映。因此，全面分析晋陕豫坛庙建筑的地域分布，对于认识晋陕豫黄河文化圈不同地域信仰文化发展的差异，从宏观上把握晋陕豫坛庙建筑历史发展的脉络有着重要的意义。

二

五岳祠庙建筑遗存的地域分布与概况

　　五岳祠庙的祀奉对象为自然神明中的五岳山神，相比于先贤崇拜，岳神崇拜和信仰的出现要久远得多。五岳皆为神，而唯独东岳之庙遍于天下，盖因在道教文化和古代世俗观念中，东岳神主操生死、能御灾捍患，故"虽非境内之神，人以其掌生死之籍，故崇奉尤切"[1]。山西蒲县东岳庙现存之清乾隆五十四年（1789年）《重修东岳庙正殿并各处碑记》亦云："蒲之人独崇其祠宇，重其祀事……即穷乡妇孺，俱竟将敬良，以兴云降雨，捍灾御患，尤为合邑保障。"

1.（清）李中白. 潞安府志·顺治十八年 [M].台北：台湾学生书局，1948.

　　东岳庙之本庙——泰山东岳庙（岱庙）创始于汉，为东岳信仰的祖庭。各地岳庙之肇建约在隋唐之时，特别是唐玄宗泰山封禅之后。元代孟淳《长兴州修建东岳行宫记》云："自唐封禅，郡县咸有之"。其后各地东岳庙之大盛则始于宋真宗时期。宋真宗封禅泰山后，东岳崇拜与信仰观念的影响力日益扩大，河东（今山西晋南）人士以泰山路遥，奏请于本地兴建东岳行祠。据《山右石刻丛编·卷十二·大宋忻州定襄县蒙山乡东霍社新建东岳庙碑铭并序》载，大中祥符三年（1010年），有敕曰："越以东岳地遥，晋人然备蒸尝，难得躬祈介福，今敕下从民所欲，任建祠祀。"

　　据不完全统计，宋代山西兴建的东岳庙有平陆平高里岱岳行祠、稷山城北东岳庙、榆次东岳庙、定襄东霍社东岳庙、闻喜西宋村岱岳庙、晋城冶底村岱庙、沁源绵上镇天齐庙等。

　　蒙元一朝传承了宋代东岳信仰文化传统，并将其推向一个新的高度，不仅大建重建东岳庙，而且对东岳庙的修缮也相对重视，元至正年间《重修（山西蒲县）东岳庙碑铭》云："今岱宗之庙遍天下，无国无之，无县无之。"

　　明朝初年，东岳祠庙被纳入"会典"，与社稷坛、城隍庙、文庙、关王庙等共同构成官方祠祀体系，在各府州县普遍推行。满清入主中原后，仍延续这一体系，故凡设州立县，几乎均有东岳庙建置。

　　东岳庙又称岱岳庙、泰山庙，并因唐代封泰山神为天齐王而称天齐庙。河南省的东岳庙可追溯至北宋，真宗封禅后，于汴京建东岳庙。《东京梦华录·卷二》载东街巷"内有泰山庙"，汴京附近州县"一尊奉符岱宗祠制"。另外，因河南滑县白庙村（今属延津县）相传为东岳神君黄飞虎故里，故东岳庙祀在豫北盛行。河南东岳庙建筑遗存主要有新乡合河泰山庙、封丘东岳庙、焦作马村天齐庙、博爱县金城乡天齐庙，构成了豫北东岳庙群落。

陕西东岳庙出现较早，据《朝邑县志》载："朝邑县（今大荔县朝邑乡）之东岳行祠，唐贞观元年建"。长安东岳庙建于北宋政和六年（1116年）；此外，华山脚下也建有东岳庙，其创建年代已无可考证。陕西东岳庙建筑遗存主要有由西安东岳庙和西安鄠邑区（原称户县）东岳庙构成的西安东岳庙群落。

山西东岳庙的历史可以追溯到唐朝初年甚至更早，据金代文学家段克己的《重修岱宗祠碑》称，河东万泉县（今山西万荣）岱宗祠"庭有唐石……考其时代，则知庙起在有唐之前"[2]。山西东岳庙建筑遗存数量众多，文物价值、艺术价值和文化价值极高，是研究黄河流域东岳庙建筑的范本。

2. 李修生. 全元文·卷五九[M]. 南京：凤凰出版社，2004.

山西东岳庙建筑遗存主要分布在晋东南、晋南、晋中等黄河文明渊源深厚、本土文化发达的地域。在晋东南，以"泽州东岳庙群落"和"长治东岳庙群落"为主体。其中，"泽州东岳庙群落"的主体包括史村东岳庙、尹西东岳庙、冶底岱庙、周村东岳庙、高都东岳庙、坛岭头岱庙等。

泽州县隶属于山西省晋城市（古称泽州），地处山西东南端，太行山最南部，南临河南济源、焦作。自古为晋省通向中原的要冲，史有"东洛藩垣、河朔咽喉"之称。登高远眺，有着古老历史的东岳庙建筑矗立于层叠的山坡和纵横的沟谷之上，形成了独具特色的人文景观气象。

以周村东岳庙为例，该庙位于周村镇周村村北，坐北朝南，占地两千余平方米，为两进院制。该庙始建年代不详，据庙内所藏明隆庆四年（1570年）碑碣所载，历史上曾于北宋元丰五年（1082年）重修，明洪武、宣德、嘉靖历代均有修葺。建筑遗存有山门、戏楼、正殿、关帝殿和财神殿等，正殿、关帝殿和财神殿为宋金遗构，其余为明清建筑。庙内财神殿和关帝殿分居正殿的东西两侧，各殿均坐落于高大台基之上，一字排列，气势不凡（图4-1）。正殿建筑形态为单檐歇山顶，面阔三间，进深六椽，正对山门里的倒座戏楼。关帝殿建筑形态为单檐悬山顶，面阔三间，进深四椽，前檐出歇山式抱厦，正面斜向面对关帝殿戏台。财神殿建筑形态与关帝殿相同，但面对的戏台已不存在。古时周村东岳庙每逢俗节，三座戏台同唱，相互对垒，为该庙一绝，亦称为美谈。

此外，高都东岳庙、坛岭头岱庙、邻近泽州的陵川县玉泉东岳庙、阳城县润城东岳庙、阳城县屯城东岳庙也可看作同属于泽州东岳庙建筑群落。

图4-1
周村东岳庙正殿

在泽州东岳庙建筑群落中，除史村东岳庙外，其他建筑的始建年代很多可推断为北宋、金代或更早。这一现象表明，在宋金时期，泽州地区东岳信仰曾经繁盛一时，从而催生了众多以村庙的方式兴建的东岳祭祀场所与空间。当年该地域的东岳庙建筑一定远比今天的遗存为多，今之所存，则成为该地域宋金东岳信仰文化的历史见证。

长治东岳庙建筑群落以长治东泰山庙为代表，包括壶关县秦庄东岳庙、壶关县逢善天齐庙等。东泰山庙位于长治县城北苏店镇原家庄村东隅，庙院坐东朝西，为三进院落制，始建年代不详，现存建筑为明清遗构。建筑遗存沿中轴线依次为山门、过楼、倒座戏楼、献殿、正殿、后殿。两侧建筑有钟亭、鼓亭、土地殿、美女殿等。正殿为单檐悬山顶，正脊饰有八条红、黄、棕、黑四色飞龙，流云环绕，动态逼人。

与晋东南东岳庙建筑群落相比，晋南东岳庙建筑遗存的代表——万荣解店东岳庙和蒲县柏山东岳庙的历史要更加久远。

万荣解店东岳庙位于万荣县城内（古称解店镇），始创年代不详。但据考证，唐贞观初年（627～629年）已有之。建筑遗存沿中轴线由南向北依次为飞云楼、午门、献殿、享亭、正殿和寝宫（又称阎王殿）。飞云楼为明代遗构，高二十三米有余，建筑形态精巧灵动，层叠的屋檐和翼角尽显华夏传统建筑之美（图4-2）。享亭为十字歇山顶，灰筒瓦覆顶，琉璃作脊，与正殿共同构成层次丰富、形态优美多变的建筑外观（图4-3），其礼制等级明显高于建于村落之中的泽州东岳庙建筑群落。

蒲县东岳庙唐代已有，该庙建于柏山之巅，坐北朝南，三进五门，沿中轴线由山下上行，依次为山门、凌霄殿、天王殿、乐楼、看亭、献亭、东岳行宫大殿、后土祠、圣母祠、清虚宫、地藏祠、地狱府等。山门为明

图4-2
万荣解店东岳庙飞云楼

图4-3
万荣解店东岳庙享亭与正殿

清遗构，特征鲜明、别具一格（图4-4）。行宫大殿为元延祐五年（1318年）遗构，其建筑形态为重檐歇山顶，殿身周设围廊，立于砖砌台基之上。献亭与行宫大殿一样，重建于元延祐五年，其建筑形态为单开间单檐歇山顶，四角立蟠龙石柱，雕饰精美，西南柱础石刻有"金泰和六年五月重五日完毕"题记（图4-5）。

晋南东岳庙建筑遗存还有河津台头庙、河津南柳泰山庙、运城市郊上王乡郭村泰山庙大殿、夏县瑶峰镇大洋村泰山庙大殿、翼城县南撖东岳庙、翼城县中贺水泰岱庙、临汾王曲东岳庙等，这些岳庙散落于晋南各地，表明古时晋南地区的东岳信仰观念有着广泛的存在，并不局限或集中在某一地域。

山西晋中盆地中的汾阳、介休、孝义三地古时同属汾州。隋朝称西河郡，治域包括隰城县、介休县、孝义县、平遥县；明代重置汾州，州治汾阳，仍领平遥、介休、孝义三县。在山岳崇拜与信仰文化的传承方面，汾

图4-4
蒲县东岳庙山门

图4-5
蒲县东岳庙献亭与行宫大殿

州四县互相影响，融为一体，该地的岳庙建筑遗存——汾阳北榆苑村五岳庙、汾阳五岳庙、介休五岳庙、介休东岳庙、孝义天齐庙，构成了"古汾州岳庙建筑群落"。

以介休东岳庙为例，该庙位于介休绵山镇小靳村东北，创建年代不详。据文献及庙碑记载，元至元七年（1270年）重修，明万历十八年（1590年）扩建，后屡有修葺。该庙坐北朝南，为两进院落格局，中轴线由南向北依次为照壁、山门、戏台、献殿、正殿和寝殿。献殿建于"凸"字形台基之上，面阔三间，进深五椽，卷棚歇山顶，上覆灰筒瓦，琉璃剪边，琉璃脊饰，前檐明间出歇山顶抱厦。正殿建筑形态为重檐歇山顶，面阔五间，进深六椽，周设围廊，灰筒瓦覆顶，孔雀蓝色琉璃脊饰与剪边（图4-6）。寝殿亦称"圣母宫"，面阔三间，硬山顶。庙院主要建筑为元至清代遗构。

山西东部的盂县地处太行山西麓，因境内山峦环绕，中低如盂而得

图4-6
介休东岳庙献殿与正殿

名。此地以坡头泰山庙为代表，与盂北泰山庙、曹村天齐庙等共同构成盂县东岳庙建筑群落。坡头泰山庙位于盂县北下庄乡坡头村村南，坐北朝南，为三进院落，始建年代不详。据庙内元代经幢所载，元至正十七年（1357年）重建，明清屡有修葺。建筑遗存沿中轴线由南向北依次为戏楼遗址、石牌坊、山门、正殿、后殿，两侧有钟、鼓楼，东西配殿，关帝殿和奶奶殿等。正殿为元代遗构，建筑形态为硬山顶，面阔三间，进深四椽，前设月台。

在山西东岳庙建筑遗存中，河曲县岱岳庙和石楼县兴东垣东岳庙也具有较高的文物价值和文化研究价值。

五岳祠庙中的河南登封中岳庙和陕西华阴西岳庙，后文将有详尽的分析，此处不作赘述。值得一提的是位于河南登封大金店镇老街上，俗称"大庙"的南岳庙。该庙建于南宋时期，时当金国南侵，占据中原，而后宋金对峙。金人以天下五岳，金已占有长江以北之四岳，唯南岳尚未归属为由，为彰显其一统天下、包举宇内的雄心，遂于登封营建南岳庙，名曰："位配南岳"。该庙祠祀对象早已变为了民间神祇崔府君。正殿为府君殿，面阔三间，进深三间，单檐歇山顶，梁架及屋顶木架为金代遗构。

可以看出，除属于本庙之祖的河南登封中岳庙和陕西华阴西岳庙以外，晋陕豫黄河流域的岳庙建筑遗存基本分布在村落乡邑之间。虽然其礼制等级较低，但建筑形制却非常完整，建筑规模在村落中的各类祠庙建筑中也属较大，反映了古代山岳信仰文化巨大而深远的影响力。

三

济渎庙建筑遗存的地域分布与概况

济渎庙是祠祀济渎神之所在，同五岳之神为华夏山岳之神的代表一样，江、淮、河、济四渎之神为华夏信仰文化中河川神的代表，祭祀四渎神最晚从周代就已开始。

晋陕豫济渎庙建筑遗存以本庙之祖河南济源济渎庙、晋东南晋城泽州西顿济渎庙和晋东南晋城高平建南济渎庙为代表。济源和晋城两地隔王屋山为邻，王屋山为济水之源，以上三庙与高平建北济渎庙、高平谷口村济渎庙等共同构成了济渎庙建筑群落。

济源济渎庙全称为济渎北海庙，位于济源西北方济水东源处庙街村，是古代四渎祭祀祖庙中唯一保存最完整、规模最宏大的建筑遗存。庙院始建于隋开皇二年（582年）。唐贞元十二年（796年），由于欲行北海之祀，而其在大漠之北无法进行，故于济渎庙之北增建北海祠。自隋唐起，济渎、北海之祀从未断绝，庙貌不衰。

济源济渎庙坐北朝南，总体空间布局呈"甲"字形，建筑遗存沿中轴线依次为清源洞府门（山门）、清源门、渊德门、寝宫、临渊门、龙亭等，中轴线两侧有御香院和天庆宫。据考证，宋代时正殿与寝宫以复道回廊相连，构成"工"字形布局，此形制与宋金时期嵩山中岳庙、山西万荣后土祠相同，表明了济源济渎庙高等级礼制建筑的地位；不过，回廊后已毁掉（图4-7）。

山门为明代三开间木牌楼建筑，寝宫为北宋开宝六年（973年）遗构，面阔五间，进深三间，单檐歇山顶。正殿已毁，仅余殿基。

庙内精美的园林景观为空间环境增添了丰富的艺术色彩。济渎池与珍珠泉共为济水本源，泉水清澈，亭阁玲珑，古柏参天，庭院深深，极好地凸显了水神之所的主题。

泽州西顿济渎庙位于泽州县高都镇西顿村村东，坐北朝南，一进院落布局，始建于北宋宣和四年（1122年）。沿中轴线依次为山门、正殿。正殿为单檐悬山顶，灰筒瓦覆盖，面阔三间，进深六椽，殿设前廊，属宋代遗构（图4-8）。

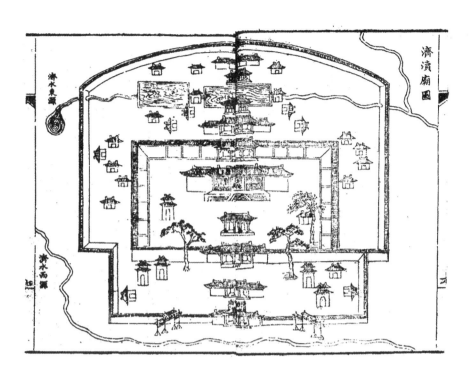

图4-7
清乾隆时期济源济渎庙庙貌图
（资料来源：清乾隆二十六年《济源县志》）

　　高平建南济渎庙坐落于高平市建宁乡建南村村南的翠华山之巅，庙内清嘉庆十四年（1809年）《补修济渎庙碑记》载："建宁有济渎庙，不详创始，续修者则自宋迄明"，表明该庙创建于宋代或之前。庙院坐北朝南，现存三进院落，建筑遗存沿中轴线依次为石台山门、戏台、仪门、正殿、后殿。山门接倒座戏台，立于高大的石台之上，山门为明清建筑，悬

图4-8
泽州西顿济渎庙正殿

山顶，面阔三间，进深四椽，四根方形抹角蟠龙石质檐柱，挺拔屹立，神采飞扬。仪门为悬山顶。仪门至正殿的院落两翼有廊庑接出，环抱此院，显示出该庙较高的礼制等级。正殿为悬山顶，面阔五间，进深六椽，为元明时期建筑。后殿亦为悬山顶，同样面阔五间，进深六椽。为元建明修建筑。所有建筑遗存均采用灰筒瓦覆顶，琉璃剪边，琉璃脊饰。

不同于山岳信仰文化，特别是东岳信仰文化在晋陕豫黄河流域所具有的普遍影响力，济渎神信仰主要集中在济水之源及其附近地域，千百年来传承不息。

四

后土祠庙建筑遗存的地域分布与概况

　　华夏后土祠肇始于山西晋南万荣汾阴后土祠。该祠始建于西汉文帝或武帝时期，原址在汾阴脽上，后东汉、唐、宋历代均有修葺和增建，至北宋大中祥符四年（1011年）宋真宗亲诣汾阴祭祀后土时，达到极盛。清同治九年（1870年），后土祠在屡次被黄河冲毁后，当地官民将其移建于高崖之上，传至今日。

　　山西后土建筑遗存近六十座，形成了以万荣后土祠、河津古垛后土庙、临汾东羊后土庙为代表的晋南后土祠庙建筑群落；以介休后土庙、灵石后土庙为代表的晋中后土祠庙建筑群落；以汾阳后土圣母庙为代表的吕梁后土祠庙建筑群落。

　　山西后土建筑遗存以古称河东的晋南为最多，远超其他地域。历史上，自宋真宗之后，帝王再不曾亲临汾阴祭祀后土；蒙元入主华夏之后，对原有的黄河农耕文明世俗信仰持开放和包容态度，于是后土祠庙民间化的倾向越来越明显，后土祠庙的兴建不再受到礼制的约束。这一文化现象以晋南地区最为突出，原因有二：其一，晋南为后土文化圈的中心。自汉武帝亲诣汾阴祭祀后土开始，后土信仰便和这片土地紧密地联系在了一起，并向周边辐射。从紧邻晋南的陕西临潼和渭南的清代地方志中，均可看到后土信仰的影响和后土祠庙的兴建。其二，晋南为华夏农耕文明的发祥之地。这里地势平缓，土地肥沃，光照充足，黄河怀抱，汾河纵贯，水资源丰富，扎根于此地的晋南民众自然有着较其他地方更加强烈的后土信仰和意识。

　　万荣后土祠建筑遗存位于万荣县西南荣河镇庙前村村北黄河岸边，坐北朝南，三进院落。沿中轴线依次为山门、戏台、戏楼、献殿、正殿、秋风楼。山门坐落在高台之上，单檐歇山顶，面阔三间。山门两侧建东西侧门，亦为歇山顶，较山门为低，与山门共同构成三门组合、中高旁低、气势不凡的建筑形态（图4-9）。献殿和正殿立于高台之上，献殿为硬山顶，面阔五间，进深四椽。正殿为悬山顶，面阔五间，进深六椽，前檐设廊（图4-10）。秋风楼位于庙院最北端，系同治九年（1870年）所建，共三层。楼高32.6米，十字歇山顶，立于高大石基之上。东西两侧各有横额一方，东曰"瞻鲁"，西曰"望秦"，表现出万荣后土祠居黄河农耕文化圈之中央，披山带河，为天下后土信众共尊圣地的宏大气象。祠庙主要建筑遗构以灰筒瓦覆顶，琉璃剪边，琉璃作脊，献殿屋顶则饰以琉璃方心。

除万荣后土祠外，山西晋中介休后土庙是史料明确记载后土建筑遗存中始建年代最早的。虽然始建年代不详，但据庙碑考证，祠庙曾于南朝宋孝武帝大明元年（457年）重修，故可知南北朝时已有该庙，距今已有近一千六百年。

介休后土庙位于介休市北关北大街，坐北朝南，三进院落布局。沿中轴线由南向北依次为影壁、山门（天王殿）、过殿（护法殿）、献殿、三清楼（兼作乐楼）、后土大殿。两翼有东西配殿、钟鼓楼及东西朵殿。后土大殿为清道光十三年（1833年）重建之遗构，面阔五间，进深三间，重檐歇山顶。大殿两翼各有略低的朵殿三间，与大殿共同构成十一间横向展开的建筑立面，气势不凡（图4-11）。

此外，介休后土庙还附有吕祖阁、关帝庙、土地祠等祭祀其他道教和民俗信仰神明之所。

汾阳后土圣母庙位于汾阳市西北的田村，创建年代不详。建筑遗存仅正殿一座，殿顶琉璃脊刹题记有"大明嘉靖二十八年（1549年）造"字样。正殿面阔三间，单檐悬山顶，殿内东、西、北三墙满绘壁画，为明代壁画珍品。此外，同属于吕梁后土祠庙建筑群落的石楼县张家河村的后土圣母庙也具有一定的文物价值。

相比于山西的后土祠庙建筑遗存，河南、陕西两省要少得多，只有陕西韩城玉皇后土庙堪称上品。该庙坐落于韩城西原村，始建于元代，明、清重修或补修。建筑遗存坐北朝南，有戏楼、献殿及正殿。戏楼为悬山顶，上覆灰筒瓦，北向敞开，其余三面封闭。献殿与正殿相接，均为面阔三间，进深四椽，悬山式灰筒瓦屋顶。

图4-9
万荣后土祠山门

图4-10
万荣后土祠献殿与正殿

图4-11
介休后土庙后土大殿

五

城隍庙建筑遗存的地域分布与概况

在同属于自然神祠庙的各类祠庙建筑中，东岳庙的普及是由于历代帝王泰山封禅所形成的东岳信仰文化，以及道教关于东岳大帝主宰万民生死祸福的观念；后土祠庙的普及是由于众多帝王亲祀后土形成的倡导作用，加上后土信仰原本就植根于农耕民族。前文已述，东岳庙和后土祠庙的普及具有明显的区域性特征，而城隍庙则不同，前文已有阐述，城隍的前身为《礼记》所载天子大蜡八之七水墉神，后演变为城隍，被世俗社会视作一方城池的守护之神。在以后的发展中，城隍神被道教纳入自己的神祇体系，成为其尊奉的冥界主要神明之一，其间城隍神还逐渐完成了由自然神向人格神的转变，变得更加生动、形象、有故事、有传说，更能激发起民众的崇拜信仰之情。城隍信仰上千年的发展，基本上是由官民所参与、由官方和社会所推动的。城隍庙的兴建也是如此，真正意义上的城隍庙出现在三国、魏晋、南北朝时期，当时战乱频仍、社会动荡、民生艰难，出于保家护邦、祈保平安的朴素愿望，祭祀城隍神明的场所城隍庙便应运而生了。城隍祭祀出现之初，其祈望内容和文化指向相对单一、明确。

宋、元、明三朝是城隍庙建筑得到极大发展的时期，宋人方回《至日后吴山城隍庙》诗曰："磴石梯飙俯去鸿，湖江左右海西东。冥冥烟雾已难辨，杳杳楼台犹未穷"，描述了宋代城隍庙的盛况。明朝立国后，出于复杂的政治考虑，于洪武二年（1369年）大封天下城隍，并将城隍神定制为都府州县四级，城隍庙遍及宇内。据不完全统计，明代全国有城隍庙近一千五百座，形成几乎每座城池都建有城隍庙的格局。城隍庙的分布不具有区域性特征，城隍庙与当地衙署相对应，后者主管阳间事物，而前者则主理冥间活动。

城隍庙与东岳庙、后土祠庙的不同还在于，后两者祀奉的对象为华夏民众共同信仰之神，而城隍庙所祀奉的对象在被作为一方城池的守护神之后，已经具有了专属特征。不同城池城隍神的由来和功绩各不相同，使得民众能在当地城隍庙祭祀和城隍文化传承中产生更为强烈的归属感。

也正是由于城隍神与所在城池的专属性关系，拉近了地方民众与城隍神的距离。在民众的思想意识中，相比于其他神明，城隍神更加亲切，城隍庙也因此具有了更多的民俗文化属性，民众在营建城隍庙时，会将更多的民俗理念、民俗意象融入其建筑艺术之中。

山西城隍庙建筑遗存主要有长治、晋中两大群落。长治城隍庙建筑群落以潞安府城隍庙、黎城城隍庙和长治县都城隍庙为代表。

以潞安府城隍庙为例，该庙位于长治市区庙道巷，为国内保存较完好、规模较大的城隍庙建筑遗存。该庙始建于元至元二十二年（1285年），明清均有修葺。祠庙坐北朝南，三进院落格局，沿中轴线依次为山门、玄鉴楼、戏楼、献殿、正殿和寝殿。山门为重檐歇山顶，东西两侧配有夹殿，与山门共同构成舒展大气的建筑外观（图4-12）。正殿为元代遗构，面阔五间，进深六椽，悬山顶。

晋中城隍庙建筑群落以平遥城隍庙、介休城隍庙、榆次城隍庙为代表。平遥城隍庙位于平遥县城隍庙街，初建年代为明初。建筑遗存为三进院落，坐北朝南，沿中轴线依次为牌楼、山门、戏楼、献殿、正殿和寝殿。献殿面阔五间，卷棚硬山顶，前檐明间出歇山顶式抱厦。正殿面阔亦为五间，悬山顶。献殿与正殿均以琉璃筒瓦覆顶，两者的组合层次丰富、形态多变、色彩辉煌（图4-13）。

介休城隍庙位于介休市东大街，始建于明洪武三年（1370年）。建筑遗存有山门、戏台、正殿等，两侧有钟鼓楼、东西耳殿及东西廊庑。戏台面阔五间，卷棚硬山顶，前檐明、次间出歇山顶抱厦，后檐明间出卷棚歇山顶抱厦。正殿面阔五间，重檐歇山顶。

榆次城隍庙位于榆次老城东大街中段，明宣德六年（1431年）拆除旧城隍庙后，于现址重建而成。庙院坐北朝南，三进院落布局，沿中轴线依次为山门、玄鉴楼（后接乐楼）、正殿显佑殿和寝殿。玄鉴楼为明代遗构，两层四重檐歇山顶阁楼式建筑，北接两层单檐歇山顶的乐楼，乐楼再北接单层单檐卷棚歇山顶戏台，戏台左右设八字形歇山顶琉璃影壁。整体建筑形态挺秀、俊雅、灵动、美轮美奂，将华夏传统建筑优美的屋顶形式

图4-12
潞安府城隍庙山门

组合运用到了极致（图4-14）。

　　陕西城隍庙建筑遗存主要集中在西咸、渭南和陕南三个群落。西咸城隍庙群落以西安都城隍庙、咸阳三原城隍庙和咸阳武功城隍庙为代表。西安都城隍庙位于西安市西大街，始建于明洪武二十年（1387年），原址在东门内九曜街，明宣德八年（1433年）移建于现址，为明代等级最高的城隍庙之一。据考证，庙院原有建筑由南向北依次为牌坊山门、文昌阁、二道山门、戏楼、牌坊、正殿、寝殿，有"栋宇崇宏，甲于关中"之誉。现建筑遗存仅有正殿一座，为清雍正元年（1723年）重修之遗构（图4-15）。该殿面阔七间，单檐庑殿顶，蓝绿色琉璃筒瓦覆盖，礼制等级明显高于一般府州县城隍庙建筑。

　　渭南城隍庙建筑群落以韩城城隍庙、澄城城隍庙和白水城隍庙为代表。以韩城城隍庙为例，该庙位于韩城市金城区东北隅，创建于明隆庆五

图4-13
平遥城隍庙献殿与正殿

图4-14
榆次城隍庙戏台、乐楼与玄鉴楼

年（1571年），后多有扩建和修葺。庙院坐北朝南，五进院落格局，沿中轴线依次为山门、政教坊、威明门、献殿广荐殿、拜殿德馨殿、正殿灵佑殿、寝殿含光殿等。两侧原有东、西戏台，现存有西台，东台已毁，主要建筑均为明清遗构。山门立于高大的台基之上，由正门和东西掖门组成，两掖门左右设有八字形影壁，构成特征鲜明的庙院入口（图4-16）。拜殿面阔三间，单檐歇山顶，正殿面阔五间，亦为单檐歇山顶。两殿前后相接，成"钩心斗角"之势，屋面均以琉璃筒瓦覆盖，琉璃脊饰精美、绚丽。

陕南城隍庙建筑群落以宁陕城隍庙、商州城隍庙、城固城隍庙为代表。三处建筑中以商州城隍庙历史最为悠久（始建于明洪武二年），遗存也最为完整，有山门、过殿、献殿、正殿等。

此外，位于宝鸡市扶风县城东大街的扶风城隍庙亦属建筑遗存中的精品。

河南省城隍庙建筑遗存主要集中在郑州、洛阳、新乡三个群落。郑州建筑群落以郑州城隍庙、荥泽城隍庙、登封城隍庙、密县城隍庙为代表。以郑州城隍庙为例，该庙位于郑州市商城路，创建于明初，明清两代屡有修葺。庙院坐北朝南，沿中轴线依次为山门、过殿、戏楼、正殿和寝殿。正殿面阔三间，进深三间，单檐歇山顶，上覆绿色琉璃筒瓦，配以黄绿色琉璃脊饰。寝殿面阔五间，进深三间，悬山顶，同样上覆绿色琉璃筒瓦，配以黄绿色琉璃脊饰。

洛阳城隍庙建筑群落以河南府城隍庙为代表，包括洛宁城隍庙、新安城隍庙、嵩县旧县城隍庙、宜阳城隍庙、偃师老城城隍庙等。河南府城隍庙为府级城隍庙，位于洛阳市老城西大街，始建年代不详，据庙碑所记，明武宗正德五年（1510年）已有之。该庙坐北朝南，沿中轴线依次为辕

图4-15
西安都城隍庙正殿

图4-16
韩城城隍庙山门

门、山门、戏楼、献亭、拜殿、正殿、寝殿。正殿亦称威灵殿，面阔五间，进深四间，单檐歇山顶，上覆琉璃筒瓦，琉璃脊饰，为清代遗构。群落中的其他城隍庙建筑遗存或仅存正殿，或仅存乐楼，保留不甚完整。

新乡城隍庙建筑群落包括封丘城隍庙、原武城隍庙、获嘉城隍庙等。封丘城隍庙位于封丘县东大街路北，创建于明洪武五年（1372年）。现存建筑为清代遗构，正殿面阔三间带卷棚。后院奶奶殿，面阔三间，硬山顶，灰板瓦覆面。原武城隍庙位于原阳县原武镇东街，始建于明洪武二年（1369年）。庙院坐北朝南，有前殿、中殿、拜殿及正殿等明清建筑遗构。拜殿面阔五间，进深一间，卷棚硬山顶，灰筒瓦覆面。正殿面阔五间，进深三间，硬山顶，亦做灰筒瓦覆面。获嘉城隍庙位于获嘉县城关镇，始建于明成化四年（1468年），后多次修葺。现存大殿、东西耳房等，大殿面阔五间，进深三间，单檐歇山顶，琉璃瓦覆面。

与洛阳城隍庙群落和新乡城隍庙群落相比，豫北的彰德府城隍庙和豫西的卢氏县城隍庙，其建筑遗存更为完整、文化价值更高。

彰德府城隍庙位于安阳市文峰区鼓楼东街，始建年代不详，明洪武二年（1369年）重修后屡有修葺。庙院坐北朝南，四进院落布局，沿中轴线依次为木牌坊、山门、泮池、前殿、拜殿、正殿、寝殿。各殿均以绿色琉璃筒瓦覆顶，并做琉璃脊饰。

卢氏县城隍庙位于卢氏县城中华街，明洪武初年创建，嘉靖二十九年（1550年）遭火灾，万历九年（1581年）重修。建筑遗存有山门、乐楼、献殿、正殿。

由上可以看出，晋陕豫黄河流域城隍庙的历史可追溯到南北朝晚期，在经历了唐、宋、元三朝的发展之后，于明朝达到高峰。这与华夏古代城隍庙发展的历史高度契合，证明了晋陕豫黄河流域不愧为华夏古代文明的缩影。由于城隍庙大多为官建，故其规模较大，形制完整，"前朝后寝"的基本格局，加上戏台、乐楼，既具有礼制建筑的特征，又满足了娱神娱众的民俗愿望。

六

伏羲与炎黄祖先祠庙建筑遗存的
地域分布与概况

    对祖先的崇拜与信仰是华夏民族血脉相连、生生不息、传承数千年长盛不衰的文化根基，晋陕豫三省是华夏先祖伏羲氏、黄帝、炎帝带领族民摆脱荒蛮、走向文明的发祥之地，这里的祖先祠庙是祖先信仰文化传承发展的历史见证。

    由前文所述可知，晋陕豫三省的自然神祠庙是以地方信仰为导向，在礼制许可的前提下，由官方、官民或民间营建。因此，对同一神祇的祀奉之所，不限其数，不拘一地。祖先祠庙则不同，它们基本集中在祖先事迹、传说的发生地，并且祖先祠庙的营造、修葺也成为祖先信仰文化传承的一种方式。

    位于河南省淮阳县的太昊陵庙为祠祀华夏人文初祖太昊伏羲氏之所。相传伏羲在位115年，定都汶上，后迁于宛丘（今河南淮阳），并葬于此。淮阳古名陈，《左传·昭公十七年》曰："陈，太皞之虚也"。古时，"皞"亦作"昊"。据《陈州府志》所载："太昊陵春秋时已有，汉以前并有祠"。宋太祖建隆元年（960年）置守陵户，诏曰三年一祭，乾德四年（966年）诏立陵庙。此后，庙祀日见崇隆。蒙元入主中原后，祀事不修，庙院荒废，渐而毁败，至元末已荡然无存。由此可以看出，元代统治阶层虽然对华夏民族的自然神信仰持积极、包容的态度，但对华夏民族的祖先信仰却并不支持，反映了异族统治者的文化立场。

    明朝初立，朱元璋便访求帝王陵寝，太昊陵居首。洪武四年（1371年），洪武皇帝驾幸陈，并御制祝文致祭。嗣后，屡次营建陵庙，至清乾隆十年（1745年），内外城垣，规模宏大，殿宇巍峨，璀璨辉煌。沿中轴线由南向北依次为午朝门、道仪门（旧称通德门）、先天门、太极门、正殿统天殿、次殿显仁殿、寝殿太始门、伏羲陵，建筑形制与皇家宫院相仿（图4-17）。午朝门为高台券洞式建筑，始建于明代，单檐歇山顶。道仪门面阔三间，硬山顶。正殿为明代遗构，面阔五间，进深三间，单檐歇山

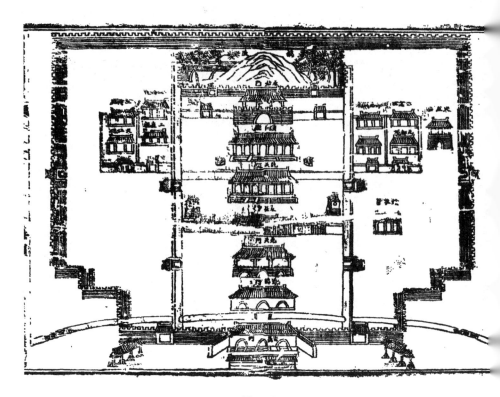

图4-17
清道光时期太昊陵庙庙貌图
（资料来源：清道光《淮宁县志》）

顶，上覆黄色琉璃筒瓦，脊饰精美。

据战国《世本·卷一帝系篇》载："黄帝居轩辕之丘"。《大明一统志·古迹》曰："轩辕丘在新郑县境，古有熊氏之国，轩辕黄帝生于此，故名"。同太昊陵庙一样，位于河南省新郑市，据传始建于汉代的轩辕庙至元末已大半损毁，明隆庆四年重修，并于庙前建轩辕桥。目前，祠庙建筑遗存有山门、正殿、东西配殿。山门面阔三间，硬山顶。正殿面阔五间，两殿均以灰筒瓦覆顶，琉璃剪边，并做琉璃脊饰。

在先秦的文献记载中，炎帝的事迹集中在山西晋东南太行山、太岳山之间，形成了当地传承不息的炎帝信仰文化。当地民众对炎帝的尊崇，更多的是期盼其对后世的庇佑，高平、长治炎帝庙建筑群落，正是这一地域风尚的历史记忆。

高平古中庙位于晋东南高平市神农镇下台村村北的高地上，据碑碣所载，此庙为古炎帝庙之组成部分，另有炎帝庙建于羊头山，下庙建于高平城关，后二庙俱毁，独存古中庙。该庙创建年代不详，元、明、清三朝均有修葺。庙院坐北朝南，二进院落，沿中轴线依次为山门、无梁殿、正殿。无梁殿为献殿，元代遗构，单檐歇山顶，上覆灰筒瓦，琉璃脊饰，翼角出挑深远，颇有气势（图4-18）。

关村炎帝庙位于长治市老顶山镇关村，创建年代不详。现存正殿为元代遗构，面阔三间，悬山顶，灰筒瓦覆面，琉璃脊饰（图4-19）。其余献殿、东西厢房均为明清两代所建。

北和炎帝庙位于长治县北呈乡北和村，创建年代不详，明清两代屡有修葺。正殿为元代遗构，面阔三间，原为悬山顶，清道光年间修葺时改为硬山顶。

高平、长治炎帝庙建筑群落还包括分布在高平、长治的贾村炎帝庙、北诗村炎帝庙、徘北村炎帝庙、色头村炎帝庙、三甲村炎帝庙、西沙院村炎帝庙、北李村炎帝庙、赤祥村炎帝庙、朱家山炎帝庙、沟北村炎帝庙、店上村炎帝庙、永禄村炎帝庙、南赵庄村炎帝庙、乔里村炎帝庙、焦河村炎帝庙、徐庄村炎帝庙、双井村炎帝庙、邢村炎帝庙、杜寨村炎帝庙、团西村炎帝庙、箭头村炎帝庙等。其中长子县色头镇色头村炎帝庙献殿遗存的四座雕石狮柱础，刻工精美，独具特色，昭示着曾经夺目的风采。

除分别以伏羲、黄帝、炎帝三位华夏先祖作为祀奉对象的坛庙建筑外，山西孝义三皇庙、洪洞商山庙还将三位先祖共同祀奉。

图4-18
高平古中庙献殿

图4-19
关村炎帝庙献殿与正殿

七

尧舜禹汤先贤祠庙建筑遗存的
地域分布与概况

先贤崇拜虽然并非黄河文明所特有的文化现象，但像黄河流域的古代先民这样，自三千多年前的先秦时期开始，便将"法施于民、以死勤事、以劳定国、能御大灾、能捍大患"的先贤供于祠庙，祀奉祭拜，以崇其功、以彰其德，却是极为少有的。在漫长的历史岁月中，众多的先贤烈士被当作榜样、楷模，世世代代受到尊崇，祀奉他们的祠庙建筑数百年、甚至上千年巍然矗立，以无声而感人的艺术语言教化和熏陶着世人。用于先贤祭祀的坛庙建筑对于华夏民族的性格、品德和精神的培育，起到了不可估量的作用。

黄河文明最早的先贤，无过于尧舜禹三圣。前文已述及，古代文献典籍皆谓："尧都平阳（今山西晋南临汾），舜都蒲阪（今山西晋南永济），禹都安邑（今山西晋南夏县）"[1]。三都俱在山西晋南，祀奉尧、舜、禹的先贤祠庙也是以晋南为中心，向外辐射展开，并在他们的事迹发生地形成建筑群落。

1.（清）王国维. 观堂集林·卷十·史林二·殷周制度论[M]. 北京: 中华书局, 1959.

临汾尧庙位于古平阳（今临汾市尧都区），始建于西晋初年，距今已有一千七百多年的历史。尧庙原建于汾河之西，晋元康年间徙至汾东，唐显庆三年（658年）迁至今址。宋代范仲淹《尧祠》诗云："千古如天日，巍巍与善功。禹终平浩水，舜亦致薰风。"尧庙祀奉尧、舜、禹三代开拓华夏文明的先贤，主要建筑有山门、五凤楼、尧井亭、正殿广运殿（图4-20）、寝宫等。

清徐尧庙位于山西省太原市清徐县东南尧城村，《帝王世纪》载："帝尧始封于唐，又徙晋阳，及为天子都平阳。"《山西通志·卷一六四》载曰："帝尧在尧城镇，旧传陶唐造历之所，故立庙。"庙院始建年代不详，元至正年间重建，明正统年间重修。建筑遗存坐北朝南，有牌楼、尧王殿、倒座戏台等。尧王殿为元明遗构，面阔五间，周设围廊，明间稍宽，次间、梢间略窄，重檐歇山顶，灰筒瓦覆盖，琉璃脊饰（图4-21）。

长子韩坊尧王庙位于晋东南长子县大堡头镇韩坊村，据考证，"长

图4-20
临汾尧庙正殿广运殿

图4-21
清徐尧庙尧王殿

子"系因尧王长子丹朱受封于此地而得名，故长子县与唐尧有着深厚的历史渊源。尧王庙坐北朝南，创始年代不详，据《长子县志》载："金兴定二年重修"。现存正殿为元至元年重修的遗构。

河南沁阳尧圣庙位于沁阳市捏掌村，史载尧王曾巡行此地。庙院始建年代不详，重修于北宋，历代屡有修葺。现存有山门、拜殿、尧圣殿和牛马王殿。

舜帝陵庙位于山西省运城市鸣条岗西端，始建于唐开元二十六年（738年）。孟子《孟子·离娄下》曰："舜生于诸冯，迁于负夏，卒于鸣条。"陵庙建筑历史上屡毁屡建，现为明清遗存，居舜帝陵后侧，此种陵前庙后的格局极为罕见。据《安邑县志》载："舜始封虞，暮思旧邑，禹乃营鸣条牧宫以安之。"庙院又称"离乐城"，沿中轴线依次为戏台、卷棚殿、献殿、正殿、寝宫，两侧配以廊庑和钟、鼓二楼（图4-22）。正殿面阔五间，重檐歇山顶。

大禹作为华夏史籍中所记载的治水英雄，其足迹遍于九州，在黄河、

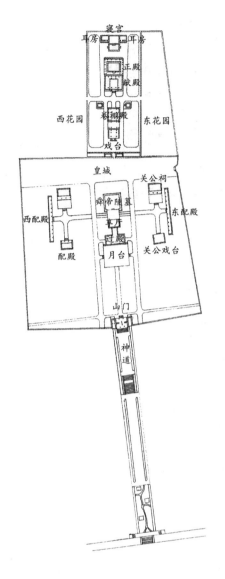

图4-22
舜帝陵庙平面图

长江流域均有其传说，正如古人所言："盖九州之中，禹之迹无弗在也，禹之庙亦无弗有也。"

晋陕豫黄河流域的大禹庙建筑遗存主要集中在晋东南平顺县左近。《潞安府志》云："平顺县大禹庙三，一在侯壁，一在三池北，一在东禅南。""在侯壁"者为位于长治市平顺县阳高乡侯壁村的夏禹神祠，祠庙修建于元至元二年（1265年），坐北朝南，一进院落布局。沿中轴线依次为山门（上为倒座戏台）、正殿，两侧有东、西厢房。正殿为元代遗构，坐落于高台基上，面阔三间，进深六椽，设有前廊，悬山顶，灰筒瓦覆盖。

"在三池北"者为位于长治市平顺县北社乡北社村的大禹庙，其创建年代无考，明清时屡有修葺。建筑坐北朝南，沿中轴线依次为山门（上为倒座戏台）、献殿、正殿，两侧设有配殿和耳殿。正殿为元代遗构，与献殿相勾连，面阔三间，进深六椽，前檐设廊，悬山顶，同样上覆灰筒瓦。

"在东禅南"的大禹庙已不存在，平顺县现存的大禹庙还有西青北大禹庙。该庙位于北社乡西青北村，坐北朝南，一进院落布局。庙院创建年代已不可考，据碑文所载，清代屡有修葺。现存建筑有山门（上为倒座戏楼）、献殿、正殿及东西两侧的妆楼、配殿、偏殿、耳殿。此外，平顺县还有阳高乡奥治村禹王庙建筑遗存。

与平顺县紧邻，同属长治市的壶关县，亦有大禹庙遗存。该庙位于集店乡辛村，创建年代不详，坐北向南，一进院落布局，建筑遗存有献殿、正殿、东西配殿、东西耳殿。

陕西省的大禹庙建筑遗存以位于黄河西岸的韩城市苏东乡周原村大禹庙为代表。该庙始建于元大德五年（1301年），明万历七年（1579年）重修，现仅存献殿与正殿。

山西晋东南的商汤祭祀祠庙建筑数量众多且分布集中，形成了以泽州为中心，辐射至豫西北济源的泽州和济源两个汤王庙建筑遗存群落。

相传汤灭夏而建商朝之后，连年大旱，汤王为解民倒悬，亲至桑林（在今晋东南阳城县境内）祈雨，以诚心感动上天。甘霖既降，民心悦服，后当地及周边各地纷纷建庙，以求汤王的长久庇佑。

泽州汤王庙以泽州河底成汤庙、泽州大阳汤帝庙、泽州坪上汤帝庙、泽州神后汤帝庙、阳城下交汤帝庙、长子县前万户汤王庙为代表。

以大阳汤帝庙为例，该庙位于泽州县大阳镇西街，其创建年代不详，但据《山右石刻丛编》所载，正殿成汤殿始建于宋乾德五年（967年）。庙院坐北朝南，沿中轴线依次为戏楼、山门、中门、正殿，两侧有耳殿、廊房等。正殿面宽三间，进深八椽，前檐设廊，悬山顶，灰筒瓦覆盖，琉璃剪边，琉璃方心，琉璃脊饰（图4-23）。除正殿为元代遗构外，其余均为明清建筑。

豫西北济源汤王庙建筑群落以西关汤帝庙为代表。西关汤帝庙位于济源市宣化街中段，创建年代不详，明清时重修。现存建筑有山门、正殿汤帝殿、关帝殿、元君殿等。

除分别以尧、舜、禹、汤四位先贤为祠祀对象的坛庙建筑外，还有一类以山西翼城四圣宫为代表的，将四位先贤作为共同祀奉对象的坛庙建筑。该祠庙位于晋南翼城县东南曹公村。建筑遗存有戏楼和正殿，东西两侧有看楼和廊房。戏楼建于元至正年间，平面近方形，井字形梁架，单檐歇山顶，灰筒瓦覆盖，嵌琉璃方心，做琉璃脊饰。正殿亦为元代遗构，面阔五间，悬山顶，灰筒瓦覆盖，琉璃脊饰。两建筑木构件用材硕大规整，为元代建筑的佳作。

图4-23
大阳汤帝庙正殿

八

后稷祠庙建筑遗存的地域分布与概况

　　山西晋南的稷王山是相传后稷播种五谷、教民稼穑的地方，后稷以他的智慧和双手改变了以狩猎采集为生的古代先民辛苦奔劳却常常食不果腹的生活状态。作为黄河流域农耕文明的发轫之地，以晋南稷山县为中心，加上与其毗邻的晋南新绛县、闻喜县、万荣县、河津市，共同构成了后稷信仰核心文化圈。这一点，不仅体现在当地的民俗风情之中，也体现在集中分布于这一地域的祠祀后稷的祠庙建筑遗存上。

　　稷山稷王庙位于稷山县城内，原址在城南稷王山上，明隆庆元年（1567年）迁于今址。该庙始建于元至正五年（1345年），现存建筑除过亭、耳殿、姜嫄殿为元代遗构外，其他均为清代建筑。庙院坐北朝南，二进院布局，沿中轴线依次为山门、献殿、正殿后稷殿、泮池、过亭、后稷母姜嫄殿，两翼有钟鼓楼及东西耳殿等。庙内建筑装饰艺术价值极高，石雕柱、巨幅石刻、石雕桥栏、木雕及琉璃脊饰精巧生动、美轮美奂。

　　北池稷王庙位于新绛县阳王镇北池村西北台地之上，创建年代不详。庙院坐北朝南，建筑遗存有戏台、正殿、配殿、耳殿等，为明清遗构。

　　阳王稷益庙位于新绛县阳王镇阳王村，创建年代不详，据碑碣所载，元至元年间以及明弘治、正德年间均有重修。建筑遗存有戏台、正殿，均为明清遗构。

　　吴吕后稷庙位于闻喜县阳隅乡吴吕村，创建年代在元代或元代以前，明清两朝均有修葺。庙院坐北朝南，建筑遗存有戏台、水陆殿，均为元代遗构。

　　万荣稷王庙位于万荣县南张乡太赵村，创建年代为北宋时期，现存戏台及正殿。正殿面阔五间，进深三间，前檐设廊，屋顶形式为单檐庑殿顶，甚为独特，正殿木构部分属北宋遗存。

九

关帝庙建筑遗存的地域分布与概况

关公信仰的源起、传播与普及是古代中国一个非常值得探究的文化现象。农耕民族需要一个为全社会所熟知的、其出身贴近民众、其事迹传颂千载、凝聚了无数优秀道德品质的英雄作为象征和楷模，在官方和释道两教的共同推动下，关公的形象逐渐神化。明清之际，对"武圣"关公的崇拜达到了巅峰，明嘉靖年间的著名史学家、文学家王世贞曾言："故前将军汉寿亭侯关公祠庙遍天下，祠庙几与学宫、浮屠等。"[1]清乾隆年间的文学家、诗人赵翼惊叹道："今且南极岭表，北极寒垣，凡儿童妇女，无不震其（关公）威灵者。香火之盛，将与天地同不朽。"[2]

晋陕豫黄河流域关公祠庙中始建较早、规模较大、影响力较大的，当属建于关公家乡山西河东解州、关公首级埋放地河南洛阳及关公事迹发生地河南许昌的关庙，形成了以解州关帝庙、常平关帝庙为核心，辐射河东的晋南关帝庙建筑群落，以及洛阳关林、许昌关帝庙等散布在晋陕豫三省的众多的关公祠庙遗存。

晋南关帝庙建筑群落以解州关帝庙、常平关帝庙、运城关王庙、龙香关帝庙、泉掌关帝庙、寨里关帝庙、洪洞关帝庙、樊店关帝庙为代表。

解州关帝庙位于晋南运城市解州镇西关，创建于隋开皇九年（589年），因历史久远、规模和庙制等级最高，且邻近解州的常平村为关公原籍，故可称为宇内关庙之祖。解州关帝庙为官院建筑与祭祀礼制建筑相结合的布局，既有官院建筑"重门之制""外城内庭""前朝后寝"的特征，又有设置重重牌坊、戏楼、钟鼓楼等祭祀建筑的特征。庙院在宋明两朝曾有扩建和增修，清康熙四十一年（1702年）毁于火焚，后经修复，现存建筑多为清代遗构。沿中轴线由南向北依次为照壁、端门、雉门（后接戏楼）、午门、"山海钟灵"坊、御书楼、正殿崇宁殿、"气肃千秋"坊及春秋楼。东西两翼有钟楼、鼓楼和刀楼、印楼等（图4-24）。端门为砖构建筑，面阔三间，各开券门，中高旁低，单檐歇山顶，琉璃筒瓦覆盖，琉璃脊饰，檐下施砖雕斗栱。雉门面阔三间，前檐设廊，单檐歇山顶，北侧接

1. （明）王世贞. 太仓州修庙记[M].

2. （清）赵翼. 陔余丛考[M]. 石家庄：河北人民出版社，2003.

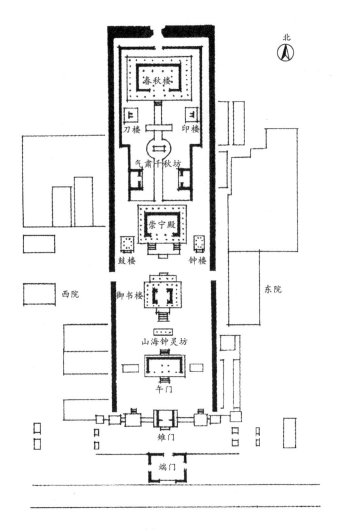

图4-24
解州关帝庙平面图

单檐卷棚歇山顶抱厦三间作为戏楼，戏楼两侧置八字形琉璃影壁。午门面阔五间，单檐庑殿顶，两翼设八字形影壁，与戏楼呼应，建筑形态舒展、俊逸。

三门之后，以"山海钟灵"坊为空间序列新的起景，由此向北，御书楼和崇宁殿依次呈现。御书楼面阔五间，为两层三檐歇山顶式建筑，设副阶周匝（即回廊），后接单檐卷棚歇山顶抱厦三间。崇宁殿因北宋时关公受封"崇宁真君"而得名，殿宇面阔七间，设副阶周匝，重檐歇山顶，覆以绿色琉璃瓦。殿周檐柱为巨大的石雕龙柱，各具形态的龙雕升腾于云雾之间，气象非凡（图4-25）。

崇宁殿之后原有寝宫，近代毁于战火，未再重建。

"气肃千秋"坊为最后一层空间序列的起景，由此北望，象征关公忠义仁勇精神的标志性建筑——春秋楼巍然矗立。春秋楼面阔七间，为两层三檐歇山顶式建筑，上下两层均施以回廊，可凭栏远眺。春秋楼前方两翼配有印楼和刀楼，均为两层三檐十字歇山顶式建筑，两楼与春秋楼相配，前有"气肃千秋"坊，共同构成了体量巨大、视觉震撼力强烈的建筑组群（图4-26）。

晋东南关帝庙建筑遗存以府城关帝庙和李庄武庙为代表。府城关帝庙位于泽州县金村镇府城村，创建年代不详。庙院坐北朝南，建筑遗存沿中轴线依次为山门、戏楼、关帝殿、三义殿，两侧有廊庑、钟鼓楼等。正殿面阔三间，悬山顶。三义殿面阔三间，单檐歇山顶；前檐设廊，檐柱为石雕人物柱，形态精美。

李庄武庙位于山西省长治市潞城区黄牛蹄乡李庄村，创建年代不详。庙院坐东朝西，建筑遗存沿中轴线依次为山门式戏楼、拜亭、献殿、正殿，两侧有南北厢房、配殿和耳殿。除正殿为元代遗构外，其余皆为明清遗构。

晋中关帝庙建筑遗存以太原大关帝庙为代表。该庙位于太原市迎泽区庙前街，创建年代不详，现存建筑为明清遗构。由南向北沿中轴线依次为

图4-25
解州关帝庙崇宁殿

图4-26
解州关帝庙春秋楼

山门、崇宁殿、春秋楼，两侧有钟、鼓二楼、东西配殿和印楼、刀楼。崇宁殿面阔三间，单檐歇山顶，前檐明间出歇山顶抱厦献亭（图4-27）。

山西东部关帝庙建筑遗存以林里关王庙为代表。林里关王庙位于阳泉市荫营镇林里村南玉泉山麓，始建于北宋熙宁五年（1072年）或之前，重修于宣和四年（1122年），元、明、清屡有修葺。建筑遗存以正殿为主，大殿面阔三间，进深六椽，前檐设廊，单檐歇山顶，举架舒缓，保有宋代建筑风范。

晋北的关帝庙建筑遗存以大同关帝庙和定襄关王庙为代表。大同关帝庙位于大同市城区鼓楼东街，创建年代不详，建筑遗存仅献殿和正殿。正殿为金元遗构，面阔三间，单檐歇山顶，覆以琉璃筒瓦。

定襄关王庙位于忻州市定襄县北关，金泰和八年（1208年）创建，元至正六年（1346年）重修。现存正殿关王殿为金代遗构。

洛阳关林位于河南省洛阳市关林镇，明万历二十年（1592年）于汉代关庙的原址上，扩建为关林庙，属庙、冢、林三者合一的祠庙建筑，形制独特。关林建筑遗存主要为明清遗构，总体格局为官院建筑与祭祀建筑的结合，沿中轴线由南向北依次为舞楼、山门、仪门、拜殿、大殿、二殿、三殿、石牌坊、碑亭、墓冢等。

许昌关帝庙位于河南省许昌市霸陵公园内，为纪念关公灞陵桥挑袍事迹而建。庙院创始于清康熙二十八年（1689年），沿中轴线建筑有山门、仪门、献殿、正殿、春秋阁，两侧有钟、鼓楼及东、西配殿等。

此外，河南省有代表性的关帝庙建筑遗存还有创建于清康熙三十二年（1693年）的周口关帝庙和创建于元代或之前的禹州市坡街关王庙大殿。

陕西省关帝庙建筑遗存以韩城北营庙为代表。该庙位于韩城市金城大街，始建于金元时期，建筑遗存有戏楼、献殿、寝殿等。戏楼面北，单开间单檐歇山顶，出挑深远，木雕精美，为元代遗构（图4-28）。

图4-27
太原大关帝庙献亭与崇宁殿

图4-28
韩城北营庙戏楼

十

其他先贤祠庙建筑遗存的
地域分布与概况

　　晋陕豫先贤祠庙的祀奉对象还包括众多在政治、文化、军事、文学、语言、文字、医药、水利等方面为黄河文明作出突出贡献的历史人物。这些先贤祠庙同样大多修建于祠祀对象的原籍或主要事迹发生之地。

　　除尧舜禹汤稷和关公的祠庙外，山西省先贤祠庙建筑遗存中，保存最完好、文化影响力最大的当属太原晋祠。晋祠位于山西省太原市晋源区晋祠镇，为祭奉晋国开国诸侯叔虞与其母亲邑姜（亦为周武王之后，周成王之母）的祠庙。北宋为邑姜修建圣母殿，金大定八年（1168年）于圣母殿前增修献殿，元、明、清各代又有增建和修葺，渐成今日之规模。建筑群坐西北朝东南，沿中轴线依次为山门、水镜台（戏台）、金人台、献殿、鱼沼飞梁、正殿圣母殿。

　　金人台亦称莲花台，建于宋代，台上原立有四尊宋代所铸铁人（现西南位铁人为北宋绍圣四年所铸，其余三尊为后代补铸），形态威猛，气势逼人，与嵩山中岳庙内宋铸铁人一样，为同时代坛庙祭祀建筑设置的象征之物。

　　鱼沼飞梁为北宋遗构，由方形水池和架于其上的十字形石桥构成，形态精美，"若飞也"。圣母殿为北宋建筑遗构最优秀的代表，其形态集俊雅、秀美、端庄于一体，掩映于古柏之间，翼角出挑深远，灵动欲飞（图4-29）。此外，还有位于圣母殿东北面的叔虞祠，该祠坐北朝南，除正殿带有元代建筑特征外，其余为清代所建（图4-30）。

　　祀奉邑姜的坛庙建筑还有创建于元至正年间的晋中晋祠庙。该庙位于灵石县马和乡马和村，现存建筑有戏台、献亭、正殿、鼓楼、配殿等。献亭和正殿为元代遗构，其余为明、清所建。

　　则天庙为祭奉华夏唯一女皇帝武则天的祠庙建筑，位于武氏原籍山西文水县南徐村北，始建于唐代。庙院坐北朝南，沿中轴线依次为山门、乐楼、正殿，两翼有东、西配殿等。正殿为金皇统五年（1145年）的建筑遗存。

图4-29
太原晋祠圣母殿

图4-30
太原晋祠唐叔虞祠正殿

　　司马温公祠为祭奉北宋名相司马光的祠庙，位于司马光的家乡晋南夏县水头镇小晁村北峨嵋岭上，始建于宋代，由墓地、祠堂和余庆禅院三部分组成，主要建筑为清代遗存。

　　山西多地有祭祀春秋时期晋国大夫狐突的祠庙，狐突因教子忠贞不事二主被冤杀，得到后世的崇敬。山西民间亦有狐突归神后能兴云布雨的说法，晋中清徐县狐突庙和晋中平遥利应侯庙为狐突祠庙的主要代表。清徐狐突庙位于清徐县西马峪村村北，始建于宋宣和五年（1123年），金、元、明、清各时期均有修葺和扩建。建筑遗存由南向北为山门（接倒座戏台）、献殿、正殿、寝宫等。
　　平遥利应侯庙因宋徽宗封狐突为护国利应侯而得名，庙址在平遥县郝洞村村北，坐北向南，建筑遗存有建于金泰和六年（1206年）的正殿。

　　窦大夫祠位于山西省太原市上兰村汾河峡谷之侧，北靠二龙山，傍倚烈石寒泉，是祀奉春秋时期晋国大夫窦犨的祠庙。庙院始建年代不详，据碑碣所载，唐代已有之，宋元丰八年（1085年）北移重建。建筑遗存沿中轴线由南向北依次为戏台、山门、献亭、正殿。两侧有钟鼓楼及东西配房。献亭、正殿为元至正三年（1343年）重建（图4-31）。献亭与正殿的建筑形态和构成方式与同时期兴建的晋中晋祠庙甚为相似，从中可以看到元代这一等级的祠庙建筑共同的建筑艺术特征。

　　在春秋时期著名的传说故事"赵氏孤儿"发生地，山西盂县藏山和陕西韩城，建有祀奉义士程婴和公孙杵臼的祠庙：藏山祠和九郎庙，在盂县和山西阳曲县，还建有孤儿赵武复爵后的行宫，这些建筑均为当地民众感念故事人物的忠义而创立。
　　藏山祠位于盂县长池镇藏山村东，嵌于幽深清净、山岩环抱的林谷之

图4-31
窦大夫祠献亭与正殿

中，始建年代不详，据庙碑记载，金大定十二年（1172年）重修，明清两代均有修葺。庙院坐北朝南，依山势而建，沿中轴线依次为石雕影壁、牌楼、山门、戏台、正殿、寝宫、总圣悬楼，两侧有钟鼓楼及东西配殿。

盂县大王庙，又称藏山别祠，传说为赵武行宫所在地，位于盂县香河北岸，据庙内碑碣所载，金大定十二年（1172年）已有之，后屡有修葺。建筑遗存由南向北沿中轴线依次为山门、戏台、正殿和寝宫，两侧有钟鼓楼。

阳曲大王庙位于太原市阳曲县东黄水镇范庄村，亦为传说中赵武的行宫所在地，现仅存建于明成化三年（1467年）的大殿。该殿坐北朝南，面阔三间，进深三间，单檐歇山顶，灰筒瓦覆盖。

陕西韩城古时有多处九郎庙，现存有四处，以位于韩城古城的九郎庙为代表。该庙现存大殿面阔五间，单檐歇山顶，翼角出挑深远，灰筒瓦覆盖（图4-32）。

同对"赵氏孤儿"义士的祀奉跨越晋陕两省一样，对忠烈杨家将的祭祀也在晋陕两省展开，以山西代县杨忠武祠和陕西榆林七星庙为代表。

杨忠武祠位于代县枣村镇鹿蹄涧村东，此处为杨氏祖居之地。祠院始建于元代，明清时期重修。建筑群落坐北朝南，沿中轴线依次为戏台、山门、过殿、正殿。

榆林七星庙位于陕西省榆林市府谷县孤山镇，为传说中杨继业与佘太君定情之地。建筑遗存有山门和正殿。

图4-32
韩城古城九郎庙大殿

晋陕豫黄河流域先贤祠庙建筑中，两省共祀同一位先贤的，还有陕西岐山周公庙和河南洛阳周公庙，陕西汉中勉县武侯祠和河南南阳武侯祠。

岐山周公庙位于岐山县城西北凤凰山南麓，即《诗经·大雅·卷阿》中所咏"凤凰鸣矣，于彼高冈"之处，亦为相传周公制礼作乐之所在。庙院始建于唐武德元年（618年），后历朝均有修葺扩建，主要建筑遗存有周公殿、姜嫄殿和后稷殿等。

洛阳周公庙位于洛阳市老城，同岐山周公庙一样，始建于隋末唐初。建筑遗存多为明清重修时所建，沿中轴线由南向北依次为山门、正殿定鼎堂、礼乐堂、后殿（图4-33）。

勉县武侯祠为祀奉蜀汉名相诸葛亮的祠庙，位于勉县川陕公路之南，隔江与定军山武侯墓遥相呼应。祠庙始建于蜀汉景耀六年（263年），坐南朝北，有牌坊、正殿等，为明清建筑遗存。

南阳武侯祠位于南阳市城西卧龙岗上，为诸葛亮出山之前躬耕隐居之地。祠庙始建于魏晋，坐西朝东偏南，沿中轴线依次为石牌坊、山门、正殿、茅庐、宁远楼等，多为明清建筑。

河南省先贤祠庙建筑遗存，创立时间较早的有比干庙。此庙位于河南省卫辉市，始建于北魏太和十八年（494年）。明弘治年间重建，主要建筑有照壁、山门、二门、木牌坊、拜殿及正殿，庙内古柏参天，碑碣林立。

东汉医圣张仲景和隋唐药王孙思邈也被后世立祠以祀。张仲景墓祠位于河南省南阳市城东温凉河畔。据《张仲景祠墓志》所载，祠庙创建于明嘉靖二十五年（1546年），现存建筑为清顺治十三年（1656年）重修之遗构，有享殿、正殿和东西厢房。

药王庙位于河南省焦作市山阳区，为孙思邈采药炼丹和著书行医之处，北宋年间改为祭奉药王的祠庙，有"药王祖庭"之誉。建筑遗存为药王庙大殿，大殿坐北朝南，面阔三间，悬山顶，上覆灰筒瓦，并做琉璃脊饰，为元代遗构。

岳飞作为华夏民族抵御外辱、尽忠为国的最杰出的英雄和代表，受到后世的高度敬仰，在他的故里河南省汤阴县和取得抗金战役重大胜利的河南省开封市朱仙镇均建有岳飞庙。

汤阴岳飞庙位于汤阴县岳庙街，始建年代不详。庙院坐北朝南，沿中轴线依次为山门、正殿、寝殿。

朱仙镇岳飞庙位于开封市西南朱仙镇，始建于明成化年间，明清多次重修。庙院坐北朝南，三进院落格局，沿中轴线依次为山门、献殿、正殿、寝殿等，主要为明清建筑。

同岳飞一样行伍出身、为国家建立丰功伟绩的唐代名臣陈元光，祖籍河南省固始县陈集乡陈集村，当地亦有祠庙祭奉陈元光。庙院重修于清嘉庆年间，建筑遗存有正殿、厢房。正殿前檐设廊，硬山顶，灰筒瓦覆盖。

韩王庙又称韩魏公祠，是后世为祀奉宋代三朝名相韩琦而建。庙院位于韩琦原籍河南安阳老城内，始建年代不详，元大德二年（1298年）重修，现存正殿系清康熙三年（1664年）重修之遗构，殿宇面阔三间，悬山顶，绿色琉璃筒瓦覆盖。

陕西省的历史先贤，如仓颉、司马迁、蔡伦，为华夏文明的奠基与进步作出了杰出贡献，受到后世的祀奉与怀念。仓颉庙位于渭南市白水县城东史官乡，该地以相传为黄帝史官的仓颉的官职命名，可见其文化传承之久远。该庙创建年代不详，据《仓颉庙碑》所载，东汉延熹五年（162年）已颇具规模。庙院坐北朝南，沿中轴线依次分布照壁、山门、前殿、报厅、正殿、寝殿，两侧有东西戏楼、钟鼓楼及东西厢房等，为元代及明清建筑遗存，祠庙内古柏苍翠，蔚为大观。

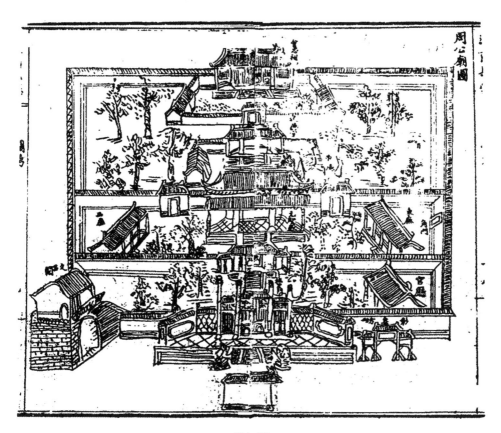

图4-33
清乾隆时期洛阳周公庙庙貌图
（资料来源：清乾隆十年《洛阳县志》）

111

西汉司马迁官同仓颉，他以如椽之笔，"究天人之际，通古今之变，成一家之言"[1]。司马迁祠位于司马迁祖籍韩城市芝川镇东南山冈之上，始建于西晋永嘉四年（310年）。祠庙由山下蜿蜒而上，依崖就势，至山顶为一坐北朝南的方形院落，献殿和寝殿居北，形态质朴。

东汉蔡伦的造纸术对文化记载与传播贡献巨大，后世于其墓葬之地建祠祭之。蔡伦墓祠位于陕西省汉中市洋县城东龙亭镇，此处为蔡伦封地。祠庙居南，墓区居北，祠庙沿中轴线由南向北依次为山门、拜殿、献殿、正殿，两侧有钟鼓楼、东西厢房等。正殿悬有唐德宗御笔"蔡侯祠"匾额，表明唐代已有该祠。

位于陕西省汉中市留坝县留侯镇庙台子街的张留侯祠，俗称张良庙，为祀奉汉初名臣张良之所在，传说张良功成身退后于此处潜心修道。庙院建筑遗存有山门、灵霄殿、拜殿、大殿、三清殿、三官殿、三法殿等，为明清建筑遗构。

可以看出，晋陕豫坛庙建筑地域分布之广泛、历史渊源之深厚、历史传承之悠久、祭奉对象之多元和丰富、与民间社会融合之深入、对社会发展与民众教化的作用之巨大，在华夏大地无出其右者。在晋陕豫黄河流域，同一类型、同一等级、同一历史时期的坛庙建筑，虽然在总平面构成和总体空间布局方面，也就是庙制方面，有相同或相近的特征，但在选址艺术、建筑立面构图艺术、建筑装饰艺术、建筑象征艺术等方面各有千秋，展现出了无穷的艺术魅力和深邃、高远的文化境界。事实上，就连相同或相近的祠庙空间布局所构成的空间形态、空间序列和视觉艺术，也因为空间尺度和空间界面的不同、围合关系的变化，乃至单体建筑形式上的差异，而呈现迥异的效果和感受。

1.（汉）班固，撰. 汉书·卷六十二·司马迁传·列传第三十二·报任安书[M]. 颜师古，注释. 北京：中华书局，1962.

112

第五章

选址艺术特征

传统风水理论和自然山水审美思想
对建筑选址的指引作用

一提到传统风水，往往会引发诸多质疑。由于民间对于风水概念的理解，大多是一些为现代社会所边缘化、甚至摒弃的观念，而且其中多有无稽的忌讳、约束。因此，风水之说也就被很多人视作传统迷信，不但不予接受，反而轻蔑和鄙薄。

古往今来，人们在从事各类建筑营造活动时，首要的工作是选择基址。详尽地考察基址的地质、地理、水文水利、资源、气候以及环境景观等条件，以期选取土层肥沃坚实，用水便利，冬暖夏凉，无风灾、旱灾、水患，物种多样，景色优美的优质营造场地，这对于建筑营造活动有着决定性的意义。事实上，这才正是传统风水理论兴起的缘由和其所应起到的作用。

华夏先人在漫长的求生存、求发展，与自然相适应的过程中，感受到了所处环境对他们的决定性影响，借着对经验教训的不断总结，在商周时期或者更早，便已出现了卜宅之术。唐代初年吕才的《叙宅经》云："易曰：'上古穴居而野处，后代圣人易之以宫室，盖取诸大壮。'逮乎殷周之际，乃有卜宅之文，故《诗》称'相其阴阳'，《书》云'卜唯洛食'，此则卜宅吉凶，其来尚矣。"清代段玉裁《说文解字注》中释曰："宅，择也，择拣吉处而营之。""宅"字正是因风水思想而出现的，古人在造字之时就已经懂得了择拣吉处而营之的重要性，由此可见传统风水理论的源远流长，也可见"宅"字最初的含义并不是今天所指的居住建筑，而是泛指各类营造活动。陕西宝鸡出土的西周初年青铜器何尊上有"唯王初壅，宅于成周"和"余其宅兹中国"等铭文，记述的就是营造都城和宫室的事情，所谓"卜宅"或"相宅"，即是通过仔细的勘察，选择良好的建筑营造场地的工作。

"风水"的概念出自晋代郭璞的传古本《葬经》，其曰："气乘风则散，界水则止，古人聚之使不散，行之使有止，故谓之风水"，又曰："深浅得乘，风水自成"，再早的《青乌子葬经》亦云："内气萌生，外气成形，内外相乘，风水自成。"

"风水"一词之所以流行于后世，大约是因为它形象、生动地表达出其理念的深刻含义，并显示出其学问的特殊性。

风水之说以气为万物之本源，《管氏地理指蒙》卷一《有无往来》云："未见气曰太易，气之始曰太初……一气积而两仪分，一生三而五行具"，《老子》云："万物负阴而抱阳，冲气以为和"，因此，风水胜地首要的是"聚气"，风和水首要的便是对气的升降、汇聚、引导作用。

关于风水理论的概念，明代学者王祎在著作《青岩丛录》中有如下描述："后世言地理之术者分为二宗：一曰宗庙之法，始于闽中，其源甚远，至宋王伋乃大行……一曰江西之法，肇于赣人杨筠松、曾文迪，及赖大有、谢子逸辈，尤精其学。其为说主于形势。原其所起，即其所止，以定位向，专注龙穴砂水之相配，其他拘忌在所不论。其学盛行于今，大江南北，无不遵之。"

王祎所提到的"龙""穴""砂""水"，是当时风水师相地选址最主要的概念和术语，所谓地理形势，大致以此四个概念为判断依据。

《周易阴阳宅》有云："龙者何？山脉也。山脉何以龙为？盖因龙妖娇活泼……而山脉亦然。"《管氏地理指蒙》亦云："指山为龙兮，象形势之腾伏。"山脉有主脉和支脉，故龙有干龙、枝龙。龙脉的辨析在《地理人子须知》中有详细论述："以水源为定，故大干龙则以大江大河夹送，小干龙则以大溪涧夹送；大枝龙则以小溪小涧夹送，小枝龙则唯田源沟洫夹送而已。"

山之龙有吉凶之分，风水师认为，石为山之骨，土为山之肉，水为山之血脉，草木为山之皮毛。吉龙饱满雄浑、势伟力均、灵秀葱茏，是为"真龙"或"生龙"，能带来生气，是建筑营造的吉地。明代风水师缪希雍所著《葬经翼·望气篇》云："凡山，紫气如盖，苍烟若浮，云蒸蔼蔼，四时弥留；皮无崩蚀，色泽油油，草木繁茂，流泉甘冽，土香而腻，石润而明，如是者，气方钟而未休。"与之相反，凶龙歪斜嶙峋，崩石破碎，草木稀疏，势弱无力，是为"老龙"或"死龙"，迎来的则是凶气。此外，风水师认为，没有山脉的平原也有"龙"的存在，是为"地龙"。龙转入了地下，并且也有其脉向，唐代风水大师杨筠松《撼龙经》咏曰："莫道高山方有龙，却来平地失真踪。平地龙从高脉发，高起星峰低落穴。高山既认星峰起，平地两旁寻水势。两水夹处是真龙，枝叶周回中者是。"

砂是指基址上主龙山（亦称镇山）左右及前方的小山。左右之山称为护山，如四神兽中的青龙、白虎。主龙山前方的小山，近者称为案山，意为如同案几一般，远者称为朝山，有朝拜、拱护之意。《青囊海角经》中这样阐述主龙山与周围砂山之间的关系："龙为君道，砂为臣道，君必位乎上，臣必伏乎下，垂头俯伏，行行无乖戾之心；布秀呈奇，列列有呈祥之象；远则为城为郭，近则为案为几；八风以之而卫，水口以之而关。"理想的风水之地希望有合抱之势，以达到"聚气"的效果，所以尤其看重龙虎二砂。案山由于较近，故宜小；朝山由于较远，故宜高。古人依据自然山体之形，赋予其很多美好而形象的称谓，如：华盖、宝盖、笔架、文峰、锦屏、宝椅、玉斗、三台等。

砂山还有水口砂一类。《地理人子须知·砂法》云："水口砂者，水流去处两岸之山也。必欲周密重叠，交节关锁，狭而塞，高而拱……迢递迂回至于数十里者，乃为至美者也。"水口是风水之地的门户，关乎气的生聚，因此水口处应山峦稠密、势如犬牙、迂回重重，还应景致优美、壮其观瞻，故常以亭台、庙宇、楼阁、塔幢伫立其间。

风水师认为，吉地必有水。《周易阴阳宅》云："水者，龙之血脉。穴外之气，龙非水送，无以明其来；穴非水界，无以明其止。"水和气的走向是相同的，水的流动可以带动气的流动。且不同的水带来的气也不同，水质清明、水味甘甜为吉，水质暗浊、水味苦涩为凶。水的走向以环绕为佳，故于河曲处选址，形成水流三面环护，为风水吉地的首选模式。此外，水不仅为滋养、哺育一方民众所必要，而且其景观价值也是无可替代的，所谓"智者乐水"，有水则可造就钟灵毓秀的自然环境。山为静，水为动，山为阳，水为阴，阴阳相济，山水相融，如诗如画。

风水师认为，龙脉所行的生旺之气会在某处融合汇聚成穴。《葬经原注》云："盖真龙发迹，迢迢百里，或数十里结为一穴。及至穴前，则峰峦尽拥，众水环绕，叠嶂重重，献奇于后，龙脉抱卫，砂水合聚。形穴既就，则山川之灵秀，造化之精英，凝结聚会于其中矣。"也就是说，真龙山峦重重，逶迤相拥，止于山环水绕、龙抱虎卫之处，此处有案山、朝山伏于前，镇山拱于后，藏风聚气，为穴所在。穴是适合居住、生活、劳作的最佳空间和场所，找到穴位，是风水术的最终目的（图5-1）。

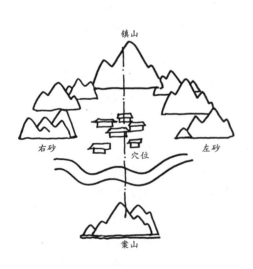

图5-1
风水"穴位"示意图

风水师认为，从基址周围山峦的组成来说，首先应当有来龙。来龙必成一脉，由祖山（即来龙之脉的起始山）蜿蜒至少祖山（即祖山延续的山峦），再蜿蜒至主龙山（即镇山）。主龙山位于基址之后侧，构成基址的后背，也就是俗称的靠山，号玄武。基址左右两侧应有砂山山冈，左侧山冈称为左辅、左肩或左臂，号青龙；右侧山冈称右辅、右肩或右臂，号白虎。青龙与白虎之外的山，称为外护山，护弼青龙与白虎。基址前方隔水而立的山为案山，号朱雀，案山之外为朝山（图5-2）。此外，在水流去向之处，隔水呈对峙状态，应有水口山（图5-3）。

从基址周围山峦的气势来讲，镇山最高，形成坚实的倚靠；左右砂山或为次峰，或为冈阜，高度较镇山为低，如同座椅的左右扶手；朝山和案山相较，前者应当更高，视线前望，可以由近及远，层次分明。

从山形来看，忌歪斜、扭曲、裸露，山间植被应茂盛、浓郁，山体应融合连贯，不能断裂。

基址前面应有水的流动，水流的方向最好是由西向东，这与华夏大地江河总体走势相吻合。水流宜静、宜缓、宜平和，水流去势应曲折逆转，迂回缠绵，若水直去而无回，则为贫贱之地。

除以上基本模式外，明代王君荣在《阳宅十书·论宅外形》中提出："凡宅，左有流水，谓之青龙，右有长道，谓之白虎，前有水池，谓之朱雀，后有丘陵，谓之玄武，为最贵地"（图5-4）。"凡宅，不居当路冲口处……不居正当水流处。"从以上论述中，可以认识到传统风水理论中城邑村落及自然环境中建筑选址的一般原则和规律。

实际上，自然形成的山形水势常常不会这么完美，为避凶趋吉，尽可

图5-3
风水"水口山"示意图

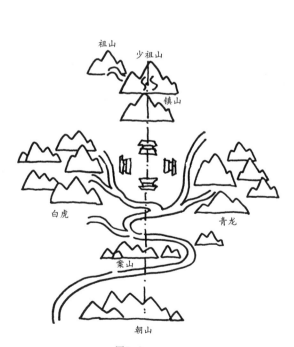

图5-2
城邑村落最佳风水选址示意图

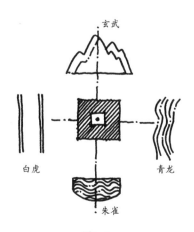

图5-4
自然环境中建筑最佳风水选址示意图

能获得最适宜的场地，经常要通过造景、修景和添景的方法进行调整。比如，局部改造地形，局部改变河流溪水的走向，在重要位置修建塔、桥、阁、寺、庙、观，修改村镇或建筑出入口的方位，修改村落或建筑的轴线方向等，方法多种多样，因地而异，因人而异，因基址场地使用特征而易。

如果抛弃世俗的偏见，去除掉传统风水之说中玄幻、迷信的糟粕和落后牵强的隐喻做法，以理性的思维认真审辨传承数千年的传统风水理论，不难认识到其中有着很强的合理性、科学性和前瞻性。它为人与自然和谐相处、构建人居环境的生态之美、健康之美、景观之美、建筑之美，提供了方法和指引。

黄河流域是传统风水文化的发祥地，"河图洛书"的传说充满了神秘色彩。河图、洛书最早记载在《尚书》之中，《周易·系辞上》云："河出图，洛出书，圣人则之。"对此，诸子百家多有记述，风水文化的起源也可追溯及此。

战国时期秦孝公庶子樗里子战功卓著，号严君，但他同时也善相风水，他逝前曾言："后百岁，是当有天子之宫夹我墓。"[1]西汉建立以后，定都长安，修筑宫室，长乐宫立于墓东，未央宫位于墓西，武库则正对墓坟，果然如其所言，后世皆曰神，称之为"樗里先师"。

1.（西汉）司马迁. 史记·史记卷七十一·樗里子甘茂列传第十 [M]. 北京：中华书局，2006.

风水学名著《葬经》的作者郭璞为东晋学者，山西闻喜人，后避乱于东南。《晋书》云："璞好经术，博学有高才"，又云："洞五行、天文、卜筮之术，攘灾转祸，通致无方。"《晋书》记载了郭璞的很多事迹，不可否认，真正的风水师确有异于常人的辨色察物的能力，风水文化作为古老黄河文化的一部分，对于古人选址造城，建村，营造祠庙、宅第有着深远的影响。

黄河流域很多祠庙建筑的选址与传统风水理论有着不可分割的联系，从位居太室山东南端黄盖峰下、奈河以北的中岳庙，到立于华山之阴、渭水以南的西岳庙，都可以看到传统风水文化深刻的烙印。

基于古老的"道法自然""天人合一"等哲学观念，华夏民族很早便产生了明确的自然山水审美思想，并将对自然山水的审美意识，提升至自身品格修养的高度。《论语》有云："子曰：知者乐水，仁者乐山，知者动，仁者静。"在自然之中，山岳傲立于天地之间，层峦叠翠，挺拔险峻，郁郁苍苍，任狂风骤雨，任云卷云舒，不为外物所困，不受外物所扰，以博大的气度包容万物，表现了乐观、豁达、昂扬的精神气质；而水则是活跃、多变的，它可以是浩浩汤汤的滚滚江河，也可以是飞流激湍、百折千回的清泉溪涧，随机而变、随遇而安、洞晓事物发展趋势而顺应之，是它的特征，故老子云："上善若水"。古人多有以山水而比德的诗文，如唐代刘禹锡"山不在高，有仙则名，水不在深，有龙则灵，斯是陋室，唯吾德馨"，宋代欧阳修"醉翁之意不在酒，在乎山水之间也"，宋代苏东坡"白露横江，水光接天。纵一苇之所如，凌万顷之茫然。浩浩乎如凭虚御风，而不知其所止；飘飘乎如遗世独立，羽化而登仙。"

人文建筑景观具有形态、材质、色彩等方面的特性，这些特性的塑造是设计艺术语言运用的结果。建筑设计艺术语言既可以源于自然，以达到与自然环境几无差别的和谐统一；也可以区别于自然，以既融合、又对比的方式，表现出对整体环境和空间意境的提升。在形态方面，传统人文建筑景观既可以是单体呈现，也可以是群体组合；既可以是高耸的雄姿，也可以如鸟翼般水平展开，还可以是上述几种方式的综合。在材质方面，传统人文建筑景观一般运用木材、石材、砖、瓦等材料。这些材料取之于自然，但随着不同的设计语言的运用，则会表现出不同的情调。较为自然、原始的加工和营造方式可以展现淳朴的气质，精细的、人工意味较重的处理，则更能反映建造者对建筑景观的艺术和文化追求。在色彩方面，传统人文建筑景观通常采用环境色彩与鲜艳色彩相结合的方式，以达到建筑既可融入自然环境，又可彰显人文特征的理想效果。

将祠庙祭祀建筑，特别是祠祀先贤烈士的祠庙建筑修建于山水形胜之地，既可以将人文建筑景观融于自然景观之中，从而使其更加生动、鲜活、富有生命力，又可以使自然景观因为人文建筑景观的装点而更具艺术感染力，同时还可以借自然山水喻示先贤烈士的精神品格和高风亮节，以教化后人，是为古人在自然山水审美思想指引下的创造之举。其实，传统风水理论也注重对自然环境的选择，山水形胜的建筑选址，也是风水之说所倡导的。

晋陕豫黄河流域的祠庙建筑，修建于山川胜境者众多。如东临黄河、西枕梁山、芝水萦回的司马迁祠（图5-5），背负悬瓮山、前临汾水的太

图5-5
建于山梁高冈上的韩城司马迁祠

119

原晋祠（图5-6），处汾河峡谷之畔、背靠二龙山、依傍烈石寒泉的窦大夫祠（图5-7），幽藏于太行山西麓重峦叠嶂之中的藏山祠（图5-8）等。此外，尧帝陵庙选址于山西省临汾市尧都区大阳镇，陵庙周围土崖环抱，陵阜崇隆，松柏苍翠，有汾水流经其南。舜帝陵庙选址于形似龙首的山西省运城市盐湖区北相镇鸣条岗西端，北枕孤山，南向盐湖。娲皇庙选址于山西省霍州市东郊大张镇贾村，四周青山环绕，东有泉水潺潺流过，庙之东建有魁星楼，庙之西建有文昌阁，庙之北有文峰塔，西北有玄帝庙。林里关王庙选址于山西省阳泉市荫营镇玉泉山山腰，为取得背山面水、藏风聚气的佳位，建筑坐西南朝东北，环境清幽。司马光墓祠选址于山西省夏县小晁村峨嵋岭上，墓前峰岭环抱，祠后涑水萦绕，古冢垒垒，林木森森。南阳武侯祠选址于河南省南阳市城西卧龙岗上，其地南濒白水，北障紫峰，遥连嵩岳，山水相融。周公庙选址于陕西省宝鸡市岐山县凤凰山南麓，东、西、北三面环山，状如簸箕，有泉名为"润德"。汉张留侯祠（亦称张良庙）选址于秦岭南坡的紫柏山麓，青山环抱，溪涧萦绕。

图5-6（左）
背负悬瓮山的太原晋祠

图5-7（中）
西傍汾河峡谷的太原窦大夫祠

图5-8（右）
幽山深谷中的盂县藏山祠

二

嵩山中岳庙、华阴西岳庙建筑选址艺术

嵩山中岳庙和华阴西岳庙，一在河洛之地，北瞰黄河、洛水，南临箕山、颍水，东接后梁、北宋都城汴京，西傍东周、东汉、曹魏、西晋、北魏、武周历朝国都洛阳；一在"三秦要道、八省通衢"的渭河南岸，与西周国都镐京、秦都咸阳、西汉、前赵、前秦、西魏、隋、唐历朝国都长安同属关中平原。地理位置的特殊性和国家级祭祀建筑的崇高地位，使得嵩山中岳庙和华阴西岳庙受到古代统治者的格外关注，也使得二者具有了更多的政治色彩和象征意义，其建筑选址是对礼制文化、传统风水理念、民俗思想意识、山水景观等因素综合考量和权衡的结果。

中岳庙所处的嵩山，古称"外方"，夏商时称"嵩高""崇山"，西周时称天室山。嵩山由少室山和太室山组成，共72峰，主峰为太室山峻极峰，海拔1491.7米。嵩山属伏牛山系，为秦岭山脉东段余脉。中国古代山脉地理之辨和传统风水理论认为，"凡山皆祖昆仑""山脉之起，本于昆仑"。由昆仑山发端五支龙脉，其中三支在华夏境内，分别称北干、中干和南干。北干在黄河以北，由青海、甘肃、山西、河北延伸至东北三省，止于朝鲜半岛；中干位于黄河和长江之间，由四川、陕西、河南、湖北、安徽延伸至山东；南干位于长江以南，经云南、贵州、广西、湖南、江西、广东、福建至浙江、江苏。从明万历年间王圻父子纂辑的《三才图会·地理十六卷》中的中国三大干图，可以看出秦岭、伏牛山系、中岳嵩山处于中干，循中干龙脉而行的"生气"汇聚于中岳（图5-9）。

嵩山的山形特征鲜明，清代魏源《衡岳吟》云："嵩山如卧"。嵩山总体上为东西走向，山体岩石主要为白色石英岩，距今数亿、数十亿年前的地质构造运动将巨厚的石英砂岩慢慢推起，并且褶皱成山，由于推挤成褶的力量为东西方向，因此嵩山形成了接近南北走向的褶皱。这一地质作用之强烈，也使得有些岩层甚至被挤压得直立起来，故太室、少室两山山体内部多锯齿状山岭和尖锥状山峰，山势雄阔，绵亘蜿蜒。正望嵩山，浑沦端正，如巨龙盘卧；近观嵩山，则岭壑开绽，南多险崖，北多峻岭，东多

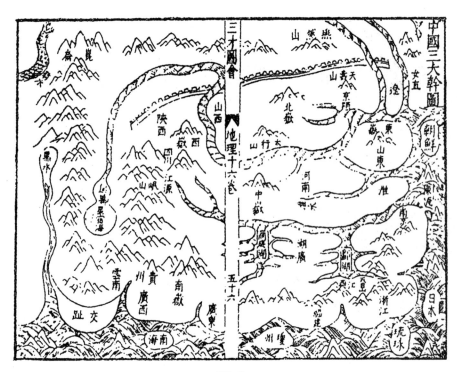

图5-9
中国三大干图
（资料来源：明王圻《三才图会》）

断峤，西多重嶂。从山形上看，嵩山为上上吉龙之相。

太室山为嵩山东峰，共三十六峰。岩崖苍翠相间，峰壁环向攒耸。就风水之说而言，太室山作为中岳庙建筑选址的祖山，恰如其分。太室山南部有万岁和黄盖二峰。万岁峰海拔只有999米，却是嵩山主峰之一，相传汉武帝登临嵩山时行到此间，听闻万岁之声回荡山谷，遂封该地为万岁峰，此为中岳庙建筑选址的少祖山。位于嵩山东南端的黄盖峰，海拔低于万岁峰，为635.9米。黄盖峰山形圆浑、深沉、植被丰茂，传说因汉武帝见峰顶有黄云如盖，故名。现峰顶有黄盖亭和古碑一通，上刻"岳灵"二字。此峰当为中岳庙建筑选址的主山（即镇山）。

中岳庙东七里有牧子岗，南北走向，长十数里，高阜起伏，草木茂盛，如庙之左辅，或称青龙。庙西三里有望朝岭，同样为南北走向，岭上林木葱茏，巨石盘卧，如庙之右弼，亦称白虎。

庙南数里有山绵长如案几，且多白石，故名为玉案岭。此岭按风水之说正可作为中岳庙前的案山，山名如其相位，对风水师相地之法而言，可谓天造地设。玉案岭东南二十里，有其形如箕的箕山。此山与嵩山隔颍河相望，向东蜿蜒而行。自中岳庙向南遥望，玉案岭之外的箕山峰峦簇拥，林色苍翠，是为中岳庙的朝山。箕山之外，在其东南和西南两侧，有大熊和小熊二山并峙耸立，东西相望数十里，如岳庙之护卫。两山之间洞开，形成由高大雄伟的嵩山太室山，向较低的万岁峰、黄盖峰、更低的玉案岭、箕山和南面的平川延伸的立体空间轴线（图5-10）。

此外，在中岳庙建筑基址以南，玉案岭以北，有奈河自西北流向东南，使得中岳庙东、西、北三面有环抱的山势，南面有流淌的河水和案山、朝山，完全具备了生气之所聚、龙穴之所在的最佳的风水形态，故清代学者景日昣在其《嵩岳庙史·序》中写道："嵩岳居天地之中，绵延数十里，磅礴深厚。风雨之所交，阴阳之所会，中州清淑之气于是乎聚焉。山纡折而东，岳庙居其下。"

中岳庙的选址使得这一人文建筑景观成为与自然景观良好融合的范例。同时，中岳庙建筑在形态、材质、色彩等方面的设计艺术语言的运用，更使得中岳庙与自然环境的关系不是无差别的融合，而是在融合之中，又突出自己高贵的礼制等级，表现出坐落在宏大自然景观之中光彩夺目的人文形象，从而给拜谒者形成强烈的视觉印象（图5-11）。

中岳庙北面的黄盖峰与左右两侧的牧子岗、望朝岭、南面的玉案岭共同组成了三面围合、一面屏障式的自然景观构图，重叠交错、远近相映的山峦上植物丰茂、苍翠欲滴。在这样一处众山环抱的自然景观之中，中岳庙以南北向的黄盖峰—中岳庙—玉案岭—箕山为纵轴形成景观序列。在这一序列中，黄盖峰与其后的万岁峰、太室山、其南面的玉案岭、箕山、大小二熊山构成了极为丰富的自然景观层次，遥望之间，一条条山脊曲线远近明灭、优美灵动、转折蜿蜒。这样的自然景观因中岳庙人文景观的存在而具有了更高的价值，增添了更多的文化气象。

同其他高礼制等级的大型坛庙建筑一样，中岳庙建筑形态呈水平方向展开，山门、崇圣门、化三门、峻极门、峻极殿及两翼建筑均为横向构图

图5-10
中岳庙形胜全图
（资料来源：清《登封县志》）

图5-11
嵩山群峰下的中岳庙

的建筑形体，并构成重重院落。院落中遍植林木，形成庙外有宏大的山水自然景观，庙内有苍翠遒劲的园林植物自然景观的融合效果。依照各建筑礼制等级的不同，中岳庙建筑屋顶色彩有绿色、灰色和黄色三种，绿色和灰色能够融入自然景观之中，而跳跃的黄色又使中岳庙能够独立于自然环境之外，显示其高贵、恢宏的气质。

在相关文献史料中，关于中岳庙的选址有诸多记载。唐代韦行俭《新修嵩岳中天王庙记》云："自汉武闻万岁之呼，令祠官加增其祠。厥后元魏徙庙于岳之东南。"[1]金代黄久约《重修中岳庙碑》云："旧有庙，在东南岭上，年祀绵邈，莫知其经始之由。魏大安中，尝徙于神盖山，唐开元间，始改卜于此。"清代学者洪亮吉在《登封县志》中解释道："元魏两徙庙也。初徙于东南岭上，又徙于神盖山，所谓东南岭者，今庙东南玉案岭也，所谓神盖山者，今庙北黄盖峰也。"从以上记载来看，北魏时期中岳庙曾有两次迁址，首次迁于东南岭，即玉案岭上，大安年间（应为太安，北魏文成帝拓跋濬第三个年号）又迁于黄盖峰，唐玄宗开元年间才迁到现址。

1.（清）董诰，等.全唐文·第05部·卷四百七十六·韦行俭·新修嵩岳中天王庙记[M]. 北京：中华书局，1983.

对中岳庙始建年代的考证主要依据司马迁的《史记·孝武本纪》《史记·封禅书》、班固的《汉书·武帝纪》来进行。《史记·孝武本纪》载曰："三月，遂东幸缑氏，礼登中岳太室。从官在山下闻若有言'万岁'云。问上，上不言；问下，下不言。于是以三百户封太室奉祠，命曰崇高邑。"《汉书·武帝纪》曰：元封元年，"亲登嵩高……其令祠官加增太室祠……以山下户三百为之奉邑。"这表明，汉武帝时，中岳庙的前身太室祠得到扩建，也表明太室祠早已有之。《史记·封禅书》云："及秦并天下，令祠官所常奉天地名山大川鬼神可得而序也。于是自殽（又称'肴

124

山'‘崈山')以东，名山五，大川祠二，曰太室，太室，嵩高也"，表明秦时已有祭奉太室山神的祠庙。据此推断，太室祠的始建年代或在秦代，或在先秦。

与嵩山中岳庙不同，华阴西岳庙的始建年代和营造地址较为明确。东汉桓帝延熹八年（165年）刻立的《西岳华山庙碑》曰："《周礼·职方氏》河南山镇曰华，谓之西岳……孝武皇帝修封禅之礼……故立宫其下，宫曰集灵宫，殿曰存仙殿，门曰望仙门"，表明西岳庙的前身名为"集灵宫"，为西汉武帝时所建。从集灵宫、群仙殿、望仙门这样的名称可以看出，这座建筑既供祀神之用，又是求仙之所，与汉武帝一生寻求长生不老的心愿相吻合。

集灵宫的宫址一般认为在华山东之黄甫峪口，但也有学者依据华山古时有祭祀岳神的祠庙多座（如华山峪有南祠，古驿道北有下庙，黄甫峪有中祠，其命名均以所在地理位置而定），认为中祠并非集灵宫。北魏郦道元《水经注·渭水》云："敷水又北，迳集灵宫西。"敷水即今华阴市西罗夫河，在华山以西，北向流入渭河。因敷水与黄甫峪完全不在一地，故这些学者认为集灵宫宫址应当在罗夫河以东的地方，这一位置在华山主体西北面，西潼古道以北，与所祭祀的华山关系不甚清晰。

以集灵宫的宫址在黄甫峪口而论，此峪口在华山东侧，在北面的华山峪登华山的路径未开通之前，这里是唯一的上山通道，秦昭王时工匠施钩登华山即行此道，因此，集灵宫建于此处也不是没有可能。但此地在华山山根，地形狭促，华山诸峰均不可见，作一普通祠庙尚可，作为国家级坛庙祭祀建筑，欲祀华山神明，求得庇护，恐不可得。因此，不论集灵宫是建在黄甫峪口，还是建在罗夫河东，到了大兴文教、崇道礼佛的东汉时代，西岳庙迁到了华山以北数公里之外，北望渭水、南临长安通往洛阳的官道的平原之上。

西岳庙新址的艺术性，首先在于它与华山诸峰在空间和视觉关系上极有特色。华山有东、南、北、西、中五峰，其中东峰名曰朝阳峰，海拔2096.2米。西峰因山巅有巨岩形似莲花瓣，故称莲花峰，海拔2082.6米。南峰为最高峰，由三峰组成，西为孝子峰，中为落雁峰，东为松桧峰，落雁峰为华山极顶，海拔2154.9米。中峰名玉女峰，海拔2037.8米。北峰高度远低于其他诸峰，海拔为1614.9米。华山峪由山北蜿蜒而入，经回心石、千尺幢、百尺峡和老君犁沟上达北峰，再经苍龙岭，过金锁关，可分别前往东、南、西峰，此为西岳庙迁址后登山朝祭的必经之路。由华山山体形势可见，南峰、中峰、北峰由高向低、由南向北呈纵向空间轴线布列，东、西二峰位于轴线两侧，形成辅翼，迁址后的西岳庙就坐落在这条轴线的北向延长线上（图5-12）。

华山空间轴线并非正南北向，为了正对该轴，西岳庙整体建筑轴线一改正南北朝向为上选的理念，沿顺时针方向旋转约10°，体现了因地制宜、因势利导的灵活性，表现了西岳庙祭祀建筑的特殊性。同时，考虑到西岳庙为国家级高等级礼制建筑，外观上应当体现正统的朝向格局，因此外城墙垣被建成了正南北朝向，这样西岳庙就出现了独特的总平面形式：建筑轴线与外城城垣轴线不重合，建筑轴线最北端的万寿阁偏离北城垣中线达35米之多（图5-13）。

除方位外，西岳庙建筑选址在与华山的距离的把握上，也经过了精心的考量，形成了完美的视觉艺术效果。从西岳庙内不同的位置，可望到华山主峰与庙内建筑共同构成的不同景象。从灏灵门深远的门洞内回望，在幽暗光线的衬托下，圆形门洞外阳光灿烂，湛蓝天空下的华山群峰，隐约呈现在红色影壁墙的正上方（图5-14），使人身处西岳庙仍能感觉到华山的存在。类似的景象在西岳庙内的其他各处也可看到，但构成的画面不尽相同、各有特色。如果说在地面上望山，会使人感到自身的渺小，那么立于西岳庙外城城垣上，华山群峰更多地展现在眼前，会让人产生与华山神祇对话的感觉。

最为壮观的景象还是在西岳庙的最北端。建造于高大外城墙垣之上的万寿阁，是整座西岳庙及周围区域的制高点。三重屋檐的巨大楼阁式建筑，配以左右两翼的藏经楼，巍峨耸立，气势宏壮，与华山在视觉上产生了一南一北的呼应关系。立于万寿阁前，视线由近及远，御书楼、寝

图5-12
华山群峰与西岳庙空间轴线示意图

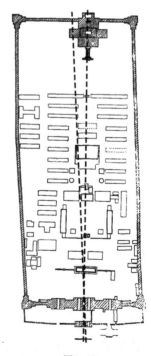

图5-13
华阴西岳庙外城轴线与建筑群轴线关系示意图

126

宫、灏灵殿、金城门、棂星门、五凤楼、灏灵门等中轴线建筑的一座座金色大屋顶，或疏或密地向南延伸开去，尽头处巍然耸峙的是西岳太华（图5-15），"望山而祭"的艺术魅力和意境深切感人。清初诗人宋琬的《登西岳庙万寿阁》一诗，即为此景此境最好的写照："崔嵬杰阁玉为寮，白帝离宫倚绛霄。槛外河山三辅小，崖前觞豆百灵朝。明星环佩云来湿，仙掌芙蓉雨欲摇。会御长风凌绝巘，青鸾背上夜吹箫。"

西岳庙的风水之象也是经过营造者精心构建的。由于地处平原，使得庙院不能如理想的建筑选址那样，凭借山形地势形成山环水绕的格局，但营造者以建筑处理的方式同样实现了西岳庙小环境的藏风聚气。高大的外城城墙围合出西岳庙内的小环境，北端的万寿阁如同镇山一样，屏挡了来自北方的肃杀之气，引自庙东南醴泉的河水沿内城外侧向北，流经正殿月台前方，形如玉带，经金水桥下西入泮桥，汇入放生池，形成了正殿前面气止于水、以水聚气的风水形态。灏灵门外水平展开的影壁也使得西岳庙正气不至外泄，外邪不得侵入。

对西岳庙的考古发掘表明，自西岳庙迁至新址以后，唐宋、金元、明清历朝虽然经常进行修整、扩建，但庙内正殿灏灵殿的位置从未作过更改迁移，这也表明历代风水师对北魏所确定的西岳庙及正殿选址的肯定。

图5-14
由灏灵门南望西岳太华

127

嵩山中岳庙和华阴西岳庙，一为汉武帝时扩建，一为汉武帝时初建，两庙同为国家级祭祀礼制建筑，具有基本相当的文化影响力，但两庙建筑选址的艺术思维和特征却完全不同。中岳庙建筑选址是将祠庙拥入山峦岭冈环境之内，充分利用客观自然环境所形成的风水形态与特色，营造出山川与庙院相映相融的总体艺术效果。而西岳庙建筑选址则是祠庙跳出山峦环境之外，以华山山峰的自然特色为切入点，运用建筑设计艺术语言，构建出别样的"望山而祭"的意境；这一选址理念，摆脱了传统礼制观念和传统风水模式的束缚，体现了营造者灵活的思想方法和高深的艺术造诣。

图5-15
由万寿阁南望西岳太华

三

晋祠、窦大夫祠、藏山祠建筑选址艺术

山西境内以自然山水环境为基址的祠庙建筑遗存在各地均有分布，晋祠、窦大夫祠、藏山祠为其中的代表。晋祠和窦大夫祠位于晋中太原，藏山祠位于山西东部的盂县，三座祠庙的祀奉对象均为华夏民族的先贤人物，其崇高的精神境界、坚强的人格意志，对于后世的影响广泛而深远。古人将三座祠庙营造于山水之间，以长流的碧水和耸立的青山象征他们精神风骨的不朽和永存。

晋祠的前身为唐叔虞祠，据《史记·晋世家》载，周成王封其弟叔虞于唐，叔虞成为唐国第一代诸侯，故称唐叔虞。其子燮父继位后，因境内有晋水，改国号为晋，是为春秋时期强大的晋国之滥觞。《山海经·北次二经》曰："县瓮之山，……晋水出焉。"《水经注·晋水》曰："昔智伯之遏晋水以灌晋阳，其川上溯，后人踵其遗迹，蓄以为沼，沼西际山枕水，有唐叔虞祠，水侧有凉堂，结飞梁于水上，左右杂树交荫，希见曦景。""县"古字通"悬"，悬瓮山为晋水之源，从引文中看，其下靠山枕水处，建有唐叔虞祠，祠周林木茂密，浓荫遮蔽。

关于悬瓮山所在的位置，清乾隆年间的当地学者赵谦德在其《悬瓮山记》中，作出如下阐释："悬瓮山为北次名山，晋水出其麓，方山居其巅，巅分三络，北则风峪之山，曰卧虎；南则柳峪之山，曰天龙；悬瓮山则其中络也，自巅而下屡起屡伏。"据此文看，古之悬瓮山并非现在晋祠西面的山岭，而现在晋祠的庙址也并非古之唐叔虞祠所在地。唐太宗于贞观二十年（646年）御制、御书的《晋祠之铭并序》，也为这一推断提供了佐证。《序》曰："若夫崇山亘峙，作镇参墟……悬崖百丈，蔽日亏红，绝岭万寻，横天耸翠……石镜流辉，孤岩宵朗；松萝曳影，重溪昼昏……加以飞泉涌砌，激石分湍……日注不穷，类芳猷之五绝；年颇不溢，同上德之诚盈。"从中可以看出，古之唐叔虞祠（或称古晋祠）靠有高崖绝岭，前侧或近旁有镜石孤岩，又有飞瀑流泉，注入潭沼，终年不溢。这样的自然环境，与现在晋祠所在地大相径庭。有学者依据文献描述，进行实地考证，得出古悬瓮山、古晋水源和古唐叔虞祠应当在今太原晋源明仙峪中的结论。明仙峪属太原西山，为吕梁山脉末端众多支脉之一，祥瑞之气逶迤而来。峪中既可藏风聚气，又有佳山佳水，或为晋水之源，或为古之唐叔虞祠之所在。

对于古晋祠，《晋祠之铭并序》中描述道："金阙九层，鄙蓬莱之已陋；玉楼千仞，耻昆阆之非奇。落月低于桂筵，流星起于珠树。"虽然文学描写不免有夸张的成分，但从中也可以看出当时古晋祠雄伟、瑰丽的建筑风貌。这与史载南北朝北齐天保年间于晋祠"大起楼观，穿筑池塘"相吻合。《晋祠之铭并序》中更对古晋祠建筑选址的艺术内涵和价值作出评断："紫氛雾而终清，有英俊之贞操；住方圆以成像，体圣贤之屈伸。"古晋祠山势高峻、云雾萦绕、阴晴交替的环境终有清明之时，表现着英姿挺拔的高尚节操和因势而易的博大胸怀。

北宋初年，太宗赵光义灭北汉毁晋阳之后，大修晋祠。太平兴国九年（984年）赵昌言撰写的《新修晋祠碑铭并序》曰："……乃眷灵祠，旧制乃陋……况复前临池沼，泉源鉴澈于百寻；后拥危峰，山岫屏开于万仞"，又一次表明古晋祠所处的山水自然环境与现晋祠不同。不久后，太原地震，古悬瓮山崩塌，古晋祠被毁。据《宋会要》载，宋真宗大中祥符四年（1011年）四月诏曰："平晋县唐叔虞祠庙宇倾圮，池沼湮塞，彼方之人，春秋常所飨祭，宜令本州完葺。"平晋县在晋阳古城以北，明仙峪即在其间，因此推测，古晋祠及其所在的山水环境毁坏后，晋祠乃重新选址，再建于明仙峪东南约一公里处的欢喜岭下、难老泉畔。

现在通常称作悬瓮山的山岭，当地人唤为欢喜岭。岭东出二泉，一曰难老，一名善利。两泉一南一北，东向流泻，所夹之处，成为风水与景观胜地，宋代以后之晋祠主体建筑群，就是沿此地所形成的东向轴线而展开（图5-16）。主体建筑群中，正殿圣母殿始建于北宋天圣年间（1023~1032年），崇宁元年（1102年）重修。献殿始建于金大定八年（1168年）。金人台铁人铸于北宋绍圣四年（1097年）。水镜台始建于明代。南、北两翼的建筑，台骀庙始建于明嘉靖十二年（1533年），水母楼始建于明嘉靖二十四年（1545年），唐叔虞祠始建于元代，昊天神祠原为关帝庙旧址，清代改建。

可以看出，今之晋祠是在北宋中期，先有圣母殿，而后在历朝的增建过程中，逐渐形成今日之形制和规模的。或许是以前这里已经存在一些祠庙建筑，北宋之后进行了大规模改、扩建，也未可知。

宋代以后的晋祠选址，自然山水环境特色鲜明。西面的悬瓮山沿南北向绵延起伏，虽不甚高大，但形态饱满、圆润，漫山苍翠，隐含祥瑞之气。晋祠中轴线正对山峰，山悬如瓮下环城，形成了前有红墙碧瓦、翠柏苍烟，后有青山为依、悬瓮为屏的艺术画面。此外，营造者还利用悬瓮山舒缓的东坡，沿坡修筑出层层叠叠的洞龛式建筑，构成了晋祠的又一重景观。

图5-16
清雍正时期太原晋祠庙貌图
（资料来源：清雍正九年《太原县志》）

　　"龙收隔岸黄云气，水送前朝碧玉声"，水为晋祠带来了生气。自悬瓮山而出的难老泉，由圣母殿南侧的泉眼汩汩而出，潺潺流淌。营造者做水渠将其引导，过金人台流向东北，至昊天神祠前戏台折而向东，过文昌宫再宛转向南，形成晋祠的主要水脉。这样的处理，使得流水萦绕于晋祠主要建筑之前，构建出丰富的、以水为景的空间环境。按传统风水理论，气遇水则止，难老泉水渠迂回宛转的形态，也正可以将生气留聚于晋祠（图5-17）。

　　晋祠的水有两种形式——渠、池。池包括鱼沼、难老泉亭池、善利泉亭池、莲花池，分布在祠内各处。池为点，渠成线，点线结合，为晋祠选址艺术中山水自然景观与祠庙建筑景观的融合增添了无限的光彩。

　　窦大夫祠选址于太原市西北二十公里处的汾河峡谷之东。祠庙北靠二龙山，西傍烈石寒泉，南眺崛围山，居山水形胜之地。窦大夫祠的祀奉对象为窦犨，是春秋时期晋国大夫，封地在今太原，他曾于狼孟（今太原阳曲县黄寨）开渠兴利，造福一方，受到百姓爱戴，后因与执政的赵简子政见不合被杀。窦大夫祠始建年代不详，唐代李频《游烈石》诗云："游访曾经驻马看，窦犨遗像在林峦；泉分石洞千条碧，人在冰壶六月寒。"可见唐代已有该祠，且选址在山水村峦、自然环境绝佳之处。据史料所载，

图5-17
太原晋祠难老泉渠

1. 国家图书馆善本金石组，编. 辽金元石刻文献全编·卷二十金·英济侯感应记（大定二年）[M]. 北京：北京图书馆，2003.

北宋元丰八年（1085年），汾水大涨，祠院被淹，遂北移重建，此后"邦人祈求，屡获感应"。[1]北宋大观元年（1107年），徽宗追封窦大夫为英济侯，"英济之名，盖取生而英灵死而济物故也"，窦大夫祠也由此被称为英济祠。

窦大夫祠北面的二龙山山势不高，但山形圆浑，舒缓有致，林木成荫，为祠庙的底景，也是风水之说上的镇山。南面的崛围山风光旖旎，春日山花竞放，秋来红叶漫卷，是为窦大夫祠的对景，也是风水上的案山。祠庙西侧，有清泉自烈石山苍崖下汩汩而出，古称"汾水得烈石泉，势始汹涌"，可见泉水流量巨大，且冰凉彻骨，故称寒泉。它的存在，为窦大夫祠增添了生机和灵气。祠庙更西面，山峰耸立下南去的汾水流经祠庙南面，形成了水绕之势。将祭奉窦大夫的祠庙建筑在这样一个自然环境与风水形态俱佳之处，反映出营造者以独特的自然景观来隐喻受祭先贤精神品德的艺术构想（图5-18）。"烈石山下，晋贤遗泽及苍生"，清代官宦沈昌荣的题联，无疑是对窦大夫祠选址艺术所蕴含的思想境界的最好的表述。

图5-18
北倚二龙山、西临烈石寒泉的窦大夫祠

藏山祠位于山西东部阳泉市盂县山峦之中，为祀奉春秋时期忠心护主、舍生取义、相救并抚养赵氏孤儿的晋国义士程婴、公孙杵臼而建。此山处于太行山西麓，原名盂山，后因这段千年传颂的感人

132

故事，改名为藏山。立祠以来，千百年香火不绝，反映了先贤义士的精神风范对后世的深刻影响。

藏山祠的始建年代已无法考证，但据祠内存有的《神泉里藏山神庙记》碑碣看，应不晚于金大定十二年（1172年）。营造者在藏山祠的选址上显然做过精心的艺术谋划，祠庙处众山环抱之中，基址三面环山，地势北高南低。明末学者傅山《留题藏山》诗云："藏山藏在九原东，神路双松谡谡风；雾嶂几层宫霍鲜，霜苔三色绿黄红；当年难易人徒说，满壁丹青画不空；忠在晋家山亦敬，南峰一笏画楼中。"从诗中可以看出，藏山祠选址达到了人文建筑景观与自然环境景观的完美融合。

藏山祠北靠龙虎山，是为风水之说中的镇山，阻挡着北方冬日的朔风和寒流。祠后建筑依山崖而建，将祠庙与万年耸峙的自然山体结合起来（图5-19）。基址东南方有滴水崖，是为风水之说中的左砂，又称青龙；西南方有仙人峰，是为风水之说中的右砂，亦称白虎。基址南面的笏松峰作为朝山，笔立如削，与左右砂山和龙虎山共同构成了"藏风聚气"的上佳之地。从滴水崖渗流而下的山泉在祠前形成一泓深潭，水质清冽，黑不见底，名黑龙潭，为祠庙带来清爽、静谧的气象。将藏山祠选址在这样一个重峦叠嶂、峰岩巍峨、僻静幽深的自然环境之中，正表现了那一个"藏"字。

图5-19
幽藏于太行山西麓重峦叠嶂之中的藏山祠

四

韩城司马迁祠、
蒲县柏山寺建筑选址艺术

　　将祠庙建筑选址于林木苍翠的高冈山巅，以伟岸的山势、高耸的峰峦以及长青的松柏，喻示所要表达的文化内涵，象征祀奉对象的精神品质，表达对祀奉对象的崇拜与信仰，是古代祠庙建筑选址艺术的一大创造。拜谒者在沿着山道逐阶登临的过程中，会产生特别的心理感受，对祀奉对象的崇敬之情油然而生。而当攀上山顶，凭栏远眺时，拜谒者会自然地产生"荡胸生层云"的豪迈之感，从而体味到祠庙建筑选址所要表达的高远的意境。在晋陕豫黄河流域的祠庙建筑中，韩城司马迁祠和蒲县柏山寺是这类建筑选址的杰出代表。

　　司马迁祠位于陕西省韩城市南十公里芝川镇东南的高冈之上，山冈东西长五百余米，南北宽二百余米，东临黄河，西枕梁山，芝水萦回，气势之雄浑，景物之胜大，不可名状。司马迁墓祠始建于西晋永嘉四年（310年），距今已有一千七百余年。据当地县志载："水经注云：'子长墓有庙，庙前有碑。晋永嘉四年夏阳太守殷济，瞻仰遗文，慕其功德，遂建石室，立碑树柏。'太史公曰：'迁生龙门'，是其坟虚所在矣。"龙门在韩城北，黄河峡谷出口处，李白诗云："黄河西来决昆仑，咆哮万里触龙门"，司马迁以龙门指代韩城，于韩城立司马迁祠，正所谓魂归故里。

　　立祠以后，千百年来历朝屡作修缮、增建，清康熙七年（1668年），在时任县令与当地父老的努力下，在山冈陡坡上架起一座天桥，运土到祠前，填实祠庙基址，并以灰砖将祠基及祠院周边严加封裹，筑台阶九十九级。祠庙北侧，断崖壁立，如斧削凿。祠前东瞰黄河，如一条曲折的银线，蜿蜒在平野之间。祠旁西望，巍巍梁山与山冈相接，襟带左右。祠庙南面，临千仞之壑，备极壮观。祠院内，数株参天古柏与祠外峰峦上郁郁苍苍、繁密茂盛的林木相呼应、相融合，充分表现出司马迁"如山之高、如水之长"伟大人格的万古名香。

　　司马迁祠建筑规模并不大，只有一进院落，能够构建出如此深远的艺术境界，达到如此感人的艺术效果，完全在于营造者高明的选址艺术。他们不受传统礼制建筑强调对称布局的约束，建祠于独特的自然山水环境之中，实现了以自然环境的形态象征祠庙文化精神的目的。

蒲县柏山寺位于山西临汾蒲县城东两公里处的柏山之巅，亦称蒲县东岳庙。庙院创建年代不详，据庙内碑碣所载，唐已有之，元代地震损毁后，于延祐五年（1318年）重建，因山上柏树苍翠、茂繁，终年郁郁葱葱，故俗称为柏山寺。

蒲县位处吕梁山脉之南，东屏姑射、梅岭，西襟大河壶口。东川、南川、北川之水同汇于县城，西向注入黄河；翠屏、南屏、东屏三山鼎峙于城南。柏山周匝十数里，属吕梁山脉五股山尾端，山体总体形态为东南高，西北低，呈卧龙状。头伏于西北，尾摆于东南。柏山脚下，东有蒲县第一大河昕水河滔滔南流。该水发源于县内黑龙关镇豹子梁东南，属黄河一级支流；西有南川河潺湲终年，该水发源于豹子梁瓦窑沟村西侧，属黄河二级支流。在柏山寺所处位置西侧峡谷上方，有泉自岩壁石罅中涌出，水质清冽，味极甘美，名"肪碧"，被当地民众视为"灵泉"。此泉旱年不枯，涝年不溢，四季充盈。柏山林木分布在柏山寺四周所有沟壑山谷，据庙藏清康熙三十四年（1695年）《禁伐山林碑》载："环山皆松柏，自创建东岳庙已具规模，苍然天成。"乾隆十八年版《蒲县志·卷一》载："枝深根蟠，周围十余里从不长荆棘，亦无他木之杂其中。"柏山山林中，松树为清一色的白身绿顶白皮松，其形态别致，色彩醒目，点缀在苍茫林野之中，形成了独特的自然植物景观。

柏山寺现藏的清乾隆五十七年（1792年）碑志，对柏山自然山水形胜有精彩的描述："蒲之东山龙脉左旋，群峰拱峙，二水环绕，周匝十余里松柏丛生，更无他木以杂之，不待栽培，而苍翠自如。"将祀奉东岳大帝的祠庙建构于柏山之上，能使人感到东岳大帝如天一般的全能和威严。拜谒者在一步步登山的过程中，心中凛然畏惧之情越来越浓，最终从身体到心灵，都匍匐在东岳神君的脚下，从而实现东岳信仰文化所倡导的"若非积行施阴德，动有群魔作障缘""均齐物我与亲冤，始合神仙本愿"的朴素社会教化功能，这是柏山寺建筑选址创造性思维的成果（图5-20）。

那么，同样都是将祠庙建造于高冈山巅，使之与瑰玮的自然景观相融合，为什么司马迁祠和柏山寺能够表现出不同的文化气质与精神意蕴，前者使人感受到司马迁伟大的人格和坚韧的精神，而后者则使人产生对东岳神明的敬畏之心呢？

原因在于两座祠庙所使用的建筑艺术语言不同。在建筑形态上，司马迁祠的牌坊、山门、献殿均为开敞式建筑，以轻盈开放的形式融于环境，使人很自然地将自然山水的性格特征与祠庙主人联系起来；柏山寺从影壁

图5-20
高冈山巅上的柏山寺

开始，山门、凌霄殿、天王殿、行宫大殿及东西两翼各建筑，均以较为封闭、厚重的实墙和林立的廊柱作为基本外观形式，呈现出森严、威重的建筑形态，在与世隔绝的山岭环境的衬托下，便拉开了与人间社会的距离，使人感到此处俨然是一个超凡世界。在建筑色彩上，司马迁祠采用的是朴素的灰色；祠庙的牌坊、步道、山门、墙堞、建筑屋顶、檐柱、台基，均以未作过多雕饰的原木木柱、灰砖、灰瓦、灰墙、灰石修筑，表现出祠庙主人淡泊、雅致的高尚情操和博大、包容的精神情怀。而柏山寺则色彩鲜艳、浓重，主要建筑均采用赭红色墙垣、红色檐柱、绿色琉璃瓦屋顶，配以庙院外红色的围墙，红彤彤一片，高低错落，起伏有致地高踞于山巅。红色，这种华夏传统建筑中最常见、具有强烈民俗文化意蕴的色彩语言在这里得到充分运用。在漫山苍翠的松柏掩映下，柏山东岳庙的超凡世界之感更加强烈。

五

岐山周公庙、南阳武侯祠建筑选址艺术

周公姬旦、武侯诸葛亮同为华夏文明史上的标志性人物，也是世代传颂的高贤大德。周公是华夏古代礼乐文化的奠基者，诸葛亮是家喻户晓的智慧与忠贞的化身，他的《出师表》激励着无数华夏后人知难而进、砥砺前行，塑造出坚忍不拔的民族性格。陕西省岐山县的周公庙和河南省南阳市的武侯祠的建筑选址艺术，使后人深切地感受到了先贤的品格与精神。

岐山周公庙位于岐山县城西北六公里处的凤凰山南麓，此地古名"卷阿"。《诗经·大雅·卷阿》云："有卷者阿，飘风自南。"卷者曲也，阿指大陵，卷阿即弯曲的大陵，其地背靠相传"凤鸣岐山"的凤鸣岗，东、西、北三面环山，山脊高突，如凤翼飞翔，地幽势险，唯南面与平地相接，坡体缓缓向南斜落。

从大的地理范围来看，岐山所在的周原处于关中平原西部，土地肥沃，气候温和，北倚岐山，南濒渭水，形如高阜。《诗经·绵》曰："周原朊朊，堇荼如饴。爰始爰谋，爰契我龟，曰止曰时，筑室于兹。"三千多年以前，居住在豳（古地名，在今陕西省旬邑县）的姬姓部落，在首领古公亶父的带领下，"渡漆、沮，逾梁山，止于岐山下"[1]，定居周原，开始了早周文明的构建。

从建筑选址的小环境来看，周公庙所在地处于洪积扇原区后缘，裂隙发育程度高，深层裂隙水源丰富，承压大，常涌出地面自流成泉，周公庙内的润德泉即为其中之名泉。据《岐山县志》载："唐大中元年，凤翔节度使崔珙因泉出为瑞，上其事，宣宗赐名润德。"又载："相传源于豳州，十数年辄来去，来此则彼涸，去彼则此涸。"泉涌时，"为汛为滥，喷珠溅玉，湛然澈底""水则澄莹如镜，味甘如醴"。在润德泉东数步外的山岩下，另有一泉，泉口为自然形成的石灰岩裂隙，形似龙口，故名老龙泉。它与润德泉涌枯相系，同时喷涌，同时枯竭。在润德泉东南数十步外，还有一自然形成的池沼，池内东北角有泉水涌出，池中植莲、藕，出清池，洁如玉。

流泉池沼既丰富了周公庙秀美的自然景观，又起到了"聚气"的作

1.（西汉）司马迁.
史记·卷四·周本纪第
四[M]. 北京：中华书
局，2006.

用，使周公庙之所在成为藏风聚气的风水佳地。《诗经·大雅·卷阿》曰："凤凰鸣矣，于彼高冈。梧桐生矣，于彼朝阳。"岐山凤鸣岗有着神奇的文化传说，象征着周人的发祥与昌盛，以此地作为周公庙的自然背景和文化背景，拜谒者更可以感受到这一历史文化圣地的庄严与不朽，体味到周公"敬德爱民、和谐有序"礼乐思想的深邃和伟大（图5-21）。

南阳武侯祠选址于河南省南阳市城西的卧龙岗上，原是诸葛亮躬耕于田亩、高卧于隆中、"聊寄傲于琴书兮，以待天时"之所，也是蜀汉昭烈帝刘备三顾茅庐之处。据《明嘉靖南阳府志校注》记载，诸葛亮殒没于五丈原后，其故将黄权率族人在南阳卧龙岗诸葛亮故居建庵祭祀，故南阳武侯祠旧称诸葛庐或诸葛庵。晋永兴年间，镇南将军刘弘曾"观亮故宅"并"立碣表闾"。及至唐代，南阳卧龙岗屡屡在诗人们的文句中出现，李白《南都行》云："谁识卧龙客，长吟愁鬓斑"，白居易诗曰："鱼到南阳方得水，龙飞天汉便为霖"，刘禹锡《陋室铭》赞曰："南阳诸葛庐，西蜀子云亭，孔子云，何陋之有？"南阳卧龙岗已成为古代士人们常常怀有的归隐田园、笑吟山林、伺机而动之类理想的代名词。

卧龙岗为嵩山余脉，明代官修的《大明一统志·卷三十·南阳府·山川》一条中称："卧龙岗在府西七里，起自嵩山之南，绵亘数百里，至此

图5-21
背靠凤鸣岗的岐山周公庙

截然而往，回旋如巢。然草庐在其中，世人喻孔明为卧龙，因号其岗云。其下平如掌，即孔明躬耕处。"卧龙岗南临白水，北靠紫峰，风水形势上佳。从岗下上行，景美如画，潭水、竹林、古树、奇石布列其中，正如一篇七言古诗所描述："襄阳城西二十里，一带高冈枕流水。高冈屈曲压云根，流水潺潺飞石髓。势若困龙石上蟠，形如单凤松阴里。柴门半掩闭茅庐，中有高人卧不起。修竹交加列翠屏，四时篱落野花馨。"欲伸大志于天下、有着高尚的道德情操和精深的文化修养、时人誉为卧龙的诸葛亮在居所选址时，突出的是一个"隐"字。而在诸葛亮故去后，选择此背山面水、依岗就势、有茂林修竹的风水上佳之地作为祠庙基址，强调的同样是一个"隐"字，以此为主题，是南阳武侯祠建筑选址最突出的艺术特色。

图5-22
隐现于茂林修竹之间的南阳卧龙岗

现在的南阳卧龙岗仍然是青竹飒飒，柏林森森，清潭映碧，草木丰茂，以别致、清幽的园林艺术再现着诸葛亮潜龙在渊的淡泊气象（图5-22）。

六

乡村聚落中的祠庙建筑选址艺术

在晋陕豫黄河流域，特别是在山西省境内，有数量众多的祠庙建筑分布于乡村聚落之中。晋东南很多村落中建有东岳庙、炎帝庙、大禹庙和汤帝庙，晋南有很多村落中建有后土庙、东岳庙和祀奉后稷的祠庙，晋中也有很多村落建有东岳庙和后土庙；此外，更有不可胜数的村落中建有关帝庙或关王庙，祠祀着以忠义、神勇闻名华夏，为儒、释、道三教所敬奉，由人而神的蜀汉名将关羽。在河南省和陕西省的乡村聚落中，关帝庙也常可见到。

古籍文献中对于乡村聚落中的祠庙建筑多有述及。清乾隆《大同府志》云："十二岁始蓄发，俱设祭各庙宇或灶神前……"又云："……二十三日，献供关帝庙……"清乾隆《浑源州志》载："四月八日，岳寺'浴佛'……五月……十三日，礼关壮缪。"清嘉庆《介休县志》载："灰柳泉各乡皆祭水神，十八日，祀后土，二十八日，祀五岳，四月……初八日，祀关帝……"清雍正《石楼县志》载："……二十八日，祀东岳庙，五月十三，祀关帝……中秋，祀城隍。"清乾隆《高平县志》云："东关每年四月八日，祭赛炎帝大会，九月十三日，祭赛关帝于炎帝庙内。"

可以看出，祠庙建筑为古代村落不可或缺的重要组成部分，正如清道光《赵城县志》所论："村必有庙，酿钱岁课息以奉神，享赛必演剧，祭物以首承之而进，拜跪无常仪，飨献无常数，妇女老幼，十百为群。"清代李麟伍于咸丰三年所撰写的《重修仙师庙碑记》中言道："各省、各府州县乡城郭营卫镇堡，八方四鄙，荒村曲巷，人民所聚居，莫不各有神庙。"

乡村聚落中不仅村各有庙，而且常常庙有多座。如山西介休张壁古村内，就立有可汗王祠、二郎庙、关帝庙等多座祠庙建筑。在多数村落里，祠庙建筑是和佛教建筑、道教建筑以及一些民俗神祠相伴，共同构成寺庙祠观建筑群落的。以介休为例，其所辖龙凤镇龙凤村有介圣庙和牛王庙，义棠镇北村有关帝庙和观音堂，张兰镇板峪村有三皇庙和嘌师庙，涧里村有涧头庙和关帝庙，洪山镇洪山村有关帝庙和源神庙。在山西晋中榆次东赵乡后沟村，共建庙十三座，关帝庙、观音庙、河神庙、山神庙、真武庙、文昌阁、魁星楼等依风水而建，按方位而立，形成了蔚为大观的祠庙建筑文化风尚。

大量的乡村聚落中建有祠庙，不仅是一种建筑现象，更是一种反映了晋陕豫黄河流域古代民众精神生活的文化现象。在以农耕为基本生产方式的黄河流域，乡村聚落是作为一个基本的社会单元而存在的，履行着社会管理的初级职能，因此需要具有为民众提供物质生活条件和精神生活管理两方面的形态。在物质生活上，农耕经济的自给自足保证了民众的基本生活需求；而民众精神生活的构建，包括他们的精神之寄托、文明道德之教化、诉求之表达等，就成为乡村经常需要面对和解决的问题。

前文已经做过分析，由于农耕文明的特殊性，华夏民族早在远古时期就已经形成了对自然神明的信仰意识以及对祖先的感恩观念，其后，又将对先贤烈士的崇敬之情，上升为将其神化而加以崇拜。对于世世代代与土地为伴的农耕民族来讲，风调雨顺、丰衣足食、康乐安定、多子多孙、和平生活是其永恒不变的期盼和向往；但现实常常不如人意，各种天灾带来的生活忧患、社会动荡带来的离乱、不幸的个人遭遇带来的失落和无助，都需要一个精神寄托之所、诉求表达之处。另外，社会对民众的教化也不能只停留在语言和书本上，需要有更具说服力和威慑力的具体形象来表现。由此，基于华夏古老的祭祀文化而产生的祠庙建筑，和随着释、道两教的广泛传播而建立的寺庙道观，成为村民获得精神慰藉、表达心理诉愿的空间和场所。

村落中的祠庙建筑多有戏台，初为祭神娱神之用，后来兼而娱众娱民，成为满足村民精神文化生活的主要场所。祠庙建筑所构建出的村落公共空间，也往往成为村民聚集、交往、集庆，进行各种社会活动的理想场所。乡村聚落中的祠庙建筑，在古代黄河流域具有不可替代的社会价值和文化作用。

正是由于祠庙建筑重要的精神作用，乡村聚落中的祠庙建筑选址除了受传统的风水理论影响外，也为古代民俗文化所熏染。民俗文化是扎根于民间社会、经过长期积累凝聚而形成的、反映普遍精神观念的文化体系。与建筑选址相关的民俗文化主要是方位四象观念和图腾崇拜观念。

方位四象是在上古时代，由华夏民族不同地域部落民族所创立的动物图腾演化而来。东、南、西、北四方部落民族的图腾，在历经了漫长的认知和整合过程后，演化成四方神灵，为古代华夏民族所崇拜。对应古老的五行学说，东方木属青色，南方火属红色，西方金属白色，北方水属黑色，四方神灵便有了青龙、白虎、朱雀、玄武之名，合称"四象"（图5-23）。

《礼记·曲礼上》曰："行，前朱鸟

图5-23
"四象"示意图

而后玄武,左青龙而右白虎,招摇在上。"后世注曰:"行,军旅之出也,朱雀、玄武、青龙、白虎,四方宿名也。"四象崇拜是黄河流域重要的民俗文化观念之一,其影响力渗透至与方位相关的许许多多社会活动,如城邑村落布局、建筑选址、宅第营造等。在传统风水理论中,四象之说也占有重要地位。

四象崇拜的实质是古代华夏对龙、凤、虎、龟、蛇等图腾的崇拜,分析每一个图腾崇拜所具有的文化寓意,对于理解晋陕豫黄河流域乡村聚落中祠庙建筑选址艺术的文化背景有着重要意义。

龙在古代华夏被视作民族的图腾和象征,具有深刻而广泛的文化寓意。首先,龙是权威和尊贵的象征。龙在古代传说及神话故事中的形象,在天则驾雾腾云,入水则追波兴浪,在人间则呼风唤雨,显示出无比的神通,被认为具有超凡的能量。《管子·水地篇》曰:"龙生于水,被五色而游,故神。欲小则化如蚕蠋,欲大则藏于天下,欲上则凌于云气,欲下则入于深渊。"古代帝王以拥有无限的权力而自喻为龙,《尔雅翼》曰:"龙以变化无方,物不能制,故在人比君。"古代民间也在许可的情况下,以龙来比附自己周围的事物。

其次,龙为祥瑞的化身。龙能兴雨,对于农耕民族来讲,风调雨顺,人寿年丰,无疑是最大的期盼,龙由此被民众寄托了各种美好的遐想和愿望。

其三,龙代表了自强不息、奋发有为的精神。王安石《龙赋》云:"龙之为物,能合能散,能潜能见,能弱能强,能微能章。唯不可见,所以莫知其乡;唯不可畜,所以异于牛羊。变而不可测,动而不可驯。"东汉刘琬《神龙赋》云:"大哉,龙之为德,变化屈伸,隐则黄泉,出则升云。"汉末诸葛亮未出山之时,便被誉为卧龙。

据考古发现,龙的观念早在新石器时期便已出现,《左传·昭公十七年》载:"太昊氏以龙纪,故为龙师而龙名",源远流长的龙崇拜文化的印记深深地镌刻在华夏民族广大民众心灵之中。

在图腾崇拜对象之中,与龙相伴的是凤和虎。《左传·昭公十七年》在记载太昊氏以龙纪后,续载曰:"我高祖少昊,契之立也,凤鸟适至,故纪于鸟,为鸟师而鸟名。"可见,凤出现的历史也极为久远。《说文》:"凤,神鸟也。"古人以凤为百鸟之王,象征祥瑞。屈原《离骚》赋曰:"凤皇既受诒兮,恐高辛之先我""凤皇翼其承旗兮,高翱翔之翼翼""吾令凤鸟飞腾兮,继之以日夜"。龙与凤同为古代华夏民族以其卓越的想象力构想出的保护神,古人以龙为雄,凤为雌,构建出完整的祥瑞表现形象和祥瑞象征观念,后世的许多成语,如龙翔凤翥、龙章凤姿、攀龙附凤、龙凤呈祥,均是这种形象和观念深入人心、具有广泛文化影响力的反映。

不同于龙凤组合象征着祥瑞，龙虎组合代表的是威猛无俦。《十三经注疏·礼记·曲礼上》云："如龟蛇之毒，龙腾虎奋，无能敌此四物。"东汉应劭《风俗通义·祀典》曰："画虎于门，鬼不敢入。虎者，阳物，百兽之长也。能执搏挫锐，噬食鬼魅。今人卒得恶遇，烧虎皮饮之，击其爪，亦能辟恶，此其验也。"俗语曰："云从龙，风从虎"，在古代文化观念中，龙虎因具有避邪、禳灾、镇恶的神力而受到崇拜。

《周礼·春官·司常》曰："龟蛇为旐"；东汉郑玄注曰："龟蛇，象其捍难避害也"；唐贾公彦《周礼义疏》曰："龟有甲，能捍难。蛇无甲，见人避之，是避害也。"龟蛇二灵一静一动，一有甲可自护，一无甲而机敏，均可禳灾避祸，古代先民将其并列而尊为神物。

不同于龙凤，龟蛇为自然界真实存在的物种，龟被赋予了多重文化寓意。首先，古人以龟有先知之能，故在祭祀或作重大决策时，常烧龟甲，以甲上的裂纹预卜吉凶。《史记·龟策列传》曰："王者决定诸疑，参以卜筮，断以蓍龟，不易之道也。"其二，古人以龟能免祸消灾，象征长寿。其三，古人以龟象征财富，预示祥瑞。其四，古人以龟为力量与稳固的象征。其五，龟还代表了中庸淡泊的志趣意向。《阿含经》曰："佛告诸比丘，当如龟藏六，自藏六根，魔不得便。"

蛇有着上亿年的历史，其躯体卷曲自如，无脚而可奔窜，无翅而可腾越；或潜游于河泊，或隐没于丛莽；冬日死而不僵，春天蜕皮重生。蛇还对周围环境有极强的感知能力，行动无声，迅捷无方。这些特征使古人将蛇与超自然的神灵联系起来，产生崇拜之情。此外，蛇还有旺盛的生殖力，成为古代文化观念中恒久生命的象征。

对方位四象之神和龙、凤、虎、龟、蛇图腾的崇拜观念是晋陕豫黄河流域民俗文化的重要组成部分，突出地影响着乡村聚落祠庙建筑选址，当然，也影响着城邑和自然环境中的祠庙建筑选址。乡村聚落中祠庙建筑的选址艺术，除了对风水之说及四象与图腾崇拜等因素的考量外，还要结合村落的自然地形、地势及周边环境特征，起到对村落整体空间格局"画龙点睛""相得益彰"的作用。

山西晋中榆次区东赵乡后沟古村，其历史可上溯至唐代。村落背倚主峰海拔一千三百余米的要罗山，该山属太行山支脉，山势连绵起伏，奔涌激荡。发源于要罗山腹地的龙门河顺山阳之势而下，穿村而过，汇入潇河，并在后沟古村形成山环水绕之势。

从后沟村整体形势来看，北有要罗山如玄武垂头；南有军坪如朱雀翔舞；东有黄土山梁如青龙蜿蜒；西面也有巨大的山梁如白虎伏卧，为风水形胜、四象之地。村落地势起伏，民居建筑多为黄土高原典型的窑居形式，其特征为依崖就势、随形生变、层窑叠院、参差别致，形成了独特的乡村聚落景观风貌。村内祠庙建筑有关帝庙、山神庙、河神庙、真武庙、三官庙、观音堂、文昌阁等，共同构成祠庙建筑体系（图5-24）。

关帝庙选址于村西口主要通道旁，坐北向南，为一独立院落式祠庙建筑。祠庙门正对入村道路，以关公的威猛震慑邪魔，使之不敢侵入村内，危害百姓，是为传统民俗文化观念的表现。关帝庙坐落于村西，与村东的文昌阁遥相呼应，形成了文东武西的空间格局，这也是关帝庙建筑选址的用意所在。

村西口南侧高崖上坐落着观音堂，与村中玉皇殿隔龙门河相望。在很多乡村聚落中，儒、释、道三教共享的、源于传统祠庙建筑的关帝庙和佛教建筑观音堂常选址在一起，共同表达祈福禳灾的民俗文化意向。

山神庙位于村北高地上，为地方民俗神庙，祀奉一方山域之神。此庙居高临下，俯瞰村落，确实可以给村民带来安全和稳定之感。

由山神庙再向上，村北高阜处坐落着真武庙。真武庙原称玄武庙，为当地民众以传统民俗文化四象中的玄武为祭奉对象而设。玄武属北方，宜居高，玄武庙正与这些要求相吻合，为后沟村民带来富有龟蛇二灵传统文化寓意的心理慰藉。

张壁村位于山西省介休市龙凤镇一处三面沟壑、一面平川的险峻地段。村落充分利用独特的地理环境，构建出景观独特的堡寨风貌，故又称张壁古堡。整座古堡顺塬势而建，南高北低，设有南、北二门，北堡门筑有瓮城。堡内现存十六座祠庙，主要坐落在南北两门附近，对于张壁古村整体风水环境的构建起到至关重要的作用。

张壁古堡为子坐午向，其地势条件有悖于传统风水理论中子午坐城须北高南低的原则，为了弥补这一先天缺陷，张壁村在北堡城墙上修建了二

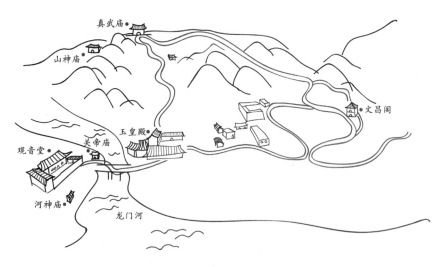

图5-24
后沟古村祠庙布局图

郎庙和真武庙，庙顶高度高于南堡门，形成合理的风水形态。由于村落南望绵山，而此处的绵山山势如削，高陡横直，"煞气"较冲，为震慑和抵御这股煞气，在堡南门外修建了关帝庙（图5-25）。可以看出，张壁村祠庙建筑选址完全是因地制宜、因势利导而为之，反映了建筑选址艺术的灵活性和适应性。此外，连接南北两堡门的南北主街在两端略做弧度，使得两堡门不能互见，各祠庙建筑在视觉上也不相扰，同样是基于传统风水理念的艺术处理。

润城古镇位于山西省晋城市阳城县沁河东岸，清康熙二十六年《阳城县志》之《沁渡扁舟图》曰："沁河之渡也，河抱润城"，又曰："四山围固，三水萦流"。润城东依翠眉山，东南望烟霞山，西眺天坛山，北靠紫台岭，沁河自北向南绕镇而过，翠眉山和紫台岭之间山壑中又有樊溪（亦称东河）自东北穿过古镇，汇入沁河。众山环抱的环境，经年长流的碧水，构建出风水形胜之地。

古镇修建以风水理法弥补自然地理形势的不足。镇东北的玄镇门被作为风水上源，但城外地势很低，难以贯通气脉，故在其地建一祠庙，庙匾上刻"一镇来龙"，意在承袭来龙气脉。气脉入镇后，为续增其气，又于南街三岔口建一祠庙，为承启之用。

古镇祠庙建筑有东岳庙、关帝庙、黑龙庙、文昌阁、天坛山轩辕庙、东枰庙等，其建筑选址艺术体现了构建古镇整体风水环境、人文环境、景观环境的前瞻性思想。东岳庙选址于古镇核心位置，为古镇人文环境构建中最重要的元素。庙院始建于宋代，规模宏大，其山门旁还有一小庙白龙庙。围绕东岳庙，在明代形成了包括商业、手工业在内的十二坊。东岳庙为民众精神寄托之所，十二坊为民众提供物质供给，这样的构成形态热烈

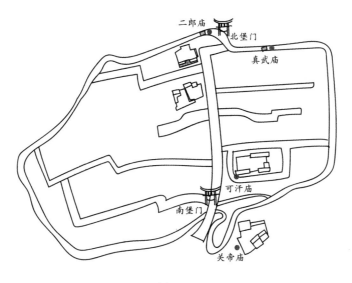

图5-25
张壁古堡祠庙布局图

145

稳定、繁荣昌盛，为黄河流域大型乡村聚落典型的格局。

古镇外东、西两山上，分别建有东枰庙和轩辕庙。两庙居高而望，红墙碧瓦，遥相呼应，一左一右，如青龙白虎，共同护佑一方。并且，两庙与镇内的东岳庙形成了一心两翼、一低两高的空间与景观形态（图5-26）。

古镇北部，沁水岸边，三面环水的砥洎城是建于明代的堡寨，寨内建有关帝庙、黑龙庙、三官庙、文昌阁、土地庙、三清庙等祠庙与道教建筑。关帝庙与文昌阁选址于堡寨中心位置，关帝庙在前，为三合院形制；文昌阁在后，高三层，左右设配殿，两建筑一武一文、前低后高，形成了丰富、完整的祠庙格局。黑龙庙选址于砥洎城东北角，紧邻沁河，庙正面右下角镶嵌的石板上，镌刻有"大观"二字，表明营造者将祠庙建造于此，一是因其所祀对象为沁河水神，二是要以祠庙为支点，以河川为背景，构建一道人文景观与自然景观相融合的壮美画面。

西黄石村位于山西省东南部泽州县东北部，村落西、南两面邻山，北侧为平原，东侧紧邻昌沟河。村内祠庙建筑众多，其建筑选址与村落街巷布局密切结合，沿村内南北向主街金玉街，由南向北依次建有关帝庙、财神庙和三官庙。前两庙临街，并各设空场，形成村落里社活动中心和文化中心。三官庙离开金玉街有一巷之隔，略作退隐之态，以增加情趣，每逢三元日，即农历正月十五、七月十五和十月十五，这里人头攒动，香火缭绕。金玉街北向尽端，作为底景和风水之说上的收官，建有祖师庙，是村中重要的集会场所，祖师庙和前述三座祠庙形成了多中心的村落格局。

在村西高地上建有玉皇庙，此为当地民俗观念中村落的风水胜地。总体来看，玉皇庙位于村外，居高阜，呈点状分布；其余祠庙在村内，呈连线状分布，两者相结合，构成了西黄石村鲜明的祠庙建筑选址艺术特征（图5-27）。

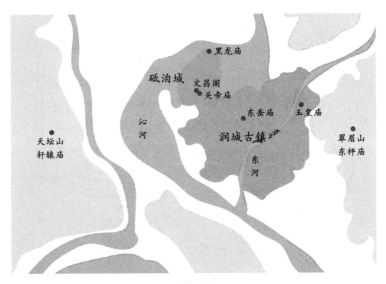

图5-26
润城古镇祠庙布局图

146

大周村位于山西省东南部高平市马村镇。高平自古为兵家必争之地，其北达幽燕，南通伊洛，西接河东、秦地，如果说高平是晋东南门户，那么大周村则为高平地区的险关要塞。大周村地属丹河流域，北面及东北面有黄花岭为镇，西面有香山为护，南面有掘山为案，前河与沙河分别于村前流过。从传统风水理论来看，唯东南方向缺少护佑，为此，大周村在此处高地上修关帝塔一座以增益之（图5-28）。该塔威严高耸，不仅弥补了大周村风水形势上的不足，且因其位在村南前河水流转弯的水口处，更增添了村落的风水之胜。

村内祠庙建筑有关帝庙、五虎庙、祖师殿、宣圣庙、火神庙、举三庙、城隍庙等。宣圣庙坐落于大周村中心位置，其规模宏大，古时村内各种里社活动多于此地举行，为村落精神文化中心，这与宣圣庙的教化职能相一致。庙内还建有汤王殿，商汤为晋东南民众广泛信仰的先贤，从殿宇的选址可以看出，营造者希望同样以祭奉商汤的方式来教化民众、传承精神血脉。

大周村多数祠庙选址于村落城门附近。村东城门楼内有关帝庙，村北城门外有城隍庙，内有火神庙，村西城门上有祖师殿，正南城门内有五虎庙，东北城门内接三官庙，西北城门外有大王庙，东南城门外高崖上建有三皇庙。村东部靠近东城门处，还建有祀奉战国时期赵国名将廉颇的举三庙（图5-29）。将祭祀自然神和先贤、烈士、名将等人格神的祠庙，修筑于用作交通和战争防御的城门附近，表达了期望在抵抗外来侵袭时，能够借助神明的庇佑的愿望，对于大周村和张壁村这样的军事险地来说，这一民俗文化观念尤为强烈。

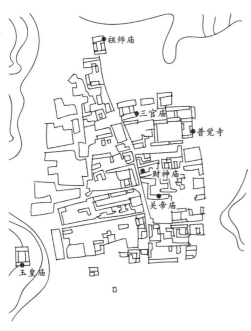

图5-27
西黄石村祠庙布局图

图5-28
大周村关帝塔

类似的例子还有晋北天镇县新平堡村。新平堡村地处晋、冀、蒙三省（区）交界处，明代属九边重镇大同，其因军而兴，为兵家必争之地。村堡城墙高厚，东南角建有两层祠庙一座，北门门楼上建有关帝庙，东城门楼建有三仙庙，城墙西北角建有玄坛庙，北瓮城内还有娘娘庙、三英祠等（图5-30）。

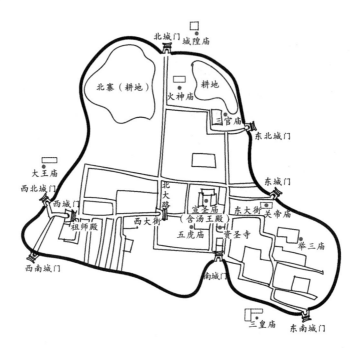

图5-29
大周村祠庙布局图

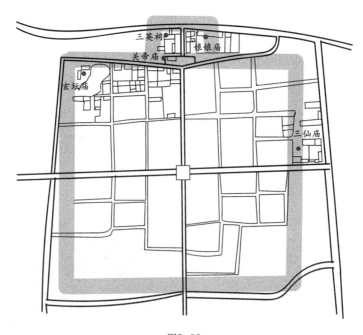

图5-30
新平堡村祠庙布局图

大阳泉村属山西阳泉所辖，位于狮垴山余脉。清康熙五十六年《重修观音阁真武阁碑记》载："阳泉距州城十里许，环列岗峦，前临溪水，林木葱郁。"村落处在一片西高东低、北高南低的阳坡坡面。北倚由狮垴山延伸而来的北岭，东西两侧有山梁高地为护，义井河由西向东、呈弓形绕坡前而过，其支流天河檐沟由北及东，绕村汇入义井河，两河如玉带环村，义井河南面有缓慢升起的山峦为案，造就了大阳泉村风水胜地的形态。居高峰俯瞰，村落形似一只灵龟，头向西方狮垴山主峰，尾向义井河和天河檐沟相汇之处，以风水之说和古代民俗文化观念而论，此种村形，人寿而性灵。

村中祠庙建筑的选址与布局，呈均衡形态展开，村西坐落着西阁和西五道庙，村东坐落着东阁和东五道庙。两阁均为两层建筑，下层设券门以供通行，上层祭奉神灵。据东阁中《重修观音阁真武阁碑记》载："所祀之神一面则玄天上帝，保障应乎一方，一面则观音大士，慈德普乎百姓。"村落中心，建有广育祠，其与东、西二阁和东、西五道庙的距离相等，形成以广育祠为轴线中心的横向祠庙布局。此外，村南临河处建有五龙宫，村北北岭坡最高处筑有云日楼，两建筑与广育祠连成南北一线，形成纵向祠庙建筑轴线格局（图5-31）。

除以上所举的、以村落整体空间环境和风水形态为营造目标而进行祠庙总体布局和选址的案例外，还有许多村落，在特殊的地理位置修筑祠庙，以取得最佳的村容景观和风水形势。

小河村位于山西阳泉义井镇，属太行山脉之余。该村选址以风水为要，依山而建，面向东南，村落西北有龙岩山为镇，左右有寨垴堰和高大山梁为护，东南亦有山梁为案，泊水自西南向东北由村前流过，于村口汇入桃河，故小河村所在，实为风水胜地。村子风水之说的下水口，在泊水

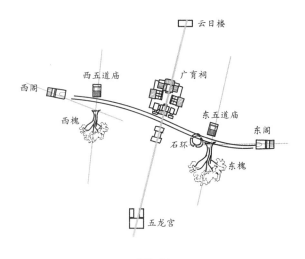

图5-31
大阳泉村祠庙布局图

149

汇入桃河处，此地龙岩山的支脉寨垴堰和虎岩壁两山对峙，如罗笏屏立，有关帝庙建造于此，形成"关锁"之态（图5-32），以对应传统风水理论中"去口宜关闭紧密，最怕直去无收"的原则。

张兰镇新寨村位于山西介休，村口建有山神庙作为标志性建筑。祠庙的戏楼背向村外，一层为券洞式出入口，供人通行；二层向内作为戏台，戏楼与正殿之间的院落，同时也是村内两条主要道路的交会空间。这样的建筑选址和处理方式，达到了祠庙与村落在景观、空间和功能上的完全融合。

晋中和顺县平松乡合山村东卧龙岗下，坐落着懿济圣母庙。合山村以山取胜，以泉出名，以庙动人。祠庙依山而建，前有二泉。明嘉靖元年三月《改建合山庙钟楼记》曰："环和顺皆山也，东去县三十里许，诸峰林壑尤美，望之蔚然而深秀者，合山也。山之麓有神庙，额曰：懿济圣母之殿。东南隅又有其弟，显泽侯神祠。殿前水声潺潺，泻出于其间者，神泉也。"祠庙、清泉、村落、苍山，四种元素完美融合，钟灵而毓秀，表现出高超的建筑选址艺术思维（图5-33）。

居高而建的祠庙，可以更强烈地唤起民众的景仰之情，可以使人产生更强烈的被护佑感，也可以构建出更具特色的建筑与文化景观，故不论建在村内还是村外，祠庙通常择高而建。对此，古人有诸多的论述，金天眷元年（1138年），学者卢璪《三峻庙记》云："即为度地相原，卜得其吉，四视高旷，雅称神居。"阳城县《汤王庙碑》曰："近邑之南，岳庄之北，

图5-32
小河村祠庙布局图

150

有岗隆然崛起，俯瞰城郭，襟带山河，极为清旷爽垲之地，原其所自，亦析城之余支脉而复见也，汤之行宫在焉。"

这样的案例很多，如晋南翼城县东岳庙，"祠居高阜，面势弘敞，轩豁爽垲，为一邑之盛观。"晋南洪洞县三庙，"皋陶庙，在县南士师村东北高阜处……师旷庙，在县东南师村东半里许高阜处……三皇庙，在县东门外高阜处。"[1]晋南河津市樊村镇古垛村的后土庙，修筑于村南缓坡高台之上。晋南新绛县北池村稷王庙，修筑于村西北的自然台地之上，下临土崖，自崖下平野仰望，祠庙巍峨。

1. 孙奂仑. 洪洞县志·卷八·坛庙[M]. 上海：上海商务印书馆，1917.

此外，像上文所述的有些例子一样，还有很多乡村祠庙选址突出地强调了民俗文化意象。如山西介休城区东南隅的五岳庙，按古代八卦方位，东南方为巽位，巽为风，喻示通顺畅达、事随人愿，而五岳代表江山与天下，五岳庙建于此位，表达了民众希冀江山稳定、天下太平的愿望。山西晋城泽州县冶底村建有岱庙，该村由于地形及民俗原因，形似"天蝎"，头朝东南，尾向西北，岱庙正处于西北尾刺部位，镇邪之意强烈。

由上可以看出，在晋陕豫黄河流域的乡村聚落中，选址于村内的祠庙建筑数量最多，其选址一般遵从三个原则：第一、对村落空间、风水和民俗文化意象的构建起到重要作用；第二、选在村落中或村外特殊的地理位置或地形、地势特别之处；第三、独立设置，与村落民居相隔离，在空间构成、建筑形态、环境配置等方面明显区别于民居群落，以保持祠庙建筑独特的文化属性。

图5-33
合山村东卧龙岗下的懿济圣母庙

七

城邑祠庙建筑的选址艺术及其
对构建当地空间格局的影响

同乡村聚落一样，对自然神明、祖先和先贤烈士的祭祀，是古代晋陕豫黄河流域城邑民众精神生活中最重要的大事之一，也是进行文明教化、道德培育最重要的方式之一。按照祭祀主体的不同，城邑祠庙分为官祀和民祀两类，官祀祠庙主要有城隍庙、关帝庙、文庙、三皇庙等，民祀祠庙主要有真武庙、东岳庙、火神庙、三官庙、药王庙、龙王庙、马王庙等。

但是，与乡村聚落中更为自由灵活的祠庙建筑选址方式不同，城邑中的祠庙建筑，由于受到城邑范围和环境的约束，其选址往往带有较大的局限性，所遵从的选址原则，在表达民俗文化观念和风水理念的基础上，还要加入礼制要求和制度规范的因素。

城隍庙的产生和发展前文已有阐述。既称城隍庙，当然大都修筑于城邑之内。《春明梦余录·卷二十二》曰："城隍之名见于易，若庙祀则莫究其始。唐李阳冰谓城隍神祀典无之，唯吴越有尔。赵宋时与辨其非，以为成都城隍祠，太和中李德裕建。李白作韦鄂州碑，有城隍祠。又杜牧刺黄州，韩愈刺潮州，皆有城隍之祭，则不独吴越然矣。而芜湖城隍祠建于吴赤乌二年，则又不独唐而已。"就目前考证的文献所载，最早建于城邑之中的城隍庙大约为三国时东吴芜湖城隍庙，唐代已有很多城邑建有城隍庙。宋人罗愿所撰《新安志》曰："城隍在唐世，州县往往有之。"宋代陆游对当时城邑中的城隍庙亦有描述："自唐以来，郡县皆祭城隍，至今世犹谨。守令谒见，其仪在他神祠上。"[1]

明洪武二年（1369年），礼部奏曰："城隍之祀，莫详其始……宋以来其祠遍天下，或锡庙额，或颁封爵，至或迁就附会，各指一人以为神之姓名"[2]，既说明了明初城隍庙之普及，又提出统一规制的必要性。于是，自明初起，城隍祭祀纳入国家祀典，并统一礼制规范，以各府、州、县城邑的城隍庙，与相应的官衙相当。嗣后，城隍庙的选址与衙署所在密不可分，

1.（明）叶盛. 水东日记·水东日记卷三十·城隍神[M]. 北京：中华书局，1980.

2.（清）张廷玉. 明史·卷四十九·志第二十五礼三（吉礼）·城隍[M]. 北京：中华书局，1974.

右衙署、左城隍，或衙署设于城市乾位、城隍设于城市艮位，为常见的城隍庙选址模式。

最早祭祀关羽的祠庙，大约为南朝陈光大年间在湖北当阳关羽被害处所建。北宋徽宗时，先后追封关公为"忠惠公""崇宁真君""武安王"，故宋代将关庙称为关王庙。据清代《茶余客话》："关庙之见于正史者，唯《明史》有之，其立庙之始不可考……明万历四十二年甲寅十月十日，加封为三界伏魔大帝神威远镇天尊关圣帝君。四十五年丁亥五月，福藩常洵序刻《洛阳关帝庙签簿》曰：前岁予承命分封河南，关公以单刀伏魔于皇父宫中，托之梦寐间，果验。是以大隆徽号，由是敕闻天下，而尊显之云云。予见各省关庙，题旌皆同此号，殆始于明神宗时。"至迟在明代开始，关公祭祀已经成为地方祭祀的主要内容之一。据明代崇祯年间刊行的《帝京景物略·卷三》载："关帝庙自古及今，遍华夷。其祠于京畿也，鼓钟接闻，又岁有增焉，又月有增焉。"

山西作为关公的出生之地，宋代已有众多的关庙。据清康熙四年（1665年）《解州志》所载，解州、常平、安邑、闻喜、夏县、平陆等晋南诸县均有宋建关王庙。明清两代，山西各府、州、县均建有关帝庙，有些城邑甚至不止一座，而陕、豫两省也大致如此。

三皇庙之设始于唐代，据宋代欧阳修《新唐书》载："天宝三载，初置周文王庙署，六载，置三皇五帝庙署。"元代地方郡县城邑普遍建立三皇庙，明代宋濂编撰的《元史·祭祀志》载，元贞元年，"初命郡县通祀三皇，如宣圣释奠礼"。

东岳庙是晋陕豫古代城邑中主要的民祀祠庙建筑类型之一。前文已述，宋真宗曾有敕从民所欲，任建祠祀。宋代许多城邑已建有东岳庙，学者范成大《吴郡志》所录《重修岳庙记》云："是故四方万里，不以道涂为劳，……立为别庙多矣"，及至明代，晋陕豫黄河流域大部分城邑建有东岳庙。

与东岳庙同具民俗影响力的城邑祠庙还有龙王庙、马王庙、文昌庙和真武庙。龙王祠祀和马王祠祀在明代已成为十分盛行的民俗现象，文昌星和真武大帝则一主文事，一主武略，关系到城邑的文化昌隆和治平安宁，故受到民众的祀奉。

此外，火神庙、河神庙也是建筑于古代晋陕豫黄河流域许多城邑的民俗祠庙。对火神的祭祀，是基于在民俗观念中，认为火灾多为火神不耐寂寞滋扰而生，对河神的祭祀，是为消弭水患，保一方平安。

晋南稷山县城内祠庙众多。据清同治四年县志所载，其分布呈现出南轻北重的特征（图5-34）。城邑南部建有文庙和关帝庙，两庙选址一东一西，一文一武，构成了基本的礼制关系。文庙之东还建有文昌阁，因其文化属性与文庙相近，故毗邻而设。

城邑北部东侧另建有一座关帝庙，西侧建有一座城隍庙。城北中部还建有一座关帝庙，因其地处玄武之位，故于庙内建有一座高塔，以为城邑护佑与镇邪之用。塔高十一级，耸入云天，成为稷山县城形象和文化的标志。三座关帝庙分属西南、东北和北中部三个位置，呈较为均衡的分布状态，民众祭祀、祈福可择近而行。城隍庙选址于城邑中后天八卦学说的"乾位"，其规模与县署相近，《说卦传》曰："乾，天也"，表明了稷山县城邑中城隍庙至高的民俗文化地位。

东北关帝庙左近有龙王庙和马神庙，城隍庙左近有三皇庙、土地庙和后稷庙，形成城邑北部一东一西两个祠庙建筑群，所祀奉者基本涵盖了古代晋陕豫黄河文化圈民俗信仰对象。稷山是后稷信仰的发祥地，后稷庙选址距城中心及衙署最近，其规模较一般祠庙宏大得多，为后稷文化传承和光大的物质见证。

东西两祠庙建筑群也构成了两组城市公共空间，除祭祀祈福等基本内容外，还具有文化活动、娱乐演艺、商业贩卖、集会交流等多重功能，构

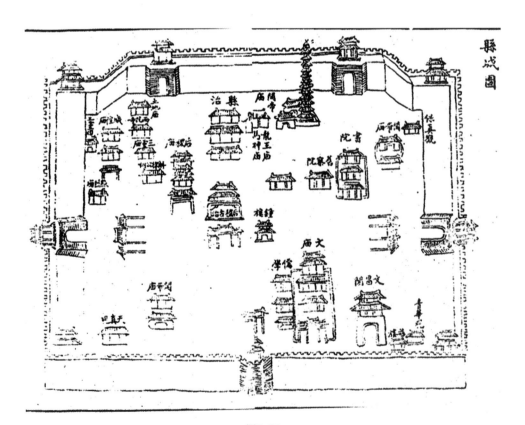

图5-34
清晚期稷山县城祠庙分布图
（资料来源：清同治四年《稷山县志》）

154

建出完整的城邑空间结构体系。

山西晋中灵石县城祠庙建筑选址颇具特色。据民国23年（1934年）《灵石县志》所载，因该城周围多山，林木丰茂，景色秀美，故大部分祠庙坐落于城外，形成人文景观与自然景观的巧妙融合（图5-35）。

东门外祠庙建筑有龙王庙、马王庙、泰山庙、土地庙和文昌阁。其中，龙王庙和马王庙分居两翼山脚下，泰山庙和土地庙位于山坳之中，山顶则建文昌阁。龙王和马王为动物神崇拜对象，等级稍低；泰山神和土地神为自然神崇拜对象，等级较高；择高而建的文昌阁则象征文运昌隆；五座祠阁的建筑选址与各自的地位相当，秩序明确，条理井然。

城邑北门外建有真武庙和河神庙。真武庙的选址符合其本名"玄武"的文化寓意，河神庙因近旁有河而设。城内祠庙仅有一座城隍庙，坐落于城西，与县署以鼓楼为中轴线对称布局，体现了明洪武年间确定的城隍庙制带来的城隍庙选址模式。

山西晋中寿阳县城祠庙建筑的布局井然有序。据清光绪八年县志所载，城邑同样遵从明城隍庙选址模式，以南关兴贤街文庙为纵向轴线，左右分别布置城隍庙和县署，确定了祠庙建筑的基本格局。城北的文庙以东建有真武庙，以符合"玄武"之意，城隍庙近旁建有财神庙，构成了城邑内主要的民俗文化活动场所。

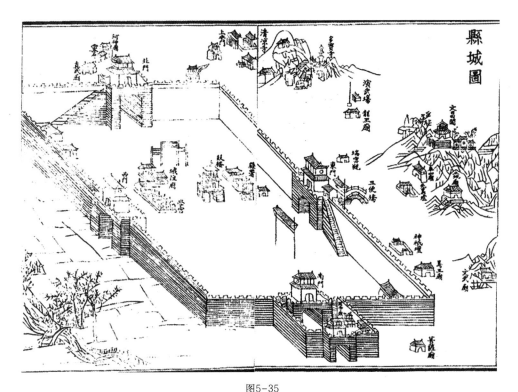

图5-35
民国时期灵石县城祠庙分布图
（资料来源：民国23年《灵石县志》）

155

此外，城外东南方向还建有文昌阁和文昌宫。东南方在易经八卦中属巽位，巽为风，有气运纵横之意，同样喻示城邑内文化之昌隆（图5-36）。

山西晋中太谷县城内的祠庙群落由东南和北部两个组群加上其他散布的祠庙构成。据民国20年（1931年）《太谷县志》所载，城东南有城隍庙、龙王庙、文庙和文昌阁。如上文所述，在易经八卦和民俗观念中，东南巽位能带来旺运，这与祠庙建筑的如此选址有着莫大的关联。城北部有七圣庙、狐公庙和窦子庙，均为先贤祠庙，反映了当地注重品德培育、文明教化的传统。靠近东城门处，建有关帝庙，东门瓮城处建有圣母庙，南门瓮城外还建有大王庙。西城门外，同东门处一样，坐落有关帝庙和圣母庙（图5-37）。

晋南闻喜县城南临涑水，形成了独特的西、南两座关城加本城的格局。据清乾隆三十年《闻喜县志》所载，城邑内道路对称布局，祠庙建筑选址也由此展开。东南部建有泰山庙和火神庙，东北部建有文庙，西北部则建有规模宏大的城隍庙。同前文所述的稷山县城一样，位于乾位的城隍庙表明了当地民众观念中城隍神的文化地位。

闻喜县城祠庙建筑分布的另一个突出特点，是关城和本城城门处均建有一座或多座祠庙，东门楼上坐落有文昌阁，北门外建有真武庙，东南瓮城外建有结义庙。南关城内建有关帝庙、龙王庙，城外建有汤王庙，西关

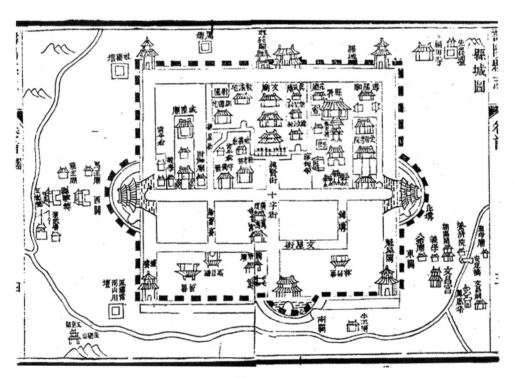

图5-36
清晚期寿阳县城祠庙分布图
（资料来源：清光绪八年《寿阳县志》）

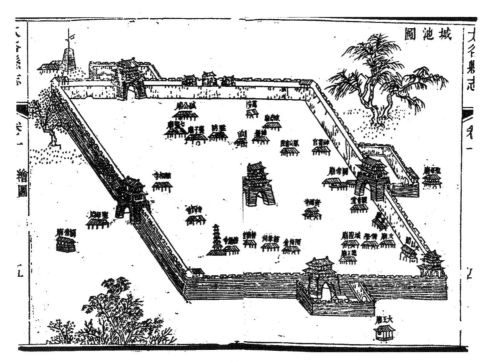

图5-37
民国时期太谷县城祠庙分布图
（资料来源：民国20年《太谷县志》）

城内建有关帝庙、马王庙等四座祠庙，形成了群庙拱立、众神护佑的布局形态（图5-38）。

山西太原县城的祠庙建筑呈现出不同于上述县城的布局方式。据清雍正九年《太原县志》所载，该城以县署为中心，城隍庙、文庙、泰山庙、关帝庙及三皇庙环绕布置，体现了众神协力、护佑一方的民俗理念。在东南方巽位和西北方乾位，分别修筑了具有较大文化影响力的官祠——城隍庙和关帝庙。东门之外，另建有文昌宫，其规模宏大，城外的文昌宫象征文化昌盛，与保佑一方平安的城内诸祠庙形成职能上的明确划分（图5-39）。

据清光绪十八年县志所载，陕西凤县城邑内的城隍庙建筑选址同山西寿阳县城一样，与县署沿中轴线对称布置，城隍庙居西，县署居东，形成祠庙分布基本格局。东城建有文庙、文昌宫、太白庙等祠庙，其文化性质单一明确。西城建有关帝庙、马王庙、药王庙，聚集了多座民俗祠庙（图5-40）。

据清光绪十年县志所载，陕西高陵县城邑内的祠庙建筑布局也分为两部分，却是以东大街为界的南北两部分。南区县署左右分别建有关帝庙和马王庙，北区学官和文庙周围则建有文昌宫、吕公祠、杨公祠、崇圣祠和

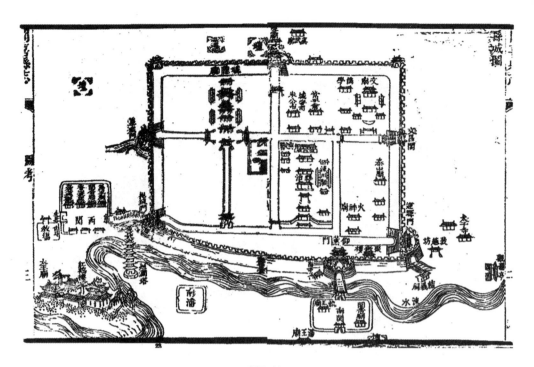

图5-38
清中期闻喜县城祠庙分布图
（资料来源：清乾隆三十年《闻喜县志》）

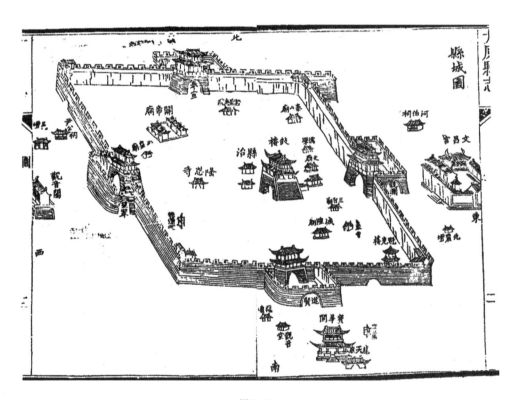

图5-39
清中期太原县城祠庙分布图
（资料来源：清雍正九年《太原县志》）

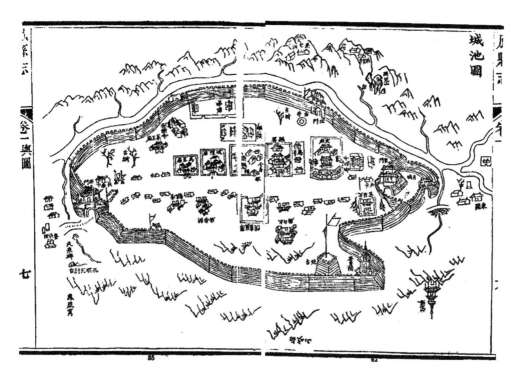

图5-40
清晚期凤县县城祠庙分布图
（资料来源：清光绪十八年《凤县县志》）

忠孝祠。可以看出，城邑内祠庙建筑文化职能上的划分也很明确，南区祠庙祭奉官祀对象，求得平安护佑；北区祠庙重在对民众的品德培育和文明教化。离开南、北两祠庙建筑群，在城内北大街上，建有一座东岳庙，其为民祀祠庙，文化职能与上述祠庙不同，故独立选址设置（图5-41）。

据清乾隆四十九年县志所载，陕西韩城县城内祠庙建筑和县署均分布于北城，其中县署位于西北部，东北部则有文庙在前、城隍庙和九郎庙在后，既强调了注重文治、教化的理念，又形成了城隍庙和县署左右分列的格局，以基本符合明初所确立的城隍庙选址规制。城邑北门处还建有一座关帝庙，其意同前文所述的许多例子一样，借助关公的威勇震慑邪魔的侵入，护佑城邦（图5-42）。

据清光绪六年县志所载，陕西三原县县城内因有东西走向的清峪河流过，分为南北二城，祠庙建筑因此呈两个组群布局的形态。南城东部建有文庙、武庙（即关帝庙）和城隍庙，均为官祀祠庙，且临近县署布置，形成城邑的政治、文化中心。北城西部坐落有二郎庙、武安王庙、三官庙等，均为民祀祠庙，形成了民俗文化中心。就城邑整体布局看，两组祠庙一在东南，一处西北，既职能明确，又位置相对均衡（图5-43）。

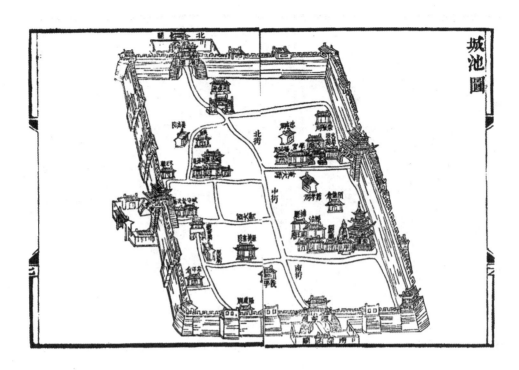

图5-41
清晚期高陵县县城祠庙分布图
（资料来源：清光绪十年《高陵县志》）

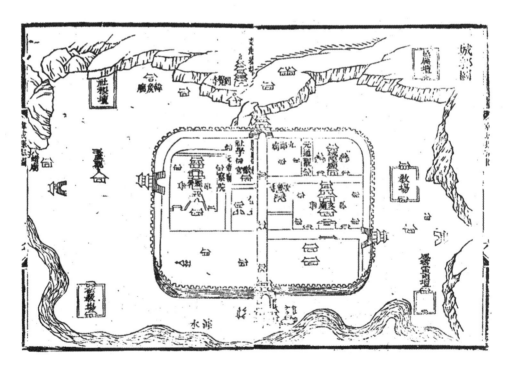

图5-42
清中期韩城县县城祠庙分布图
（资料来源：清乾隆四十九年《韩城县志》）

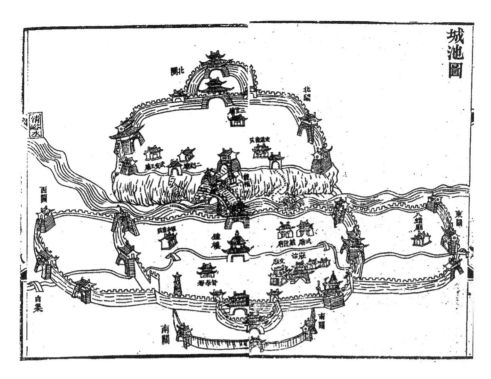

图5-43
清晚期三原县县城祠庙分布图
（资料来源：清光绪六年《三原县志》）

　　不同于以上诸例，河南省仪封县城邑内的祠庙顺应道路格局，以对称
布局的方式，取得严整的规律性。从民国24年（1935年）县志所载可以
看出，城邑以县署为中心，规划出左右对称的道路网格，祠庙建筑就选址
于网格形成的街区内。县署前方东有文庙，西有关王庙，二者一文一武，
构成了基本的礼制关系。县署以南左有火神庙，右有城隍庙，二者与文
庙、关王庙沿东西大街排列，形成多点公共活动场所。四座祠庙祀奉对象
各不相同，使得四处公共场所在空间环境和氛围营造方面呈现出相异的形
态特征，使人获得丰富多彩的民俗文化感受。此外，县署近旁还建有一座
马王庙（图5-44）。

　　从上述案例分析可以看出，除前文所述的因素外，城邑的自然形态、
周边地貌对于祠庙建筑的选址布局也有直接的影响。此外，历史沿革使得
城邑的祠庙建筑布局处在不断的调整和更新之中。据山西榆次县志所载
的明代巩昌知府金中天《城隍庙》一文可知，榆次城隍庙始建于元至正
二十二年（1362年），原址在榆次北门内善政坊以东，明宣德六年移建于
现址，与榆次县署隔西花园相邻，满足了明代城隍庙选址规制要求，形成
当地政治中心与民俗文化中心并立的格局。

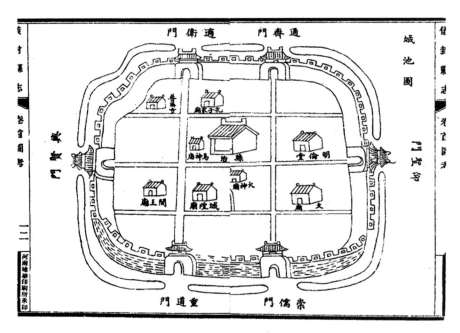

图5-44
民国时期仪封县县城祠庙分布图
（资料来源：民国24年《仪封县志》）

从上文所引用的古代县志城图可以看出，公共建筑的布局决定了城邑的空间格局。城邑公共建筑一般有县署、祠庙和寺院三类，其中数量最大、分布最为广泛的是祠庙建筑。分布于城邑中各个位置的祠庙建筑，是城邑空间最富特色的构成元素和影响因素。如上文所述，祠庙建筑的祀奉对象不同，文化意向不同，会出现不同的周边空间形态和景观形式，从而为城邑的总体风貌增添别样的光彩，不同的城邑因祠庙建筑选址分布的差异，展现出各自独特的魅力。

事实上，城邑官祀祠庙建筑创立之初，与普通民众之间存在着相当的距离。以城隍庙为例，很多城隍庙直至明代初年仍由官府委派门役看守，据钱宝琛《续修昆山县城隍庙志·列传》载，明天顺四年（1460年），"司理宋公署县，谒庙闻妇女喧杂声，怒逐守者……自是庙规楚楚……"至明末清初，当城隍官祀日渐废弛后，"郡邑中疾疫祈祷，多著灵应，民间奔走求祀，岁无虚日焉。"[3]城隍祭祀和城隍庙空间场所的民俗化才告实现。

3. 隆庆. 长洲县志·卷一一·坛祠: 天一阁藏明代方志选刊续编本[M].

官祀祠庙建筑空间场所的民俗化还从经济上影响着城邑的发展，大量商业建筑和空间依托祠庙和相应的庙会得以兴起，构建出新的城邑空间格局。据明代邢霖《新修城隍庙记》载，山西襄陵县城隍庙在县治西南，"吾邑僻于太行山脉之麓，汾水之阳，舟车不通，商贾所不至，……每年四月二十一日盖于此庙立会，俾民交易以通有无……而前再治诸舍，以为居货之所……"[4]

官祀祠庙建筑的民俗化也促进了官民共享的、娱神名义下的娱众空间的形成，对于构建出更能满足民众精神生活的城邑空间格局起到了重大作用。据现有资料，最早在城隍庙内修建戏台的，是明成化年间的山西徐沟县，"城隍庙在县治西五十步，金大定中建，明永乐宣德间金水泛涨，遂淤坏，景泰间知县李维新重建，成化间知县杨翱重修，庙门上建乐楼一座。"[5]成化十四年（1478年），山西屯留知县王绅移建原城隍庙，亦修建南乐楼五楹。在官祀建筑内修建戏台在明代以前或明初并不被认可，随着民俗化的发展，此风始长。至明末，多数城邑的空间格局中都融入了娱神兼而娱众的祠庙戏楼等元素，对此，清初学者叶梦珠的叙述可作为注释："府、县城隍庙之神，向故各有庙貌，……自崇祯之初，府城隍庙前启台门，后营寝殿，壮丽特甚，而吾邑县城隍庙亦于仪门上建楼，以备演剧。"[6]

4. 邢霖. 新修城隍庙记·民国·襄陵县志·卷二十四·"艺文" [M].

5.（清）光绪年补修徐沟县志·卷一·群庙 [M].

6.（清）叶梦珠，撰. 阅世编·卷三·建设 [M]. 来新夏，点校. 上海：上海古籍出版社，1981.

第六章

礼制文化特征和建筑形制

一

"坛庙礼制建筑" 概说

　　古代华夏的传统礼制对于现代社会来说完全是一个陌生的词汇，常人往往将其与落后、封建、保守等概念联系在一起，却并不了解礼制对于古代封建社会的中国有着何等重要的意义，对于上至统治阶层、下至民间百姓有着何等强烈的约束力。

　　在将古代华夏文明推向巅峰的隋唐所确立的三省六部制国家管理体系中，六部顺序为吏、户、礼、兵、刑、工。礼部居第三，仅次于管理国家行政体系和财政体系、保持国家基本运转的吏、户二部，而居于管理国家军队、边防、武卫的兵部、管理国家司法执法的刑部和管理国家建设的工部之上，可见在古代中国，礼制的地位和作用之重要。

　　礼制的产生及其与农耕经济的关系，前文已作简述，在古代华夏，礼制是社会运行的基石和保证，是各项社会制度和规范的基础。《礼记·乐记》曰："天高地下，万物散殊，而礼制行矣。"又曰："礼者，天地之序也。"隋唐时期的儒家学者孔颖达著疏曰："礼者，别尊卑，定万物，是礼之法制行矣。"[1]传统礼制的根本目的在于明确社会中人与人之间的关系，使人们遵从由这种关系带来的行为规范、制度法则、道德伦理和生活形态，从而达到社会的稳定。凡是违背礼制的行为和观念，则称之为"非礼"或"僭越"。

　　在此背景下，礼制进而又成为古代社会文化传承和发展的基础，民众的价值观、思想方式、民俗传统、精神追求也都遵循着礼制的导向。

1.（汉）郑玄，注. 礼记正义·卷三十七·乐记第十九（下）[M].（隋唐）孔颖达，吕友仁，整理. 上海：上海古籍出版社，2008.

　　礼起源于祭祀，是为春秋时期儒家学者孔子、孟子和荀子的共识，也与《说文》中对"礼"的阐释相符，而坛庙建筑之所以成为礼制建筑，首先就是因为它是祭祀的空间和场所，与"礼"有着天然的、不可分割的关系。

　　坛庙建筑是行祭祀之礼的场所，祭祀之礼不仅对祭品、祭祀方式有法度要求，对于祭祀建筑也有规制约束，《礼记·祭法》曰："天下有王，分地建国，置都立邑，设庙祧坛墠而祭之，乃为亲疏多少之数。是故：王立七庙，一坛一墠……诸侯立五庙，一坛一墠……大夫立三庙二坛……官师一庙，曰考庙……”秦汉以降，随着礼制、礼法的成熟和细节化，坛庙祭祀建筑逐渐被更多、更为详尽的规制所约束，其礼制建筑的文化属性更加明确。

从另一方面看，坛庙建筑作为一种宏大的、能够给人带来直观视觉印象的物质存在，可以通过其所具有的强烈的艺术表现力，来反映和表达礼制思想。礼制意识是抽象的，但长久矗立的坛庙建筑却似一个符号、一个象征，使人随时感到礼制的存在和影响。中国传统建筑艺术创作语言极为丰富，在形式和空间氛围的构建方面，可以营造庄重、神圣、充满仪式感的效果；在精神感知方面，可以令人产生崇敬、景仰、畏惧和凛然之情，这些都是传统礼制所迫切需要的，借助坛庙建筑得以实现。

礼制的本质与核心是"建立和维护秩序"，作为礼制文化的物质载体，礼制建筑以"表现秩序"为其核心艺术思想。礼制建筑艺术语言运用的诸方面，从建筑形制、立面构成、空间组织到装饰艺术、象征艺术，均围绕这一艺术思想展开。在漫长的发展和演变过程中，不断充实、丰富与完善，最终形成了一个庞大、复杂而深刻的礼制建筑艺术体系。

坛庙建筑艺术语言的运用及艺术特征的构建，是建立在中国传统建筑基本构成方式基础上的。不同于古代西方通常将建筑以单体的形式独立布置于基地中间的构建方式，古代华夏先人将建筑设置于四周，中间空出院子，建筑与院子紧密融合，形成院落，单座院落或多重院落的组合，是中国传统建筑基本的构成方式。

在距今三千五百多年的河南偃师二里头夏宫遗址的一座保存完整的早期大型夯土基址上，已经发现建筑有完整的院落（图6-1），还有东围墙、东庑等遗迹。而古代建筑中最常见的四合院，则早在陕西岐山凤雏西周住宅遗址中就已出现，其格局完整，由内外两院组成，由前向后依次有影壁、大门、前堂、后室，两侧设有厢房，前堂与后室之间以廊相联，形成"工"字形平面（图6-2）。

《辞源》释曰："院者，周垣也""宫室有垣墙者曰院"。院本意指建筑围合起来的露天的外部空间，但因其承载了华夏先人丰富而深刻的思想观念，形成了独特的空间形态，被先人视作建筑真正的灵魂。这一点，从人

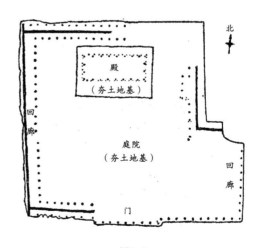

图6-1
河南偃师二里头夏宫遗址平面图

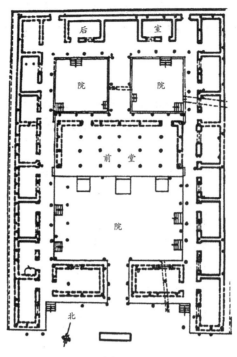

图6-2
陕西岐山凤雏西周住宅遗址平面图

们以院指代建筑，作为建筑的称谓，也可以看出来，如"博物院""晋商大院""北京四合院"等。甚至古代政府机构也以院为名，如"都察院""南院""北院"等。

以院落为建筑基本构成方式的理念是由于思想和物质双重原因形成的。首先，它是华夏先人基于对人与自然、人与天地关系的认知而形成的宇宙观、空间观、环境观的产物。在先秦典籍中，有许多先哲论述人与自然关系的内容，老子《道德经》云："人法地，地法天，天法道，道法自然。"《荀子·天论》云："列星随旋，日月递照，四时代御，阴阳大化，风雨博施，万物各得其和以生，各得其养以成。"《庄子·山木》曰："人与天一也。"《庄子·齐物论》曰："天地与我并生，而万物与我为一。"《大戴礼记·曾子天圆》中记载了孔子的重要言论："天道曰圆，地道曰方，方曰幽而圆曰明。明者吐气者也，是故外景；幽者含气者也，是故内景。……吐气者施而含气者化，是以阳施而阴化也。阳之精气曰神，阴之精气曰灵，神灵者，品物之本也。"这些论述均阐明了人居环境接天地之气的重要性。先哲的认知既是对华夏既往古老观念的延伸和拓展，又对古代哲学的发展有着决定性影响，由此而产生的古代建筑观强调建筑与环境之间的相互渗透；空间观强调空间的通达和流畅；环境观则强调天地物我合为一体，总之，建筑的构成应当将天地、环境、神灵之气融入其中，而这一命题的最佳答案就是院落。

其次，黄河流域农耕文化的大背景使古人形成了追求平和、稳定、内向、内敛的心态，这一心态在建筑构成方面的表现就是对外封闭、围合，对内开敞、通融，将院子作为构成中心。著名的古代建筑，大到北京故宫，小到晋商大院、北京四合院，无不具有这样的特征。

院落建筑形成的物质原因主要是古代防御侵袭的需要。建筑学家梁思成指出："在其他文化中，也都曾有过防御性的庭院，如埃及、巴比伦、希腊、罗马就都有过，但在中国，我们掌握了庭院布置的优点，扬弃了它的防御性部署，而保留了它供给居住者庭内、户外生活的特长，保存利用至今。"[2]表明院落建筑早期具有强烈的防御功能，虽然后来这一功能可能淡化，但因院落空间符合华夏古人的思想追求和建筑观念，故仍有长久的生命力。

2. 梁思成. 敦煌壁画中所见的中国古代建筑 [J]. 文物参考资料, 1951.

坛庙建筑的院落组合构成方式在表现礼制的"秩序"特征时具有显著的优势，院落组合所自然形成的空间序列，为运用各种建筑艺术语言提供了基础条件，空间的对比与变化、重复与再现、衔接与过渡、渗透与层次、引导与暗示，以及空间界面的处理等一系列艺术手法均得以展开和实践。中国科学院院士彭一刚先生在《建筑空间组合论》一书中对优美空间序列的建构和其所能达到的艺术效果有精彩的描述："组织空间序列，首先应使沿主要人流路线逐一展开的一连串空间，能够像一曲悦耳动听的交响乐那样，既婉转悠扬，又具有鲜明的节奏感……沿主要人流路线逐一展开的空间序列必须有起、有伏、有抑、有扬、有一般、有重点、有高潮……在一条连续变化的空间序列中，某一种形式空间的重复或再现，不仅可以形成一定的韵律感，而且对于陪衬主要空间和突出重点、高潮也是十分有利的……处在这样的空间中，人们常常会产生一种期待感……由此，人们常把它称之为高潮前的准备段。处在这一段空间中，不仅怀着期望的心情，而且也预感到高潮即将到来。"坛庙建筑的院落组合构成就是序列空间的艺术，以达到所要表现的思想意境。

"中轴对称"的构图法则，对于建筑空间"秩序"的建立有着举足轻重的价值。《梁思成文集》有云："中国建筑，其所最注重者，乃主要中线之成立。无论东方、西方，再没有一个民族对中轴对称线如此钟爱和恪守……从群体组合到一室布局都呈现出中轴线的特征。""中轴对称"明确了建筑的主从关系、等级关系，将这一构图法则运用于坛庙建筑的院落组合之中，则可以在抑、扬、起、伏等空间感受之上增添强烈的庄重感、仪式感，从而最大程度地用建筑艺术语言表现出礼制所要求的"秩序"。

作为重要的礼制建筑，坛庙建筑除了前文阐述的文化特征外，还具有等级、民俗和时代特征。在王权或皇权至上的古代中国，社会阶层等级分明，对于祭祀这样的大事，当然也必定要进行等级划分，并由此带来了坛

169

庙建筑的等级分类特征。《礼记·王制》曰："天子祭天地,诸侯祭社稷,大夫祭五祀。天子祭天下名山大川……诸侯祭名山大川在其地者",这是较早的关于祭祀分级的记载,其实也就确定了坛庙建筑的等级划分。隋以后,因祭奉对象的增多和礼制的改进,多次再行分级。《隋书·志·礼仪一》云:"昊天上帝、五方上帝、日、月、皇地祇、神州社稷、宗庙等为大祀,星辰、五祀、四望为中祀,司中、司命、风师、雨师及诸星、诸山川等为小祀。"《清史稿·志·礼一》云:"清初定制,凡祭三等,圜丘、方泽、祈谷、太庙、社稷为大祀。天神、地祇、太岁、朝日、夕月、历代帝王、先师、先农为中祀。……贤良、昭忠等祠为群祀。乾隆时改常雩为大祀……光绪末,改先师孔子为大祀。"

按照礼制建筑的要求,不同等级的坛庙建筑,其建筑形制,包括占地规模、总体建筑格局、单体建筑开间、屋顶形式等完全不同,就像古代官员的居所不能僭越一样,坛庙建筑礼制等级要求之严格,从晋陕豫各级别坛庙建筑遗存中可窥一斑。

坛庙建筑数量巨大、分布广泛,其中很多与民间社会的距离非常近。宋代以后,坛庙建筑民俗化趋势加强,至明清,不仅群祀建筑,连曾经的中祀建筑中也融入了大量民俗元素。例如,在大量的祠庙建筑,包括嵩山中岳庙、华阴西岳庙、解州关帝庙中,均可见到以"龙"为主题的木雕或琉璃装饰。在传统的民俗观念中,存在强烈的"龙"的崇拜与信仰意识,龙的出现是天下太平、风调雨顺、和谐安宁、衣食丰足的征兆。但龙又被认为是最有权威和力量的。《史记·天官书》曰:"轩辕,黄龙体",将华夏先祖与龙二位一体化,中国古代帝王均自许为真龙,因此古代建筑中以龙为饰有着严格的礼制限定。但是,信仰的力量是无法被遏制的,市井建筑不能使用龙饰,民众便在坛庙建筑这类既祀奉着官方所尊崇的神明、又与民间社会最为贴近的建筑中施展身手,以实现自己朴素的愿望,使得大部分坛庙建筑具有了鲜明的民俗特征,成为礼制建筑与民俗建筑的复合体。

坛庙建筑随着时代的发展而产生着不同程度的变迁,其庙貌和建筑形制因礼制等级、地位及时代环境的变化而变化。典型的例子如晋南汾阴后土祠,该祠兴起于西汉武帝时期,汉武帝曾先后六次亲诣汾阴,并在后土祠建万岁官。其后,汉宣帝两莅汾阴,汉元帝三莅汾阴,汉成帝四莅汾阴,东汉建武十八年(公元42年),光武帝率群臣至汾阴祀后土,后土祠的礼制地位备极尊崇。唐开元十一年(723年)和开元二十年(732年),玄宗两诣汾阴,据《唐大诏令集·祀后土赏赐行事官等制》载:"北巡并都,南辕汾上,览汉武故事,修后土旧祠",玄宗亲临致祭,使后土祠的建筑规模较前更加宏大壮观,同于王居。北宋时期的汾阴后土祠,南北长

170

732步，东西阔320步，庄严宏巨，号海内后土祠庙之冠。元代以后，帝王不再亲临汾阴，明成祖定都北京后，在今北京天坛内合祭天神地祇，嘉靖年间于北京北郊建坛祭地。由此，明以后的汾阴后土祠礼制等级大为降低，祭祀主体由国家变为了地方，建筑形制变化极大，庙貌大为缩小，与北宋时同为高等级祠庙、清代仍有乾隆皇帝亲往致祭的嵩山中岳庙相比，已不可同日而语。

但即使是中岳庙，由于历史文化等因素的影响，清乾隆时期的庙貌、建筑形制与庙内所藏《大金承安重修中岳庙图》碑中所示的宋金庙貌和建筑形制相比也大不相同，甚至与清顺治时期也不同。

二

从两座庙碑看宋代高等级
自然神祠庙建筑形制

　　河南登封中岳庙于宋真宗大中祥符年间增修殿宇，完备庙制，时有
"飞甍映日、杰阁联云"之誉。山西万荣后土祠在宋真宗亲幸汾阴告祭之
时，几经兴筑，倍益增丽，规模恢宏。两祠庙均属宋金时期国家中祀等级
的、最有代表性的祠庙建筑，也是当时晋陕豫黄河流域自然神祠庙建筑中
规模最大者。通过对二者总体建筑格局、总体建筑构成特征、院落的组合
特色、单体建筑特征的分析，可以解读出在宋金这个华夏祠庙建筑最为昌
盛的历史时期，同等级、同类型祠庙建筑的一般形制规律。

　　金承安五年（1200年）刻立的《大金承安重修中岳庙图》碑，以精
致的线条刻绘出了八百多年前中岳庙的宏大状貌，此图碑对庙院全局和单
体建筑均有极为细腻的表现，甚至庙内碑碣、植物的分布也都描绘如实。
图碑圆首方趺，高126厘米，宽73厘米，现立于中岳庙峻极门东掖门檐
下，观之使人不禁惊叹古人建筑艺术表达之严谨（图6-3）。

　　始刻于金天会十五年（1137年），重刻于明嘉靖年间的《蒲州荣河县
创立承天效法厚德光大后土皇地祇庙像图石》碑，同样以精准的线条刻绘
了历史更早的山西河东万荣后土祠的盛状。此碑高139.3厘米，宽110.8厘
米，背面刻有宋大中祥符四年（1011年）以前历朝立庙致祠实迹，现存
于后土祠献殿之侧（图6-4）。

　　在总体格局上，宋金中岳庙呈中轴对称、多院落组合纵向展开方式，
平面构图呈长方形。万荣后土祠也采用同样的中轴对称和多院落纵向组合
布局，但在祠庙北端围以半圆形墙垣，墙垣内中轴线尽端正好坐落在祠内
最具历史文化特征的"旧轩辕扫地之坛"处。坛之南横以长墙，将南面的
祠庙与坛院隔开，中间形成一个过渡庭院，院内多植松柏，浓郁苍翠，蔚
然成林。半圆的墙垣与长方形的后土祠庙，以"天圆地方"为其平面构成
寓意，这是基于后土祠的祀奉对象为阴性，而作出的象征式艺术处理。

　　宋金中岳庙和万荣后土祠均采用重城之制。最外层建筑为高墙，高墙

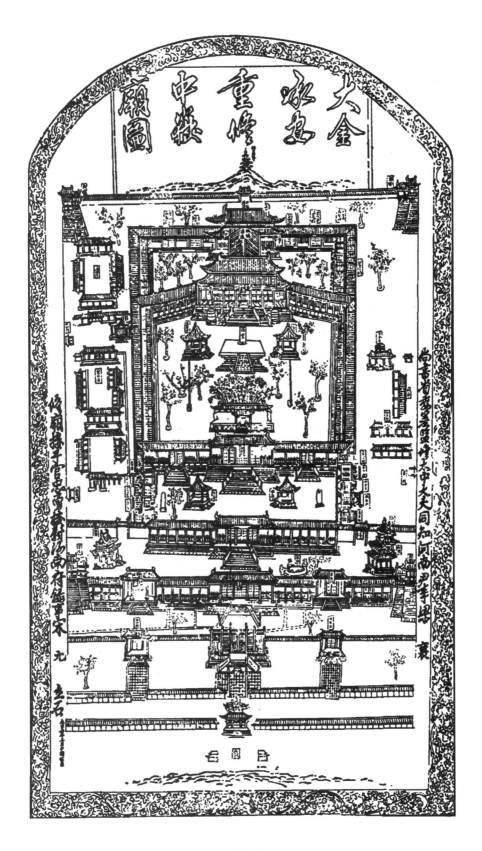

图6-3
《大金承安重修中岳庙图》碑

173

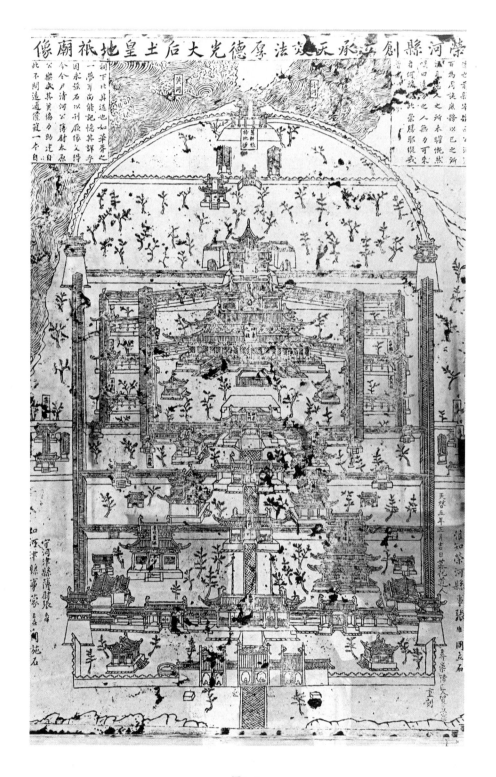

图6-4
《蒲州荣河县创立承天效法厚德光大后土皇地祇庙像图石》碑

四角设有角楼，角楼坐落于高大的墩台之上，气象非凡。所不同的是，中岳庙角楼采用双阙叠退形式，后土祠角楼采用单阙形式，前者显得更有层次和气势。据学者考证，礼制建筑中营建角楼最早为五代时期后周显德年间所建的太庙，宋传承于后周，从两座祠庙来看，角楼之制已成为宋代高等级礼制建筑的基本规制。

两祠庙外城以内，建筑布列鳞次栉比、井然有序，均以对外封闭、对内开敞的廊庑围合正殿和寝宫而形成内城。内城南面正中设门，坐落于高大的台基之上，其礼制类似于宫廷正殿前的正门。中岳庙内城正门上三门为五开间、单檐庑殿顶；后土祠内城正门坤柔之门为放大的三开间、单檐庑殿顶，两者相近。

内城以里为"前朝"，宋金中岳庙在此处依次设有降神之殿、竹林、路台。降神之殿前有抱厦，抱厦为歇山顶，面阔一间。神殿为单檐庑殿顶，殿前设有踏道，该殿应属民俗建筑，为当地民众因地方传统、传说而设置，与礼制无涉。神殿之北的竹林，应当也是由此类原因而设，从中可以看出宋金时期高等级礼制建筑的包容性。竹林东、西两侧设有左右对称的两支高杆，下以夹杆石固定，此为悬挂旌幡之用，可彰显出中岳庙祭祀建筑的属性。路台为一方形台座，台身砌作须弥座形式，前设踏阶。在最具华夏传统文化特征的建筑中出现来自异国宗教的建筑样式，反映了当时佛教文化基因植入之深。

再北便是建于高大的基座之上、前有三道陛阶的中岳庙主殿——琉璃之殿。中道陛阶极宽，有矮栏挡于前端，表明此为神道或御道。正殿面阔七间，重檐庑殿顶。从屋顶形式及建筑开间看，正殿礼制等级仅次于重檐九间的皇家宫廷大殿，作为中祀建筑已具有相当高的礼制规格。正殿七间全部设门，居中五间做槅扇门，两梢间则做实榻大门，槅扇门空灵，实榻门厚重，产生形式上的对比，中虚而外实，使得正殿屋身立面形成均衡的构图效果。正殿两侧以八字形的斜廊连接东西廊庑，围合成殿前庭院。斜廊产生向心感，能够较普通的直廊更强烈地突显出中轴线关系，强调出正殿的核心地位。殿前庭院内，路台东西两侧，各有对称设置的四角攒尖方亭一座，既起到点缀作用，又强化出中央轴线。

万荣后土祠内城以里，沿中轴线依次为祭台和一方由栅栏围起的水池。祭台宽大方正，形式简单质朴，四角有石加固。水池之设与祠庙祭奉对象有关，后土神为阴性，水亦属阴，以水之阴喻后土之柔，构思巧妙，象征意义强烈。

水池之北即为后土祠正殿——坤柔之殿。大殿同样坐落于高大、宽阔的台基之上，与中岳庙不同的是，台基正中，也就是中轴线位置上并无陛阶，而是将其分置于水池两侧，左右各一。陛阶所显示的等级关系是礼制建筑的重要内容，后土祠这样的做法打破了常规，推测还是与祠庙的祭奉对象有关。中设陛阶，则陛阶必为单数，单数为阳，与后土神阴柔之性不符，陛阶作双数，则二者相合。

坤柔之殿面阔九间，亦采用礼制等级最高的重檐庑殿顶，等同于皇宫正殿。殿侧同样以斜廊与周围回廊相接，形成向心构图，平矮和连续的斜廊与主殿相对比，更映衬出后者的宏伟壮观。院内中轴线两侧，同样各有一座方亭作为辅弼。

由正殿向北，为"后寝"之所，宋金中岳庙和万荣后土祠均采用了以穿廊连接前后殿的方式，构成了"工"字形平面格局。这样的建筑组合，与古代文献中所载的北宋东京皇宫殿宇基本相同，明清北京紫禁城的养心殿建筑群也采用了这样的做法。

宋金中岳庙后殿称"琉璃后殿"，面阔五间，重檐歇山顶，左右有廊房式建筑与之相连，围合成庭院。廊房建筑左右各分作三座小殿，左有九子夫人之殿、玉英圣后之殿、玉仙殿，右有后土殿、金圣夫人之殿和王母殿，均为民俗神殿，表明了当时民俗文化意识渗透之强烈。

万荣后土祠后殿面阔三间，单檐歇山顶，两侧由廊庑相连，围合成庭院。在内城东、西两侧，各有三座小院，院内各设小殿，东三院由南向北依次为真武殿、六甲殿和五道殿；西三院由南向北依次为五岳殿、六丁殿，最后一殿名称已模糊不清。和宋金中岳庙一样，这些民俗神殿反映了当地民众除礼制祭祀之外的民俗神信仰诉求。

后殿以北，两祠庙各依据自身的环境特色和文化特征作出不同的处理。宋金中岳庙于北外城城墙正中设门，正对作为镇山的黄盖峰和峰顶四重檐、形似宝塔的高大阁楼，以此形成整个建筑序列空间的收束，自然而生动。后土祠则在北外城城墙正中建造高台，台前有阶，台上修三开间单檐悬山顶殿宇一座，其北接一"工"字形高台，台上立一攒尖景亭，殿宇与景亭之间以穿廊相通，共同构成祠庙建筑序列空间的收束。人居高台之上，可俯仰天地，远眺河汾，感念后土之载万物、育苍生、造福生民。

礼制建筑的"重门之制"在宋金中岳庙和万荣后土祠都表现得非常鲜明。宋金中岳庙的重门由正阳门、下三门、中三门和上三门组成。正阳门南面为起景引导空间，由南向北沿中轴线依次布置有石阙、方亭和望柱。石阙为遥相对应的两座门阙式建筑，对照文献记载可知，此即为建于东汉安帝元初五年（118年）的太室阙（图6-5），该阙传至金承安五年已有上千年，以此作为中岳庙空间序列的起始，彰显出中岳庙悠远的历史和对古老精神的

图6-5
中岳庙太室阙

传承。方亭面阔三间，重檐十字脊屋顶，下有较高的台基，此为庙外遥祭岳神和置放祭品之处，三开间的体量和繁复瑰丽的屋顶形式使该建筑虽为一亭，但置于中轴线上并不逊色。方亭以北的望柱，共两根，沿中轴线对称而立，中为通道；望柱高大，柱头作束腰葫芦形状。

望柱以北，矗立着并峙的乌头门三座，中高旁低，是为宋金中岳庙的第一道门——正阳门。乌头门又称棂星门，它的出现不晚于唐代，至宋代成为定制。乌头门形态独特，在两立柱之间横一枋木出头，柱上端安瓦或作葫芦状，柱间装双开门扇。正阳门坐落于台基之上，两侧围以实墙，显示此为重门之始，实墙上对称开有东西偏门，门前和正阳门前一样设有方砖铺就的步道，三条步道有主有从，可看出严格的礼制规范。

正阳门之后的下三门、中三门和上三门均为屋宇式大门，均采用面阔五间、单檐庑殿顶的形式，且均坐落于高大的台基之上，中设宽大的踏阶。所不同的是，三座门的两翼建筑做法有别，形成的各个院落特征亦有差别。

下三门两翼为廊房，并连接至高大的东西南角楼，门前的庭院内较为空旷，植有较多树木，与虚空的大门和廊房相掩映。

中三门两翼建筑采用廊房与实墙相结合的做法。与北面上三门庭院相接部分为廊房，再向外延伸部分做实墙，这样一虚一实的对比，丰富了中三门前庭院的空间界面。庭院内建筑丰富，东掖门前建有重檐歇山顶碑楼两座，西掖门前也对称建有同样形制的碑楼一座；中三门前东侧，还设有一座火池，池周立有四座铁人神像，作防火镇邪之用，民俗意蕴浓厚。

上三门两翼亦做廊房，与东西两厢矗立的殿宇围合成院落。东厢五殿，自北而南分别为"电君殿""东岳殿""山雷公殿""南岳殿"和"府君殿"。西厢亦做五殿，自北而南分别为"二郎殿""北岳殿""真武殿""西岳殿"和"土宿殿"。除多座民俗神殿外，将对东岳、南岳、西岳、北岳神明的祭祀合于一院之中，也是民俗意向而非礼制观念的反映。院落中对称布置有两座四角攒尖的井亭和两通古碑。

万荣后土祠的"重门"由棂星门、承天门、延禧门和内城正门坤柔之门组成，同宋金中岳庙一样，也是前有棂星门或乌头门开端，后有三门相拥。棂星门亦为三门并峙，中高旁低，门侧望柱作华表状，上端横插云板，门扇对开，门扇上做火焰之形。火焰纹源自佛教，有避邪、驱魔、不可侵犯之意。棂星门两侧筑有实墙，与宋金中岳庙一样，将祠庙内外部空间完全分隔。

棂星门之北建有"太宁庙"一座。由后土祠庙碑右上角"太宁庙事迹载诸碑石"等字样可知，后土祠曾称太宁庙。史载，宋真宗于大中祥符四年正月亲祀汾阴之后，于二月辛酉诏令改后土祠奉祗官为太宁官，宋人杨照亦有《重修太宁庙记》，记述宋哲宗元祐二年（1087年）官修后土祠的情况。在祠内中轴线上修筑这样一座殿宇，显然有缅怀往昔、传承文脉、祈望太平永宁之意。太宁庙位于高大台基之上，面阔五间，明间宽大，单檐歇山顶，明间设实榻门，门钉满布，次间设对开门，梢间实墙砌筑，前有围栅，颇具气势。

太宁庙以北的三门中，延禧门形制较低，为三开间悬山顶建筑，承天门和坤柔之门形制相同，均为三开间单檐庑殿顶，坐落于高大的呈凹形的台基之上。不同的是，承天门两侧筑以实墙，横向展开与外城墙相接，围合出庭院。坤柔之门两侧的做法则与宋金中岳庙上三门处相同，以廊房构成内城的南界面。承天门前庭院中，东、西各矗立有一座碑楼，东碑楼宏大华丽，为面阔五间的双重檐歇山顶楼阁式建筑，内置宋真宗莅汾时御制御书的《汾阴二圣配飨之铭》碑。西碑楼面阔三间，重檐歇山顶，内置唐玄宗撰文之碑。两碑并立，彰显出后土祠礼制之隆崇。

延禧门和坤柔之门前庭院中均对称修筑有碑楼。延禧门前两碑楼建筑形制基本相同，为三开间重檐歇山顶楼阁式建筑；坤柔之门前两碑楼则不同，居东者建筑形制与延禧门前高大、壮观的碑楼相同，居西者形制简单得多。多重对称布置的碑楼，其作用同宋金中岳庙一样，一者置碑，有功能之用；二者衬托中央轴线，承礼制之用。

宋金中岳庙和万荣后土祠虽同为重要的礼制建筑，但在其建筑形制中融入了民俗内容，将官祀的自然神崇拜与民间社会的信仰诉求结合在一起，形成了宋金礼制建筑的一大特色。在后来中岳庙建筑形制的演变过程中，由于官方祭祀观念的改变，这些民俗内容出现了淡化的趋势。

三

清乾隆时期嵩山中岳庙与
华阴西岳庙建筑形制的比较

清乾隆时期，中国封建王朝达到鼎盛，强大的国家财力，加上统治者的关注，使得很多祠庙建筑，特别是祀奉自然神明的岳庙得到了"茸故重新，起祀植倾"的修整。"百工云集，应时而成。于是栋宇兴隆，殿寝宏丽，藩严基峻，楼观飞峙"，嵩山中岳庙和华阴西岳庙得到了再生，恢复了宏大的庙貌和建筑形制。在两庙之中，很多建筑是对明以后历史建筑的传承。

乾隆十五年（1750年）十月初一，清高宗莅中岳庙致祭，其礼盛大，赐铜铸香案、香炉，并制《谒庙诗》二首，赞中岳庙之辉煌壮丽，诉祈年求仙之情。

乾隆四十二年（1777年），因西岳神"近岁风调雨匀，屡昭灵应"，而西岳庙岁久倾颓，急需茸治，乾隆帝拨巨款予陕西省，并嘱"务俾工程坚固，庙貌鼎新。"工程竣工后，乾隆帝赐匾曰："金祇载福"，赐联曰："作庙始西京升馨自昔，侑神配东岳鼎建维新"。

从中岳庙庙藏之乾隆年木刻《钦修嵩山中岳庙图》（图6-6）和西岳庙于乾隆四十四年修茸竣工后镌立、现存于庙内金城门槛下的《敕建西岳庙图碑》（图6-7）中，可以清晰地解读出两庙当时的建筑形制和庙貌，并作出对比分析。

乾隆时期中岳庙和西岳庙均以"重城之制"为基本形制，设有外城与内城（或称外城与内庭）。但是中岳庙的外城除了高墙依旧外，没有了宋金时期恢宏的角楼。西岳庙则相反，保留了明成化和嘉靖两朝敕修的角楼，各处角楼均呈三叠台状，气势不凡，此为两庙因历史传承的不同而形成的庙貌特征。

乾隆时期中岳庙的内城也与宋金时期不同，前朝庭院和后寝庭院改为各自独立，不再联系。前朝正门峻极门面阔五间，单檐歇山顶，居高台基之上，两侧有东、西掖门。峻极门之北正对正殿峻极殿，大殿坐落于高大

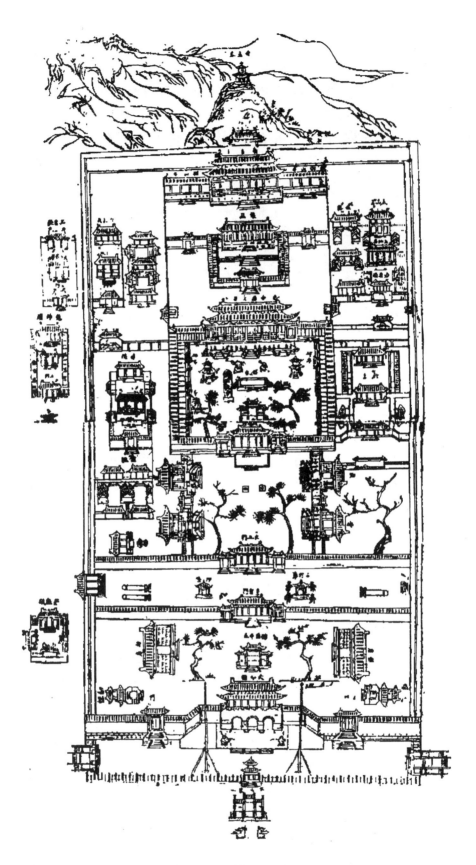

图6-6
清乾隆木刻《钦修嵩山中岳庙图》

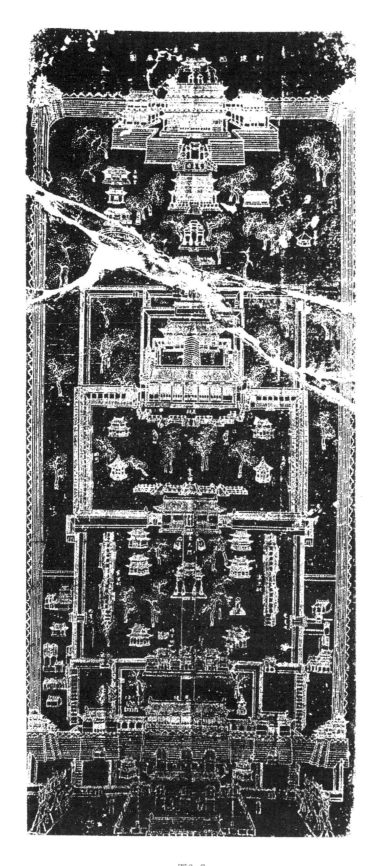

图6-7
清乾隆《敕建西岳庙图碑》

的台基之上，前有宽大的月台，殿宇面阔九间，重檐庑殿顶，形制高于宋金时期的峻极殿，已达到礼制建筑的最高等级。峻极门和峻极殿周边由对外封闭、对内开敞的连续廊房围合，形成一座宏大的庭院。

庭院内依次设有"嵩高峻极"牌坊和祭台。牌坊用于古代建筑之中，多为礼制建筑的标志，矗立于中轴线上的牌坊，一方面以其独特的形式反映出建筑的文化属性，另一方面对中轴线有强化和凝聚作用，加强了建筑的秩序和礼制关系。"嵩高峻极"坊为木制牌坊，面阔三间，庑殿顶样式，下有石质高大柱基，整体形态苍劲古朴。祭台呈正方形，四面设有踏阶，其西侧立有一通巨碑，上书曰："岳立天中"，给肃穆的庭院增添了巍然居天下之中的豪迈感和神圣感。峻极殿前东西两侧建有对称布置的碑亭，同宋金中岳庙一样，起着作为中轴线辅弼的作用。

中岳大殿峻极殿之北为一片空地，沿中轴线可见垂花门，门两侧及向北围以对外封闭的廊房，入内为寝宫庭院。庭院进深较小，横向尺度较前朝庭院也大为缩减，庭院分为上下两层平台，正中有踏阶，高差变化和上层平台的设置凸显了寝宫的地位。寝宫面阔七小间，单檐歇山顶，独立设置的寝宫庭院就礼制而言，是对其地位的加强。

乾隆期西岳庙的前朝庭院和后寝庭院虽然连在一起，但二者在横向尺度上也有大的改变。前朝庭院横向宽阔，正门金城门居中轴线上，该门建筑形制与峻极门相当，亦为面阔五间，单檐歇山顶，两侧有东西便门。入内，有金水河横亘东西，上跨拱桥三座，中宽旁窄，雕栏玉琢，礼制俨然。庭院之北矗立着正殿灏灵殿，大殿面阔七间，单檐歇山顶，建筑形制低于中岳庙正殿。灏灵殿前同样设有宽大的月台，殿前东西两侧同样对称布置有碑亭，但并非两座，而是两两相对的四座。其建筑形制不同，一对为三开间重檐歇山顶，另一对则为六角攒尖顶，使得宏大的前朝庭院内的建筑形态大为丰富。

灏灵殿之北以穿廊连接寝宫，形成"工"字形平面，并以廊房围合成后寝庭院，此做法与宋金中岳庙相同，但庭院横向尺度大为缩减，仅与南面灏灵殿的面阔相当。寝宫面阔五间，单檐歇山顶，与中岳庙寝宫礼制等级相近。

"重门之制"作为高等级礼制建筑的基本形制之一，在清乾隆时期中岳庙和西岳庙中亦有完整的体现。不同的是，较之五百多年前的宋金中岳庙，此时的两庙更加注重重门中首门的气势，强调以高大雄伟的建筑形象给人以震撼，这是古代礼制建筑营造思想和礼制观念的一个重要转变。

中岳庙的"重门"由南向北依次为天中阁、崇圣门、化三门、峻极门。比起宋金中岳庙各门简单的称谓，这些门的名称，其儒家和道家的文化含义就要丰富得多。天中阁为中岳庙正门，明嘉靖四十年（1561年）重修后，以"正当天中"之意取其名，开宗明义、气象不凡。天中阁的建筑形式完全异于前制，下部为体量巨大的墩台，上建面阔七间、重檐歇山顶楼阁，墩台中开三道宽厚深远的砖券门洞，下砌厚重的石质基座，这样的建筑形式，为明代以后高等级礼制建筑所常见，亦作为此类建筑的标志性特征。天中阁的宏伟建筑形象与其名称相对应，构成中岳庙序列空间中起始空间的底景。

天中阁之南，由南向北沿中轴线依次布置有汉太室阙、棂星门、遥参亭。汉太室阙和遥参亭的设置是对历史的传承，棂星门之制历史悠久，其设置既是对中岳庙祭祀礼制建筑历史的延续，又增加了起始空间的导向感。这些建筑形态空透，与天中阁形成强烈的对比。天中阁两侧围以封闭的、呈"八"字形的高墙，门前东西两侧立有两尊石狮，大大增加了起始空间的聚合感和向心感。

天中阁以北的三门建筑形制基本相同，均为面阔五间，单檐歇山顶，均坐落于高大的台基之上。崇圣门和化三门两侧均以横向长墙延伸至东西两端，墙上均设有东西侧门，但各自门前庭院内的建筑构成完全不同。

"崇圣门"之名，表达对神明圣贤的崇敬和景仰，儒家教化之意明了，其门前庭院内两侧对称设有钟、楼二楼和东、西朝房，沿中轴线则矗立有"配天作镇"牌坊。钟、鼓二楼均为双层檐歇山顶，其出现始于隋唐，除报时外，还作为祭祀时节制礼仪之用，因此除寺庙外，元、明以后的礼制建筑内也多建有钟楼和鼓楼，后来逐渐成为基本配置。东西朝房的设立为清代中岳庙所独有，这样的建筑形制进一步表明中岳庙礼制之尊贵。"配天作镇"坊之名为清代所撰，按道教五行之说，中岳属土象，土为地，而宇宙之间唯地可以配天，"配天作镇"意为中岳之神与天相应，镇兹天地之中。

"化三门"取道教"一气化三清"之意，门前庭院中左右两侧对称设置攒尖顶神库各一座，神库之外，各立有古碑。东侧神库四角，还矗立有四座铁人神像，此即由宋金中岳庙中的铁人保存传承而来。

峻极门前庭院中，宋金时期的十座殿宇被合并为四座单檐歇山顶五开间大殿，均坐落于高大的台基之上，祀奉对象变成了风、云、雷、电四位神明，原来的民俗神不再入祭奉之列。这一改变，如天中阁、东西朝房的设立一样，意味着中岳庙礼制的加强和民俗意蕴的弱化。

清乾隆时期西岳庙的"重门"，由南向北依次为岳庙门、灏灵门、棂星门、金城门，既有明代遗构，又有清代重建，故各门建筑形态均不相同。岳庙门之南设有琉璃影壁，这自然是出于风水之说的影响，明代西岳庙前并无此建筑，大约因西岳庙屡遭地震、火灾和兵燹，为取得风水之胜，长保平安，故于康熙年间立此影壁，乾隆时影壁上的龙饰被取消。

岳庙门为券洞门式建筑，上覆单檐歇山屋顶。岳庙门与北面的灏灵门由高墙围合，形成月城，此为西岳庙在重城之制基础上的又一城制。灏灵门建筑形式和中岳庙天中阁相近，亦为高台式建筑，雄浑的墩台设有三个券洞门，直对庙门中的券洞，形成三条神道，礼制秩序明确。墩台上的灏灵楼面阔七间，单檐歇山顶，虽较天中阁之重檐屋顶形制等级略低，但月城的设置，不仅弥补了这一差别，也使得西岳庙在总体格局上较中岳庙更接近宫廷建筑。两庙在序列空间的起始部分表现出了不同的营造思想：中岳庙以一组祭祀特征鲜明的建筑，着力渲染祭祀氛围；西岳庙则以皇家宫院的气象作为其修筑的目标。基于此种理念，西岳庙的钟、鼓二楼也不像中岳庙及一般的祭祀建筑那样在庙内相对而设，而是布置在了灏灵门的两侧，如同皇家宫院的阙楼，灏灵楼、钟鼓楼和东南角楼、西南角楼均坐落于墩台高墙之上，尽显尊贵和雄伟的气象。

灏灵门以北，自棂星门开始，西岳庙逐渐表现出了祭祀建筑的特征。棂星门面阔七间，三门四墙样式，三座门均为单开间单檐歇山顶，没有传统棂星门的样式特征，仅可从其名称看出，该门为祭祀礼制建筑的组成部分。

棂星门以北，为空阔的金城门前庭院，庭院内中轴线上矗立有"尊严峻极"石牌坊，该坊建于明代，至乾隆晚期已有两百年左右。高大雄伟、古老苍劲的牌坊强调出西岳庙的祭祀礼制建筑特征和悠久的历史传承，牌坊两侧对称布置有六座双层檐歇山顶式碑楼，内存有明嘉靖年间复制的唐玄宗华山铭碑、明太祖碑、明神宗碑、提点碑和清代御制碑等，碑楼在建筑空间序列和建筑形制上的作用，前文已多有阐述。金城门前庭院的东西两翼，原为神荼郁垒、十殿灵官、门神、厩马诸像，至乾隆时期进行了整合，东西两翼均建起完整统一、错落有致的廊房式建筑，以东翼为冥王殿，西翼为灵官殿。这样，由牌坊而碑楼，由碑楼而廊房，各型建筑层次分明，礼制秩序井然。

乾隆时期的中岳庙和西岳庙，内城以北的建筑形制也有异同，共同之处在于都在中轴线上设有御书楼。中岳庙御书楼原名"黄箓殿"，为储存道经之地，创建于明万历年间，乾隆皇帝中岳祭祀时，曾于此殿题碑书铭，故改称此名。中岳庙御书楼面阔七间，重檐歇山顶，坐落于高大的台基之上，两翼有廊房向东西延伸，构成了宏大的横向建筑体量，作为中岳庙建筑空间序列的收束。

西岳庙御书楼内存乾隆皇帝御笔书写的"岳莲灵澍"横卧碑，此楼之南立有"少皞之都"石牌坊，楼之北，为"飞甍正欲摩苍穹"的万寿阁。此阁的风水作用，前文已作阐述。万寿阁前首层平台上还立有庙内的第三座石牌坊："蓐收之府"，《淮南子·天文训》曰："西方金也，其帝少昊，其佐蓐收，执矩而治秋"，五行中西方属金，亦属秋，主刑法，汉代以少昊为西方主神，其子侄蓐收以西岳为治所掌刑名。"少皞之都"牌坊、御书楼、"蓐收之府"牌坊和万寿阁，构成了又一个规模较小的空间序列，这一序列表达的不再是祭祀的内容，而是西岳庙的文化背景和历史渊源，可谓匠心独具，体现了营造者优秀的文化和历史传承意识。

四

关帝庙建筑形制特征

晋陕豫黄河流域坛庙建筑中祭奉关公的祠庙，最常见的名为关帝庙，此外，还有因关羽义勇忠烈的事迹和后世对他的封赠而得名的祠庙，如：关王庙、义勇武安王庙、关圣帝君庙、壮缪侯庙、显烈庙、忠义庙、义烈庙、老爷庙等。明清之际，这些祠庙遍及晋陕豫三省各地，从城邑到乡村，从州县到闾里，关庙的建筑规模不尽相同，建筑形制也有着层次或等级的划分。

关庙中建筑规模最大、形制层级最高的是地处关公故里的山西解州关帝庙。据清乾隆二十九年《解州全志·卷三·祠宇》载："关圣庙，在城西门外，南面条山，北负硝池，创自陈、隋，宋大中祥符间重建。"《解州全志·卷十四·艺文》载明代《重修关圣祠祀》曰："汉前将军关壮缪侯，解人也。解故有祠，距城百步之远。南面中条，而硝水北萦之，更北则为涑、为汾、为河，山为姑射，为紫金胜所，无不揽结。祠传自陈、隋，宋祥符、元祐、崇宁中池水数溃，张虚静请侯之神胜之，池坚如故……于是加封号，拓祠。而祠独解最伟，侯之灵爽，独解祠为最异。"由此可见，关庙中解州关帝庙始建年代久远，与《关帝志·灵异·建玉泉》中所记载的隋开皇十三年（593年）建于湖北当阳玉泉的关庙相伯仲，为黄河流域关庙中当之无愧的代表。

解州关帝庙历史上屡遭损毁，仅在清代就曾于康熙四十一年（1702年）遭逢火灾，以至"千年胜地，荡为瓦砾，荒凉丘墟，神人俱戚"。嘉庆二十年（1815年），河东特大地震，解州关帝庙又被摧毁。但灾难过后，当地民众执着于关公信仰，以更大的热情将祠庙修复。在屡次修葺的过程中，解州关帝庙的建筑形制也屡有增减，以现存文献资料来看，清乾隆时期《解州全志》中《解州关圣庙全图》所绘制的祠庙建筑形制在历史上最为宏大。

解州关帝庙是以官廷建筑为样板的祭祀建筑群，其建筑形制格局和建筑的命名均明显地表明了这一特征。

不同于同时代的中岳庙，也不同于既是同时代又同样以官廷建筑为参照的西岳庙，解州关帝庙并没有设置内城与外城，只以对外封闭、对内开敞的廊庑作为建筑群的围合体系，虽然仍采取了前朝后寝的格局，但前朝不作单独的围合，而是以高墙将寝宫以北、最具关公文化气象的部分建筑围合成院落，由此形成了开敞的重门、御书楼、正殿等前区建筑，和封闭的后区建筑共同构成的独特的庙院形制和总体布局（图6-8）。

解州关帝庙的重门由端门、雉门、午门组成。在古代宫廷建筑中，端门为宫殿的正南门。《史记·吕太后本纪》曰："代王即夕入未央宫，有谒者十人持戟卫端门。"《后汉书·左雄传》曰："请自今孝廉年不满四十不得察举，皆先诣公府，诸生试家法，文吏课笺奏，副之端门。"宋代晁冲之《上林春慢》词曰："鹤降诏飞，龙擎烛戏，端门万枝灯火。"解州关帝庙将山门称为端门，自有将庙院比作宫院的喻意。端门前横有照壁，如西岳庙之制，端门为中高旁低三开间券门砖构，上覆歇山屋顶，建筑形态虽不是非常雄伟，但也内敛、封闭，呈现出一种神秘、威严的气象（图6-9）。

端门以内为一横向长街，由端门及其两侧向东西方向伸展的墙垣和雉门及其两侧的墙垣、门道围合而成。长街东西尽端设有钟、鼓二楼，均为建造于城台上的阁楼式建筑，城台中有券洞可供通行。东端钟楼之外有石牌坊，名曰："义壮乾坤"；西端鼓楼之外亦有石坊，名曰："威震华夏"。将钟、鼓楼与牌坊相结合，形成祭祀建筑除南向正门以外的东西方向标志性入口，是解州关帝庙建筑形制与布局的又一大特色。长街的横向空间形

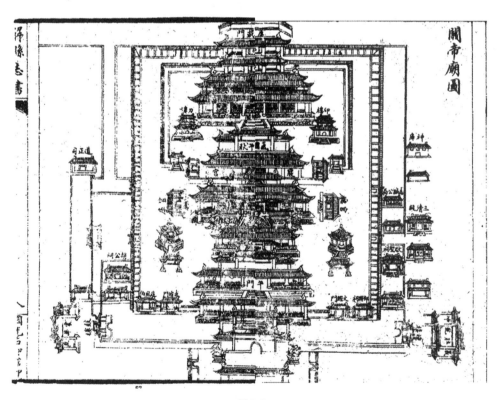

图6-8
清乾隆时期解州关帝庙庙貌图
（资料来源：《解州全志》）

186

态与雉门以内、沿中轴线依次展开的纵向空间序列形成对比，使得庙院的空间意象更加生动和富有变化。

雉门之前立有一座三间牌坊"山海钟灵"，标志着祠庙祭祀空间序列的开始。雉门的称谓源于古礼，《礼记·明堂位》曰："雉门，天子应门"，东汉郑玄注曰："王有五门，外曰皋门，二曰雉门……"可见在先秦时期，雉门或为天子宫门，或为诸侯宫门，地位尊贵。解州关帝庙的雉门面阔、进深各三间，单檐歇山顶（图6-10）。雉门北接卷棚歇山顶抱厦，内设乐楼，乐楼北向踏阶缩于台基内，平时供祭祀通行，献演时搭上木板即可补齐台面，戏台两侧置有八字形影壁，有聚音传声的作用。乐楼没有面向正殿或门外空场，此种建筑形制甚为少见，由庙内碑碣所记可知，乐楼初建于御书楼背面，确是面对正殿崇宁殿，乾隆年间祀者云集，演奏之际，仕女喧哗，颇觉亵渎，故移建于雉门以内。

雉门两侧各设旁门，东侧为文经门，西侧为武纬门，其名称凸显了受祀者关公的帝王身份。两门以内还各立有单开间牌坊，文经门内牌坊名曰"大义参天"，武纬门内牌坊称作"精忠贯日"。

图6-9
解州关帝庙端门

图6-10
解州关帝庙雉门

午门为五开间单檐庑殿顶建筑，此门居中向阳，位当子午，故有此名。另外，在围绕关帝庙廊庑的东西两面，有侧门分别称为东华门和西华门。在清乾隆时期，礼制约束达到了高峰，端门、雉门、午门、东华门、西华门，这些只有皇家宫廷才可使用的建筑称谓的出现，无疑表明了解州关帝庙非同寻常的礼制地位。

午门之北的御书楼原名"八卦楼"，因康熙帝曾于楼内题匾"义炳乾坤"而改名。此楼为两层三檐歇山顶样式，台基为明代遗存，主体建筑为清康熙和乾隆时期的遗构，其平面呈正方形，面阔五间，设有回廊。前后两面均设抱厦，前面抱厦一间，单檐庑殿顶（图6-11），后面抱厦三间，变为单檐卷棚歇山顶；此种形制使得后抱厦可作戏楼使用，每遇祭祀庙会，可利用最上层石阶的卯眼铺设木板形成戏台台面，供戏班面向北面的崇宁殿献演。

若以宫廷建筑的形制而论，重门之后呈现的应当是正殿，如北京紫禁城、北宋东京宫城、宋金万荣后土祠、清乾隆时期的西岳庙，莫不如此，但解州关帝庙却在重门之后先设置八卦楼，然后才是正殿，这样的建筑形制就不再遵循宫廷建筑规制，而是采用了类似于许多明清城隍庙的做法。在山西潞安府城隍庙、山西榆次县城隍庙、山西清徐徐沟城隍庙等祠庙建筑中，均于山门以内，正殿之前，设有楼阁，或曰"玄鉴楼"，或称"栖霞楼"，这些名称与"八卦楼"一样，均带有道教的文化语义，楼阁的营建年代亦均为明清时期，楼阁面向正殿的一侧亦均设有戏楼，由此看来，在明清时期，由于道教观念和民俗文化的影响，以神祇化的先贤人物为祀奉对象的某些城隍庙形成了"楼前殿后"的建筑形制。解州关帝庙所祭奉的关公，亦为神祇化的历史英雄，其事迹的文化特征与城隍庙所祀先贤人物完全相同，因此，关帝庙内出现参照城隍庙的建筑形制也就不奇怪了。

不像端门、雉门、午门和御书楼那样紧密地排列，解州关帝庙正殿崇宁殿距御书楼较远，前面形成宏大、开阔的空间，显示了正殿的主体地位。大殿坐落于高大的砖砌台基之上，台基周设石栏，栏间设望柱，台基前接宽大的月台，正面及两侧设有踏阶。大殿面阔七间，设有回廊，屋顶为重檐歇山式，气象威猛、厚重。对大殿建筑的艺术装饰，表达了华夏民众对关公的景仰和崇敬之情，20余根石质蟠龙檐柱，100余块满刻花卉浮雕的阑版，众多的雕有狮兽等图形的望柱，以及精美的屋顶琉璃脊饰，将殿宇装点得壮丽非凡、特征鲜明（图6-12）。

正殿之后，就是以高墙围合、南向设门的封闭北区。门正对寝宫，该建筑同样为七开间、重檐歇山顶，殿前东、西两侧有配殿，围合成寝宫内院。内院以北矗立有"气肃千秋"牌坊，表明这是又一个空间序列层次，透过牌坊远望，面阔七间、体量宏大、两层三檐歇山顶的阁楼式建筑"春秋楼"赫然在目。春秋楼原名麟经阁，初建于明万历年间，《春秋》一书又名《麟经》，故"春秋楼"之名从文化内涵上来说与"麟经阁"相同，

图6-11
解州关帝庙御书楼南侧

图6-12
由御书楼北望崇宁殿

但因国人熟知关公夜读《春秋》的典故，自古及今，人们也常常以"春秋"一词咏颂关公，如"知我者其唯春秋乎；乃所愿则学孔子也""曰帝曰侯曰佛曰圣人名光日月；安刘安汉安寿安天下志在春秋""威震华夏；忠在春秋"等，"春秋"一词或已成为关公文化精神的代名词，麟经阁更名为春秋楼，突显了关公的气质与风范，得到了更多的文化认同。

春秋楼的设立，打破了一般祠庙建筑的形制，在传统的祭祀建筑的体系之外，单独设立专门的纪念性建筑，强化对受祀者的崇拜与信仰，实为明清时期先贤祭祀祠庙建筑形制的一大创新。

春秋楼前左右两侧，分别建有两层三重檐歇山顶亭阁式建筑刀楼和印楼，两楼同样作为关公文化的纪念性建筑，起着构成春秋楼辅弼的作用。

在解州关帝庙的示范引导下，山西境内的一些规模较大的关庙，如大同关帝庙、太原大关帝庙、运城北相镇关王庙、翼城东关关帝庙、汾阳南门关帝庙等，也都在传统祭祀布局之外，于庙院的后部修建了春秋楼，有的也建有刀楼、印楼，并将其作为一个独立的院落空间层次。

除解州关帝庙外，一般关庙的祭祀序列布局为山门、戏楼、端门或午门、献殿和正殿。如山西阳泉林里关王庙就完整地依照这一布局展开，并在端门以内、献殿以前设置两翼配殿，借以围合出主体祭祀空间。大同关帝庙则将戏楼布置于庙外，隔一空场，与山门相对，这一做法的本意大约与解州关帝庙一样，是为避免演戏时观众的喧哗呼叫对庙内祭祀氛围的影响。还有的关庙是将山门和戏楼结合起来，如山西潞城李庄关帝庙，山门为两层建筑，下层供人通行，上层为倒座戏台。山门加戏楼的做法应当是出现在元明之时，一些明代碑刻上也有"山门戏台""山门舞楼""山门乐楼"的字样，表明山门与戏台的结合在当时已成为一种应用较多的建筑形制。

关庙的山门加戏台一般采用单一屋顶或两座屋顶前后勾搭相连的建筑样式。独立的山门有的采用单一屋顶建筑样式，也有的如解州关帝庙端门一样，采用高低两重三座屋顶的建筑样式，如平遥武庙便是如此。山门开间以三间居多，戏楼则既有三开间的，如山西古县热留村关帝庙；又有单开间的，如阳泉林里关王庙。

献殿作为举行祭祀活动时供奉祭品的专用空间场所，设于正殿之前，常以前后两面或四面开敞的形式出现，它对于构建祭祀空间的仪式感、表现建筑序列的祭祀文化属性有着重要的作用。很多祠庙建筑，从建筑形态上看与官殿、衙署几无差异，但因为有献殿的存在，才具有了明显的祭祀建筑的特征。献殿的建筑形制一般较正殿低，开间也更少，多为单开间或三开间，屋顶形式一般采用歇山顶、卷棚歇山顶、悬山顶等。献殿与其后的正殿相连接，所形成的组合建筑形式，为祠庙祭祀建筑所独有，是区别于其他类型传统建筑的鲜明的标志。

关庙中献殿规制最大的，莫过于山西运城盐湖区寨里村的关帝庙献殿了。该殿面阔达到五间之多，进深四椽，屋顶是悬山顶。此外，山西古县热留村关帝庙献殿面阔三间，屋顶为卷棚硬山顶样式，山西潞城李庄关帝庙献殿面阔同为三间，屋顶则采取了卷棚歇山顶样式。

关庙中规制较高者，如解州关帝庙、常平关帝祖祠和太原大关帝庙等，常称其正殿为崇宁殿，此外也有的关庙称正殿为关帝殿或关圣殿。关庙正殿中规模最大者当属解州关帝庙崇宁殿；常平关帝祖祠崇宁殿次之，为面阔五间、进深四间，周设回廊，重檐歇山顶建筑。其他的关帝庙正殿除少数为五开间外，大多为三开间，悬山顶、硬山顶或卷棚顶建筑。

五

城隍庙建筑形制特征

宋元两代，城隍祭祀大兴，明太祖朱元璋更是将城隍祭祀与城隍庙建设推向了高峰。

不同等级的城隍庙，其建筑形制自然不同。按明洪武三年所定庙制，府、州、县城隍庙与当地官署正衙高广相当，并以城隍神于冥中司民命，凡府、州、县新官到任，必须先宿斋于城隍庙，以与神誓。

西安都城隍庙为明代三大都城隍庙之一，也是晋陕豫黄河流域唯一的都城隍庙。祠庙于明宣德八年（1433年）移建于西安西大街现址，清雍正元年（1723年）焚于火灾，同年重修，据庙碑所记，重修后的庙院"规模宏大，栋宇崇宏，雄伟壮观，甲于关中"（图6-13）。史载，祠庙由南向北沿中轴线依次为牌坊、山门、二门、文昌阁、仪门、戏楼、牌坊、正殿、藏经阁、牌坊和寝殿，两侧建有钟、鼓二楼。由这一建筑序列可以看出，"前朝后寝"之制在城隍庙建筑中仍然是最基本的形制，在等级低一些的城隍庙，如山西长治潞安府城隍庙、河南安阳彰德府城隍庙、山西平遥县城隍庙、山西榆次县城隍庙、山西芮城县城隍庙、山西清徐徐沟城隍庙、陕西韩城县城隍庙中，也都可以看到这种形制的存在。

在作为前朝的正殿前，常常设有献殿，两殿常以勾搭的方式相连。如在榆次城隍

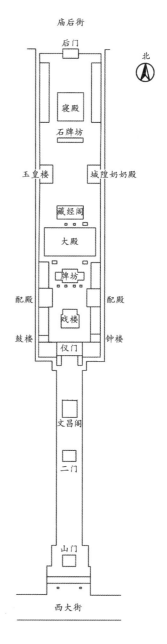

图6-13
西安都城隍庙平面图

191

庙中，五开间的正殿显佑殿前设有三开间的献殿，两殿的屋顶形式分别为单檐歇山顶和卷棚悬山顶，连接在一起形成了庙内新的主体建筑形式（图6-14）。平遥城隍庙中正殿与献殿均为五开间，前者为悬山顶，后者为卷棚硬山顶，但在卷棚顶前方还出有单开间的歇山顶山花抱厦，形成了独特的建筑形式（图6-15）。

有的城隍庙在正殿两侧设有耳房或耳殿，正殿庭院东、西两侧厢房还设有配殿，这些耳殿和配殿所供奉的主神各不相同，依地方民俗与道教文化传统而设，有土地神、后土神、六曹、送子娘娘等，反映了在明清时期，城隍庙已成为多神崇拜与信奉的集合之所，地方民众出于自身生活而产生的各类精神诉求，大都可以在城隍庙中找到祈望的对象。

城隍庙寝殿一般与东、西厢房相围合，构成独立的院落，这些东、西厢房往往也被用作配殿，同正殿院中的配殿一样，祭奉某些民俗或道教神祇，如在榆次城隍庙寝殿院落中，东、西厢房就设置了天缘宫和元君殿。

从西安都城隍庙的祭祀序列还可以看出，牌坊在建筑形制构成中起着重要作用，在每一处空间节点，如山门、正殿和寝殿的前面，均设置牌坊

图6-14
榆次城隍庙献殿与正殿

图6-15
平遥城隍庙献殿

与此节点相辉映，以突出和强调祭祀文化主题。很多级别较西安都城隍庙低的城隍庙，也至少在山门以外设置牌坊，以构建出城隍庙建筑鲜明的标志和象征。如安阳彰德府城隍庙（图6-16）、山西平遥城隍庙均是如此。陕西韩城城隍庙由于地形环境所限，无法在山门正面设立牌坊，便于山门前街巷中对称修筑两座单开间牌坊，其名曰："监察幽明""保安黎庶"，点出了明太祖广建城隍庙的宗旨，行人穿行其间，亦可感受到城隍神的威灵（图6-17）。

　　不同于多数府、州、县级城隍庙以山门、戏台、献殿、正殿、寝宫为基本空间序列的格局，陕西韩城城隍庙在建筑布局、形制以及称谓等方面都有着独特之处（图6-18）。

　　庙门以内为第一进院落，正面建筑名曰"政教坊"。从名称可知，儒家教化思想已渗透于韩城城隍庙建筑之中，这一现象与多数城隍庙所折射出的地方民俗观念和传统道教文化理念相比，是不多见的，这应当与韩城地近黄河、历史上儒学文化昌盛、名人辈出密切相关。虽然名曰"政教

图6-16
安阳彰德府城隍庙前牌坊

图6-17
韩城城隍庙前牌坊

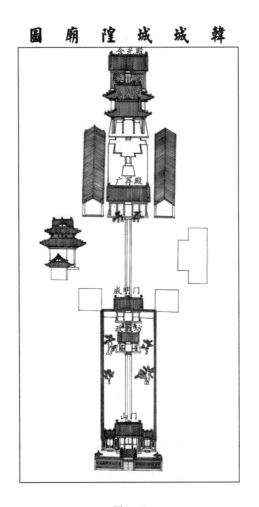

图6-18
韩城城隍庙图

坊"，但其建筑形式并不是牌坊，而是一座面阔三间、进深两架橡的单檐卷棚顶屋宇式敞门，灰筒瓦覆其屋面，檐下不施斗栱，简洁质朴，与其称谓相合（图6-19）。

"政教坊"以北的第二进院落较为紧凑，迎面建筑"威明门"面阔三间，进深四架橡，悬山顶，绿色琉璃筒瓦屋面，饰以多彩琉璃花脊（图6-20）。据史料记载，此处还曾经建有"化育坊"，今已不可见。"威明""化育"二词，同样是儒学文化精神的体现，"政教坊""威明门""化育坊"，其实也就构成了祠庙的"重门之制"。

第三进院落面积宽广，中轴线尽端建筑为"广荐殿"。"广荐"一词，应当出自《诗经》中的《周颂·雍》："于荐广牡，相予肆祀。假哉皇考！绥予孝子。宣哲维人，文武维后。燕及皇天，克昌厥后。"表现出了坛庙祭祀的文化意义和价值追求。广荐殿建筑规模较此前建筑略大，此殿面阔五间，前后两壁通透，进深四架橡，屋顶形式仍是悬山式，绿色琉璃筒瓦覆盖，多彩琉璃脊饰（图6-21）。

194

图6-19
韩城城隍庙政教坊

图6-20
韩城城隍庙威明门

　　广荐殿以南的空场东、西两侧，对称布置有两座相对而立的戏楼。东侧戏楼早已不存，西侧戏楼面向东方敞开，主体建筑呈方形，重檐十字歇山顶，南、北两侧各附有单檐歇山顶耳房一间。戏楼的设置，本为娱神之用，故一般建在祠庙正殿的前面，坐南朝北，面向正殿。韩城城隍庙内戏楼的布局，明显违背了这一传统，由娱神改为专门娱众，这也是该祠庙建筑形制的一大特征。

　　广荐殿之后的第四进院落是祀神主院，院内主体建筑为献殿德馨殿和正殿灵佑殿。两殿前后相接，融为一体，献殿面阔三间，正殿则面阔五间，两建筑同为单檐歇山顶，绿色琉璃筒瓦屋面，多彩琉璃脊饰（图6-22）。"德馨"二字，语出《尚书·君陈》："黍稷非馨，明德惟馨"，为德行高尚之意，以此作为献殿之名，再一次表明了韩城城隍庙的儒家文化底蕴。通观整个祠庙，只有正殿的殿名"灵佑"和寝宫宫名"含光"，反映出了一般城隍庙所重点表达的民俗观念和道教文化主题。

　　灵佑殿之后的第五进院落中的主体建筑是寝宫含光殿，该殿面阔五间，悬山顶，历史上曾多次修葺。

　　韩城城隍庙不仅建筑称谓所体现的文化特质与众不同，其建筑形态也简约、明快、洗练，折射出俊雅、高洁的脱俗气象。

图6-21
韩城城隍庙广荐殿

图6-22
韩城城隍庙德馨殿

六

戏楼：

晋陕豫祠庙建筑形制中
最具特色的构成元素

戏楼为戏曲表演的场所，晋陕豫坛庙建筑中戏楼的出现和形制的演变，是伴随着黄河流域传统戏曲文化的发展而形成的。

黄河流域传统戏曲的历史可以追溯到上古时代，庄子《庖丁解牛》曰："……莫不中音，合于《桑林》之舞，乃中《经首》之会。"桑林为晋东南地名，指代殷商时期举行于此地的国家大型祭祀活动，典籍中有"雩之祭，舞者吁嗟而请雨"[1]之句，就是以乐舞的祭祀仪式向天求雨。三国曹植有赋曰："殷汤伐夏，诸侯仰振，放桀鸣条，南面以王，桑林之祷，炎灾克偿，伊尹佐治，可谓贤相。"商人尚巫，《说文解字》云："巫，祝也，女能事无形，以舞降神者也。"《商书·伊训》曰："敢有恒舞于宫，酣歌于室，时谓巫风。"隋唐儒学家孔颖达著疏曰："巫以歌舞事神，故歌舞为巫觋之风俗也。"[2]也就是说，巫在祭祀的场合以乐舞通达神明，沟通人神。由此可以看出，早在商代，黄河流域的乐舞即已兴盛，而它的出现，与祭祀和祭祀场所有着直接的关系。在商人看来，舞以悦神，乐舞是与神明对话、祈求庇护最有效的形式和方法。

西周初年所开创的礼乐文化受商代祭祀文化的启示，虽为开创，实有传承，其中的"乐"即是由商代祭祀乐舞发展而来，并仍然具有通神娱神的职能。《礼记·乐记》云："故祀天祭地，明则有礼乐，幽则有鬼神"，又云："乐者敦和，率神而从天"。西周以后的先秦时期，乐舞的范围已经不限于祭祀和宫室，也开展于上层社会，《诗经》首篇《国风·周南·关雎》云："参差荇菜，左右芼之。窈窕淑女，钟鼓乐之。"

北魏太和二年（478年），孝文帝诏曰："徐淮未滨，庙隔非所，致令祠典寝顿，礼章殄灭，遂使女巫妖觋，淫进非礼，杀生鼓舞，倡优媟狎，岂所以尊明神，敬圣道者也。"[3]虽然孝文帝此诏是基于传统礼教而对民间祠庙

1.（晋）郭璞，注. 尔雅注疏·卷四·释训第三[M]. 上海：上海古籍出版社，2010.

2. 王世舜，译注. 商书·伊训[M]. 北京：中华书局，2011.

3.（北齐）魏收. 魏书·卷七·帝纪第七·高祖孝文帝宏[M]. 北京：中华书局，1997.

祭祀行为的负面评价，但从中也可以看出，北朝时期祠庙建筑中已经大量存在巫觋、倡优的乐舞表演活动。五代时后汉乾祐元年（948年），山西夏县《重修大禹庙记》载曰："享献喧盈，笙簧嘹亮，香烟幂幂，与瑞雾以同飞；金竹玲玲，奏舞雩而韵响。所冀彝伦攸叙，稼穑滋丰，山川无淋扰之虞，士庶有宁康之庆。"描述了祠庙中以乐舞行祭，祈盼物阜民丰、百姓安康的欢乐场景。据庙碑记载，后周显德五年（958年），山西闻喜董池圣母庙也有相似景象："笙竽不歇，鼓瑟长播，春排花发盘筵，秋赛收成牲馔。"

北宋时，单一的乐舞演变为杂剧，此为最早出现的戏剧形式，其表演场所一在城邑中的勾阑瓦舍，一在祠庙。据目前调查，黄河流域已无北宋戏楼建筑遗存，仅有数通刻有"舞楼""舞亭""舞庭""献楼"字样的、附于祠庙之中的宋碑，反映出千年前祠庙祭祀时的文化盛景。

黄河流域金元时期的戏楼遗存有十余座，以晋南和晋东南地区最多，如始建于金大定二十三年（1183年）的上党高平王报村二郎庙戏台、始建于元至元二十年（1283年）的晋南尧都区魏村牛王庙戏台、始建于元泰定元年（1324年）的晋南翼城县武池村乔泽庙戏台、始建于金元时期的上党泽州冶底东岳庙戏台、重修于元至正五年（1345年）的晋南临汾东羊村东岳庙（后土庙）戏台等。这表明宋、金、元三朝，戏楼建筑已出现在很多祠庙，特别是山西南部和东南部的祠庙之中，成为其建筑形制的构成元素之一。梁思成、林徽因两位先生在《晋汾古建筑预查纪略》中指出："山西中部南部我们所见的庙宇多附属戏楼，在平面布置上没有向外伸出的舞台，楼下部为实心基台，上部三面墙壁，一面开敞，向着正殿，即为戏台。"

元代晋豫黄河流域祠庙戏台的兴盛与元杂剧的兴起关系密切，元杂剧又称北曲，其最初流行于北方，遍及晋冀豫民间社会，娱神兼而娱众。

及至明清，戏楼在祠庙建筑中的存在，已成为晋陕豫三省普遍的建筑现象和文化现象。清光绪五年（1879年），山西上党长子县南陈乡东北陈村关帝庙《重修戏楼碑记》曰："不为之修葺，不唯戏无以演，神无以奉，抑且为一村之羞也。"山西晋城府城村玉皇庙内存的一通清代碑碣则云："无戏楼则庙貌不称，无戏楼则观瞻不雅。"可以看出，在这一历史时期，戏楼已完全融入了祠庙建筑格局之中，成为其建筑形制中最具特色、不可或缺的构成元素。

祠庙戏楼中的戏曲演出，其首要职能在于"贡献"，它是向神明奉献的一种方式，或者说是一种献品。隋唐《孔颖达疏》云："献者，奏也。奏进声乐以娱神也。"从这个意义上来说，祠庙戏楼演出，是对戏曲本源的回归，也是对以乐舞敬神的祭祀文化的传承。

祠庙戏楼中的戏曲演出，还有助于构建出更加热烈、更加深入人心的祭祀仪式感。祠庙中的戏曲演出，使得观者自然而然地将其与祀神活动联系起来，观剧投入越深，则往往敬神越诚。喧腾的戏剧场面还将祀神活动烘托得热闹非凡，给民众以强烈的心灵震撼。有鉴于此，祠庙中演剧的品质并非无所挑剔，据当地庙碑所载，民国15年（1926年），山西沁水县土沃村舜汤二帝行宫祭神演剧时发生一事："每年三岁月，演戏祀神，祈祷安康……降及后世，按村社之名次，遵厘定之章程，不懈不忘，率有旧章，赛会演戏，比比皆然，世世相传，轮流不息，同心同德，毫无异议……陡于民国十五年三月十五日，本届赛事轮至下沃泉社，修祀之期，不忆伊忽生异念，破坏神赛，乃以家乐抵补演戏。于是十社人等，咸谓相公庙为众目昭昭之处，无论何社，皆踊跃从公，唯恐行闻交迫，况先辈费心劳力而起，此赛事颇不易矣……斯时合社人等无可如何，忖思之下，又念香火不可缺，赛戏不可无，共同斟议，十社协力，共会一次，以重祀典。"在民众的观念中，即使是演戏这种带有娱乐性质的活动也不可随意应付，凡大型赛社必请大戏，以表明对神明的敬重。

戏曲是华夏古代社会唯一全民共享的文化娱乐活动。农耕民众在劳作之余，最为轻松的精神享受就是观戏。戏曲中所反映的世间百态、人物传奇、高尚与低贱、善良与邪恶、美德与友爱，打动着世世代代的人们。在文化程度较为低下的古代民间社会，具体、生动、有着丰富的人物感和形象感的戏曲所表达的华夏民族的精神气质和思想理念，影响广泛，深入人心。明代戏曲家汤显祖《宜黄县戏神清源师庙记》一文中对戏曲的社会价值和教化功能评述道："可以合君臣之节，可以浃父子之恩，可以增长幼之睦，可以劝夫妇之欢，可以发宾友之仪，可以释怨毒之结，可以已愁愤之疾，可以浑庸鄙之好。然则斯道也，孝子以事其亲，敬长而娱死；仁人以此奉其尊，享帝而事鬼；老者以此终，少者以此长；外户可以不闭，嗜欲可以少营。人有此声，家有此道，疫疠不作，天下和平。岂非以人情之大窦，为名教之至乐也哉？"清代宋廷魁《介山记》亦云："庸人孺子，目不识丁，而论以礼乐之义，则不可晓。一旦登场观剧，目击古忠者孝者，廉者义者，行且为之太息，为之不平，为之扼腕而流涕，亦不必问古人实有是事否，而触目感怀，啼笑与俱，甚至引为佳话，据为口实。"

在祭奉着自然神明、祖先大德和先贤烈士的祠庙建筑内，戏曲表演所产生的教化作用就更加明显，祠庙建筑的文化属性和独特的空间环境氛围，能够更多地影响民众的情绪，正如清代高平康营村关帝庙《重修舞楼碑记》中所评述："祭祀之礼，所以崇德报功，典至钜也。古者陈以俎豆，荐以馨香，至后世则兼以优戏。噫！戏者，戏也，胡为以奉祀事哉？意者稽前代之盛衰，镜人事之得失，善者足以为劝，恶者足以为惩，因于敬恭明神之时，式歌且舞，上以格在天之灵，下以昭前车之鉴乎？"

戏楼的功能和价值决定了它在祠庙建筑布局中的位置。前文已经述及，大多数祠庙戏楼选址位于正殿之前，面向正殿，并与其保持较大的空间距离，形成空场，以供较多的民众观演，由此形成神人同享、悦神娱众的建筑形制结构。此外，也有一些祠庙，出于个别的原因，或是戏楼为后期增建，原祠庙布局中已无位置；或是为了避免破坏和干扰祠庙内肃穆庄重的空间气氛，而将戏楼设于祠庙之外，这类情形往往也是把戏楼布置在正对山门和正殿的位置，以尽可能达到通神娱神的目的。

戏楼建筑经过宋、金、元诸朝的发展和演变，其建筑形制渐趋成熟。从高度上来说，可分为台基式和架空式两种类型，台基式指戏台建在高大的砖砌或石砌台基之上；架空式则是戏台建在山门或过厅、通道上方，以木板架起舞台。从台口的形式上来说，可分为"三面观"和"一面观"两种类型。"三面观"是可从前、左、右三面观演的戏台。如晋南临汾魏村牛王庙戏楼和王曲村东岳庙舞楼，在戏台两侧后部三分之一处各设辅柱一根，柱后砌山墙与戏台后墙相连，两辅柱之间拉起帐额，即可将戏台划分出前后台两部分。除正面外，前台左右两侧亦无山墙阻挡视线（图6-23），山西稷山县马村金墓和山西侯马金墓中的戏台模型也属于此类戏台形式，表明金代三面观戏台较为普遍。但此种建筑形态，在元代中后期发生了变化，同样在山西临汾，元至正五年（1345年）重修的东羊村后土庙戏楼将两面山墙全部砌起，由三面观变成了一面观（图6-24）。明清两代，"一面观"式戏台建筑形态最为普遍。

戏楼的布局方式可分为独立式、独立通道式和附着式三种类型。独立式戏楼作为祠庙建筑形制中一个单独的构成元素而存在，且不可穿越。建筑于祠庙山门之外的戏楼和建筑于祠庙以内的倒座戏楼属于这一类型。建于山门之外的戏楼，如太原晋祠关帝庙外戏楼（图6-25）、太原窦大夫祠外戏楼（图6-26），与祠庙建筑空间序列的关系不甚密切，因其孤立于祠庙之外，故常常被人视作一个独立的空间体系。倒座戏楼指戏楼位于祠庙建筑中轴线上，呈倒座形式，而祠庙通道则设于左右两旁。如上党长治县三嵕庙，戏楼与献殿、正殿相对应，以偏门的形式将人行通道设于戏楼两侧。晋南翼城县樊店村关帝庙戏楼设于祠庙中轴线上，山门开在戏台两侧，观众入庙不通过戏台，而是从旁边绕过。同样做法的还有万荣后土祠，虽然在中轴线上设置了主山门，但平时并不开启，当其开启时，须拆除戏台。

独立通道式戏楼是戏楼与祠庙中轴线通道共同组成一栋建筑的形式，也是另一种类型的倒座戏楼。独立通道式戏楼分山门戏楼和通道戏楼两类，以山门戏楼最多。山门戏楼通常出现在一进院落的祠庙建筑中，其做法前文已有阐述。由于楼体高达两层，为了取得协调的尺度关系，避免产生孤高的感觉，故建筑一般不做单开间，而多以三开间来营造，由此也使得山门戏楼颇具气势。

山西临县碛口黑龙庙的山门戏楼独具特色。首层山门为砖砌三开间的

图6-23
晋南临汾魏村牛王庙戏楼

图6-24
东羊村后土庙戏楼

图6-25
太原晋祠关帝庙外戏楼

图6-26
太原窦大夫祠外戏楼

券洞样式，厚重质朴，具有晋西吕梁窑洞式建筑的风情。砖砌的首层建筑作为二层戏楼的台座，三开间木构架单檐歇山顶戏楼筑于其上，檐牙高啄，翼角凌空，建筑体量虽不是很大，但玲珑秀美，别有风采。戏台为"三面观"样式，灵巧空透，院落中两侧靠近戏台的厢房二层，设有敞廊式看棚，此为该祠庙观演空间的一大特色（图6-27）。

山西上党黎城县辛村天齐王庙的山门戏楼体量更加宏大。该建筑为明代遗构，首层对外做五开间檐廊，廊内侧砌以实墙，中开板门作为山门通道。二层的倒座戏楼为"一面观"样式，建筑开间转换为三间，以方便观演，硬山屋顶使整个建筑显得朴素无华，乡土气息浓郁（图6-28）。

万荣后土祠中的并台戏楼是通道戏楼的典型代表。戏楼为单层建筑，沿祠庙中轴线，也就是戏楼的中央部分开设通道，将戏楼分为一座连体屋顶下的两座戏台。两戏台相同，均坐落于高约一米的砖台之上，面阔亦均为三间，明间宽大，梢间较小，为避免视觉上的相互影响，台口均采用"一面观"的样式（图6-29）。两戏台一称东台，一称西台，同时演出时名曰唱"对台戏"，并由此衍生出"东起西落""火炮戏""赛戏"等节目形式。每逢正会，后土祠观戏者摩肩接踵，热闹欢腾，独特的戏楼建筑形制催生了独具特色的地方民俗文化景象。

附着式戏楼是将戏楼附着在主体建筑后侧，既与主体建筑共同构成一个建筑整体，又在功能上独立存在，平时可供通行，庙会时搭板即可表演的

图6-27
山西临县碛口黑龙庙山门戏楼

图6-28
上党黎城县辛村天齐王庙倒座戏楼

图6-29
万荣后土祠并台戏楼

戏楼形式。山西晋中榆次城隍庙戏楼、山西上党潞安府城隍庙戏楼、山西介休后土庙乐楼，以及前文已有阐述的解州关帝庙雉门戏台、御书楼戏楼，都属于这种形式。以榆次城隍庙戏楼为例，该建筑为单开间卷棚歇山顶，翼挑深远，灵动欲飞，下设砖砌台基作为戏台，台基中间，也就是沿城隍庙中轴线，留出通道，通道两侧台基边缘留有凹槽，演出时搭上木板即可形成完整的戏台台面。戏楼依附于三重檐、两层阁楼式建筑玄鉴楼，该楼比例匀称，形态巍然，与戏楼组合在一起，层叠的屋顶和飞檐美轮美奂，两建筑融合之巧妙、构成之完美，令人赞叹。戏楼两侧，还配有单檐歇山顶八字形琉璃影壁，既完善了戏楼的音质效果，又增加了整体建筑的立面层次。

山西壶关县神郊村二仙庙戏楼建筑形制特殊，戏楼为三台相连，中间戏台为主台，面阔三间，凌驾于首层山门通道之上，台口为"一面观"样式。主台两侧，又各建有一座副台，同样是山门戏楼形式，副台尺度较主台缩小许多，主、副戏台对应主、副山门，中间主台一般演唱成本大戏，两侧小台则多演还愿戏。相连的三座戏台，反映了当地民众对传统戏曲艺术特别的热爱。

此外，山西介休后土庙中的吕祖祠、关帝庙和土神庙三座并联的祠庙对应三座并联的戏台，形成了特殊的祠庙戏楼建筑形制。山西运城池神庙内对应正殿、风后殿和关帝殿，亦有三座戏台并联。

第七章

立面构图艺术特征

古代建筑立面形态构成概说

在现代社会大众的眼光里，晋陕豫黄河流域的古代建筑在外观形式上看不出有多大的差别，一样的大屋顶，一样的木梁柱，一样的砖或石砌的台基，只是建筑规模大小和建筑等级高低不同而已，所以人们常常将所看到的，除官院府第之外的古代建筑，不管它是坛庙建筑，还是佛寺、道观建筑，甚至可能是陵寝建筑，通通称为"庙"。而且即使是衙署建筑，人们也往往看不出它与其他类型建筑有什么区别。的确，正如梁思成先生在《建筑设计参考图集》一书中所述："中国的建筑，在立体的布局上，显明地分为三个主要部分：（一）台基，（二）墙柱构架，（三）屋顶。任何地方，建于任何时代，属于何种作用，规模无论细小或雄伟，莫不全具此三部……中间如果是纵横着丹青辉赫的朱柱、画额，上面必然是堂皇如冠冕般的琉璃瓦顶，底下必有单层或多层的砖石台座，舒展开来承托。这三部分不同的材料、功用及结构，联系在同一建筑物中，数千年来，天衣无缝地在布局上，始终保持着其间相对的重要性，未曾因一部分特殊发展而影响到他部，使其失去适当的权衡位置，而减损其机能意义。"中国古代建筑，不论贵贱，不分宏微，皆以台基、屋身和大坡屋顶的"三分式"组合作为其外部形态构成的基本方式，呈现出统一的基本外形特征。

北宋著名匠师喻皓在其著作《木经》中亦言："凡屋有三分。自梁以上为上分，地以上为中分，阶为下分。"在河南偃师二里头夏代宫殿考古复原模型中，建于台基之上的"四阿重屋"已经完全呈现出了"三分式"建筑形态（图7-1），也就是说，在华夏文明初创之际，建筑已经具有了此后将传承数千年的基本形态。

图7-1
河南偃师二里头夏代宫殿考古复原立面图

随着历史和社会的发展，"三分式"中的台基和屋顶演变得愈加发达和多样，甚至常常以台基来命名宫殿，如商纣王所建之宫苑，称为"鹿台"，春秋时期楚灵王所建之离宫，称为"章华台"，还有吴王夫差饰以铜钩玉槛、筑有馆娃宫、响屧廊、玩花池的"姑苏台"，李白为之赋诗云："风动荷花水殿香，姑苏台上宴吴王。"三国时，曹操击败袁绍后营建邺郡，筑铜雀台，曹植赋曰："从明后而嬉游兮，登层台以娱情。见太府之广开兮，观圣德之所营。建高门之嵯峨兮，浮双阙乎太清。立中天之华观兮，连飞阁乎西城。"

大屋顶无疑是"三分式"建筑形态构成中最具艺术魅力和视觉冲击力、最能使人产生想象的部分，也是形成中国古代建筑的独特风采、使之区别于世界其他古代文明建筑的最显著的部分。那么，为什么中国古代建筑会出现大屋顶？为什么屋顶这个在功能上只起遮蔽风霜雨雪作用的建筑部分，会受到华夏古人的如此重视，甘愿投入巨大的工料，使它在整个建筑中所占的比重达到或超过一半呢？

尽管没有明确的文献记载，但因为这是一个关于中国古代建筑艺术与文化的根本性问题，因此需要作合理的推测。

学者们常常引用《周礼·冬官·考工记·轮人》中的语句："轮人为盖……上欲尊而宇欲卑，上尊而宇卑，则吐水疾而溜远"，来说明古人从车盖的篷顶制作得到了曲面利于排水的启示，认为大屋顶的出现是由于排水功效的需要。其实，曲面当然利于排水，但问题没有这么简单。春秋战国时期，建筑屋顶虽然是坡顶，但却是直坡，尚未出现反宇，虽吐水疾但不能溜远，故车篷的曲面与建筑屋顶并无关联。而且，单是为了便于排水，就将屋顶做成巨大的坡顶，于理不合。西方古代建筑屋顶同样有排水问题，为什么没做成大坡顶？

《诗经·小雅·斯干》云："如跂斯翼，如矢斯棘，如鸟斯革，如翚斯飞"，这些形容建筑屋顶动人姿态的诗句，从艺术审美的角度表明，大屋顶符合华夏先人对美的追求。但在先秦时期，建筑屋顶还是直坡形态，并没有出现如飞的翼角，诗中对屋顶的描写，更多的是浪漫主义的想象；因此，从美学方面探讨大屋顶的起源，似乎也并不恰当。

真正的原因恐怕还得从古代先人的宇宙观等哲学思维中寻找。对于"宇宙"一词，西汉大学者、淮南王刘安在其《淮南子·齐俗训》中释曰："往古来今谓之宙，四方上下谓之宇。"东汉学者高诱释曰："四方上下曰宇，古今往来曰宙，以喻天地。"[1]又释曰："宇，屋檐也；宙，栋宇也。"[2]《说文解字》云："宇，屋边也。"《易·系辞下》曰："上栋下宇。"古人以本来属于建筑的"宇宙"概念，比喻上下四方、古往今来，比喻天地，表明在古人的思维中，建筑就是缩小的天地。

古人以"天人合一、天人感应"为思想理念，将天、地、人作为一个整体看待，居建筑之外，人立于天地之间；居建筑

1. （汉）刘安，等. 淮南子·卷一·原道篇[M].（汉）高诱，注. 上海：上海古籍出版社，1989.

2. （汉）刘安，等. 淮南子·卷七·览冥篇[M].（汉）高诱，注. 上海：上海古籍出版社，1989.

内，人同样处于一个缩小的天地之中，这时的天，就是建筑的屋顶。以屋顶喻天，还可以从古代墓葬中找到佐证。《史记·始皇本纪》曰："始皇初即位，穿治郦山……上具天文，下具地理"，说明秦始皇陵穴以墓顶为天，绘以天象。太原北齐东安王娄睿墓墓室顶部、河南洛阳北魏江阳王墓墓顶亦均绘有天文星象。

屋顶既然是建筑天地中的"天"，那么它就要有天的宏大与尊贵，巨大的坡屋顶出现了。其形似覆斗，即《周礼·冬官·考工记》所记之"四阿重屋"中的四阿顶，这应当是华夏先人将"天象盖笠""天员（圆）如张盖"等对天的认知，与方正规矩的建筑形体相结合的产物。出土于河南安阳殷墟妇好墓的商代青铜偶方彝，器型纵短横长，与建筑屋身相似，彝盖呈四面斜坡状，斜脊线和坡面中线均铸出扉棱，可作为商代建筑四阿屋顶的注解（图7-2）。

关于大屋顶，人们自然会联想到它的各种样式，庑殿顶、歇山顶、悬山顶、硬山顶、攒尖顶、卷棚顶等，并且也会联想到这些屋顶样式的礼制等级。事实上，这些屋顶样式和礼制等级并不是在古代建筑源起之时便同时出现的。西周时期，由于木作技术的发展和先进的榫卯构造的推行，建筑构架渐趋成熟，屋顶营造技艺愈加进步，大屋顶形成了较为深远的出檐。至汉代，四阿顶仍为最基本的屋顶样式，其见于汉画像石和墓葬明器者极多。此外，在画像石和明器中常可见到悬山顶和硬山顶，攒尖顶的雏形也可见于明器望楼建筑，唯九脊顶，也就是歇山顶，极为少见。

西汉建筑屋顶坡面为直坡，平整舒缓，檐线亦为直线，硬朗、率拙。东汉时，屋面开始出现反宇，呈上陡下缓的形态。东汉张衡《西京赋》云："反宇业业，飞檐献献。"班固《西都赋》曰："上反宇以盖戴，激日景而纳光。"东汉时期道学昌盛，阴阳之说渗透于社会诸多领域，屋面反宇而向阳，就蕴含着道家阴阳思想理念：下凹而形成反宇的建筑屋顶与如盖的天宇苍穹相呼应，一阴一阳，相映相补。当然，反宇屋面还可以减少出挑深远的屋檐对建筑采光的影响，如班固所赋。

反宇为古代建筑屋面由直面坡演变为曲面坡的发端，华夏古代建筑钟灵毓秀、俊逸舒朗的形象特征皆源于此。东汉时期，屋顶翼角的起翘也已可见端倪，建于汉安帝元初五年（118年）的嵩山太室阙，将近角瓦垄略微抬高，为翘角最早的建筑实例。

事实上，直到宋代，也没有形成明确的建筑屋顶礼制等级制度。

图7-2
安阳殷墟妇好墓商代青铜偶方彝

208

梁思成先生的学生、清华大学郭黛姮教授在其著作《中国古代建筑史·第三卷·宋辽金西夏建筑》中明确地指出了这一点。而据天津大学古建筑大家王其亨教授和他的学生考证，明清两朝也没有文献资料记载此等划分制度。但是，从明清的建筑实例来看，又确实存在屋顶的等级区分。对此，王教授和他的学生赵向东认为，四阿顶源于北方，九脊歇山顶来自南方，以北方黄河流域传统文化为主要根基的明清自然以四阿顶为最高等级。东南大学潘谷西教授认为，明太祖朱元璋偏好复古礼制，强调秩序，而汉唐建筑以四阿顶为主，故以四阿顶等级高于九脊顶。至于悬山顶和硬山顶，由于其建筑形态和营造方式甚为简单，等级自然靠后。

需要指出的是，中国古代建筑的屋面坡度在历史上经历了一个由小变大的过程，隋唐建筑屋面坡度较宋金建筑为小，而宋金建筑屋面坡度又较明清建筑为小。唐代五台山南禅寺大殿梁架举高约为前后橑檐槫中距的1/6，唐代五台山佛光寺大殿为1/4.77，宋、辽、金、元各代建筑多为1/4~1/3，清代则规定为1/3（图7-3），并且有些清代建筑甚至超过了这一规定，如曲阜孔庙大成殿，达到了1/2.5。这样的屋面举架变化的结果，是建筑立面中屋顶部分占比越来越重，建筑气势更加宏大，但同时，舒缓的屋顶带来的飘逸、洒脱之感也逐渐减弱了，这一点，从太原晋祠圣母殿和解州关帝庙崇宁殿立面的比较中，可直观地看出来（图7-4）。

古代建筑虽然在单体形式上看似相近，但每一栋具体的建筑，在体量大小、细部尺度、台基高矮、屋顶样式、屋瓦材质和色彩等方面都千差万别，形成了变化无穷、丰富多彩的建筑世界。就像建筑的空间通常是由多座建筑组合而成一样，规模较大的古代建筑在立面处理上，也常常将多座单体建筑组合在一起，形成"组合式"立面构图、立面形态。比如一座建筑的入口立面，经常由屋宇式大门和两翼辅助建筑共同构成，组合而成的

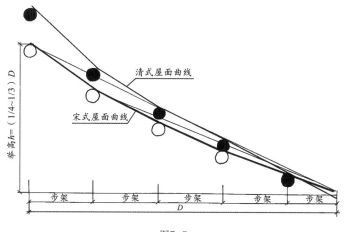

图7-3
宋清两代建筑屋面坡度对比示意图

图7-4
太原晋祠圣母殿（左图）与解州关帝庙崇宁殿（右图）屋面坡度对比图

整体建筑立面形式，既可以是中间低，两侧高，又可以反过来，中间高，两侧低，变化多端。一些伫立在建筑前面的塑像或构件，如石狮、铁狮、旌杆，也可视为"组合式"建筑立面的组成部分。

对于祠庙建筑这类具有独特文化属性的古代建筑来讲，建筑立面的个性化特征是非常重要的，古人也充分认识到了这一点，因此在祠庙建筑立面形式构成上，除了更巧妙地运用"组合式"立面构图的处理方式外，有时还更强调建筑立面的"实体感"。比如，在建筑入口立面采用以实墙面为主的形式，从而给人以神秘、内敛、充满内部张力的感觉。此外，券洞、券门、圆窗等具有特殊文化语义的元素的运用，也增添了祠庙建筑的个性和特色。这些立面处理方法，在晋陕豫祠庙建筑中均可见到。

二

线条：

古代建筑立面构图的基本语言和要素

　　建筑作为一种艺术门类，与绘画、雕塑、音乐的显著区别在于，其艺术是建立在满足使用功能要求基础之上的，尽管这些功能要求在古时非常简单，能够遮风挡雨、形成明确的室内环境即可。但这样的要求，也使得建筑必须具备屋顶、屋身和台基等基本组成，遵循必须的构成规律。于是，中国古代建筑出现了大屋顶；西方古典建筑，比如古希腊建筑，出现了双面低坡屋顶、前后山花墙和列柱围廊。中国古代建筑和西方古典建筑各自的形态，是在满足建筑基本功能性要求的基础上，出于不同的哲学文化理念和审美思想而形成的，是对建筑艺术性的不同的解答。

　　从另一方面讲，古代建筑艺术与其他古代视觉艺术，如绘画、雕塑，又有着共同的特征。在古代西方，建筑是"体"的艺术，或者说，是"光"与"影"的艺术，西方古典建筑艺术审美建立在通过光与影对体积、形体的表现基础上。在雅典卫城帕提农神庙挺拔屹立的柱廊、罗马斗兽场连续不断的券柱拱廊、罗马万神庙宏大的穹顶，都可以看到明媚的阳光投射其上，形成极富韵律感的光影，随着一天中太阳的东起西落，而变幻出不同的视觉效果，衬托出建筑强烈的体量感，使人感觉到建筑仿佛拥有了生命。

　　西方古典建筑与古典雕塑艺术同源同性，密不可分。古希腊最伟大的雕塑家菲狄亚斯，同时也是最伟大的建筑师，帕提农神庙就是他的杰作。他为神庙东西山花三角楣所创作的高浮雕被视作古典雕刻艺术完美的范本，神庙周圈的浮雕饰带也出自他的设计，浮雕上斑斓的光影与建筑柱廊间深邃的光影相辅相映，勾勒出古代西方最为经典的艺术作品。米开朗琪罗是世人所熟知的伟大雕塑家，他同时也是文艺复兴时期最伟大的建筑——圣彼得大教堂的设计师。

　　与西方不同，中国古代视觉艺术是以线条作为艺术表现的基本要素的。1956年7月，国画大师张大千与西方画坛泰斗毕加索在巴黎会面，毕加索赞叹道："中国画真是神奇，齐白石先生画水中的鱼，没有一点颜色，用一根线画水，却使人看到了江河，嗅到了水的清香，真是了不起的奇迹!"毕加索之语，道出了线条在中国古代绘画艺术中的作用和意义，与西方追求光影与体量感不同，中国古代绘画是线条的美学，运用线条的运动与变化，表达出生命与感性的精神世界。

线条是人类最早的绘画艺术表现方式，不论是华夏先民的彩陶绘画，还是西方古人的岩画，均以线条来勾画成图，这是早期人类对大自然的模仿与表现。由于相异的哲学思维及审美意识，东、西方视觉艺术逐渐走向两条不同的发展道路，线条成为中国古代视觉艺术，包括绘画、雕刻、书法、家具乃至建筑立面构图中最基本的语言和要素。

线条由于其简洁的形态、无限的变化而具有强烈的抽象意味。线条由点的连续运动而产生，定向运动成为直线，变向运动则成为曲线。线条的长短、方圆、直曲、粗细、浓淡、虚实、疏密、徐疾、顿挫等变化，展现出完全不同的情感色彩；加上线条所具有的节奏与张力，更使它所表现的物象仿佛具有了生命。

中国古代绘画在运用简约、洗练的线条、以形写意方面达到了登峰造极的境界。所谓的"十八描"，就是对线条艺术的概括与总结，线条的强弱、虚实、浓淡可以表现出空间感，线条的重复、叠加可以表现出层次感。人们常说的"怒画竹、喜画兰"，就是指在不同的情绪状态下，画家笔下的线条自然具有了不同的特质，更适合表现不同形态和不同意蕴的物象。

中国古代雕塑同样以线条作为基本语言和构成要素，将物象的轮廓与人物的衣纹衣褶等线性形态作为以形传神的基础。古代雕塑中占比最大的造像，并不过多强调造型的准确，而是以流畅、连贯、简明的线塑方式和略带夸张的变形来刻画物象的神韵。

书法因独特的华夏文字而产生，从某种意义上讲，就是笔墨线条的艺术。书法线条中，那或者坚硬粗糙、或者纤细柔软、或者重若奔马、或者轻若蝉翼的不同的气韵，那或者舒缓宛转、或者鼓荡激越、或者雄姿勃发、或者筋健骨力的不同的动势，赋予了书法艺术以生命和灵魂。自魏晋时期诸般书体咸备开始，历代书家以挥洒自如、变化莫测、气象万千的线条，将华夏文字的形态之美和内蕴之意表现得淋漓尽致。

就连被誉为中国古代家具史上巅峰的明代家具，其造型也以简洁、凝练的线条为基本构成要素。它强调家具轮廓线型静而雅、简而谐、流动而有致、疏朗而空灵的艺术美感，明代家具的线条常常"增一分则嫌其长，减一分则嫌其短"，这是对线条美学的最佳诠释。

中国古代建筑与古代绘画、雕塑、书法以及明代家具有着最基本的共同特征，线条也同样是古代建筑立面形态构图中最基本的语言和要素。

由于有巨大的坡面屋顶，中国古代建筑不能像西方古代建筑那样形成较为规则的几何体，构成几何体六个面的边界关系变得含混不清了，不再有明确的顶面，几何体中这一重要的构成面和几个立面之间没有了明确的分界。不论在远距离，还是中距离观看，中国古代建筑展示给人的永远是由屋顶、屋身和台基组成的立面形态，并且屋顶还占据着相当大的比例。只有站在接近建筑屋檐投影线的位置，才能看到屋身和台基成为建筑立面的唯一部分；但即使这样，笼罩在屋身上方的出挑的屋檐线条依然清晰，反宇状的屋顶坡面在立面构图上与屋身融合在一起，建筑的"体"的形态被淡化了。

在中国古代建筑的立面构图上，屋脊包括水平方向的正脊、沿坡面垂直延伸的垂脊和斜向外探的戗脊，勾勒出屋面的轮廓。在屋面中间，呈曲线线条样延伸的、片片相接的筒瓦均匀排列，并且限于屋面的形状而呈现出有规律的变化。筒瓦上的瓦钉由点状的连续排列形成了间断的连线，而建筑的屋檐，更是呈现出由连续的勾头和滴水排列而成的、或平直或上曲、动感十足的线性特征。

处在前后两坡面相交最高处的正脊，在外形上由多重线条叠加而成。宋代以瓦条垒脊，脊的高度由垒脊瓦层次的多少决定，《营造法式·卷十三·瓦作制度》云："凡垒屋脊，每增两间或两椽，则正脊加两层"，层叠的垒脊瓦形成了正脊上多重的线条。明清时期多现于高等级礼制建筑的龙门脊，其高度由脊中线条的数量确定，一般最高的龙门脊，脊中线条多达九根，俗称九路头龙门脊；最低的龙门脊则有五根线条，俗称五路头龙门脊，这表明了明清高等级建筑正脊的线条特征。

处在屋面两侧的垂脊和戗脊，其外形较正脊简单。垂脊的主要构件垂脊筒子和戗脊的主要构件戗脊筒子，以及覆盖于其上的盖脊筒瓦，在外形上由多重线条构成，上下叠加的线条舒展、蜿蜒，极大地强化了整个屋面的动态美和曲面美。

除连续的勾头和滴水外，建筑屋檐出挑部分的底部，根根悬出的檐椽及其上方同样根根外露的飞椽沿水平和上曲方向密密排列，也形成了由连续的点构成的、极富韵律感的线性特征，檐角逐根加长的檐椽和飞椽，更加强了本已十分明显的线条感。

除少数建筑和部分民居外，中国古代建筑的梁、枋、柱结构体系均暴露在建筑立面中，横向展开的层层枋额，如挑檐枋、平板枋、大额枋、垫板、小额枋，呈现出层叠有致的线条感，由于跨越了整个立面面阔，因此这样的线条感，对于构建建筑立面的线性构图特征具有重要的作用。

古代建筑中的槅扇门扇，占据了建筑屋身的主要部分，其立面构图也体现出十足的线性特征。从汉代明器中所显示的门窗形式（图7-5），到唐代的直棂窗，再到一码三箭窗、菱花窗，以及"步步锦""灯笼框""龟背锦""拐子纹""冰裂纹""井字格"等各类图案的棂窗,无论随着时代的发展,门窗立面构图怎样变化,线条始终是变化的基本语言和要素。就连建筑的前后檐墙,在唐代以前也多以线形木骨架"壁带"框出墙壁,使建筑屋身立面呈现出简约的线条感(图7-6)。

由以上分析可以看出,中国古代建筑的各个组成部分主要是由线条样的构件组合而成,这些构件形成的线条特征是多样化的,其相互之间的空间关系复杂多变。线条之美贵在组合,中国古代建筑由最初的直坡屋面演变为曲坡屋面,由最初的四阿顶演化出歇山顶,其线条的组合越来越优美、多变,越来越丰富、生动。如前文所述,中国古代建筑的立面多为"组合式"构图,由此形成的整体建筑立面,线条层次更加丰富,线条轮廓更加优美,线条特征也更加突出。

认识中国古代建筑立面的线条构图艺术特征,可以更合理地将古代建筑作为中国古代视觉艺术体系的一个重要组成部分来看待,可以更深刻地理解古代建筑立面的艺术构成方式和艺术特征。

很多祠庙建筑为凸显其作为祭祀文化建筑的特殊属性,在建筑立面构图,特别是立面的线条构图上,都作出了别具特色的处理,使人能够轻易地分辨出这些祠庙与其他类型的建筑,如衙署、住宅、商铺、宗祠的区别,并由此产生对于这些祠庙的独特心理感受。

图7-5
汉代明器门窗形式

图7-6
唐代建筑檐墙的"壁带"体现出的线条特征

三

山门立面构图艺术特征

晋陕豫祠庙建筑基本上均采用中轴线对称的布局方式，立面层次也由山门向后逐一展开和呈现。山门与其两侧建筑所共同构成的山门立面面向外部世界，以其变化的形态组合、丰富的线条构图、多样的色彩效果，表现出建筑自身的精神气质和个性特征，给到访者带来第一印象。

普通城邑、村落中的一般祠庙建筑，其建筑规模较小，山门立面横向展开范围不大，因此常常以山门配以两侧偏门，或山门两侧配以钟、鼓二楼的"组合式"形态构成，构建祠庙山门立面。山门与左右两翼偏门的组合，主从关系分明，等级秩序井然，能够鲜明地表现出祭祀建筑的文化气象。山门与钟鼓楼的组合，虽然形成的祠庙建筑立面中间低、两翼高，有异于传统文化以"中"为尊的固有理念，但这样的立面轮廓更加富有变化，立面构图更加生动，立面中各种线条的组合也更能够折射出古代建筑形态美的神韵。

晋东南泽州县下村镇史村东岳庙山门立面由正门、左右八字形影壁和左右钟鼓楼组合而成。正门为单层建筑，钟鼓楼为两层建筑，整体立面轮廓中间部位反而低于两翼，但正门上方的悬山屋顶坡面平缓、舒展，形态沉稳，而两翼钟鼓楼上方的双重檐歇山屋顶翼角高挑，如振翅欲飞之大鸟，形态灵动，两种屋面形态的对比，使得正门虽低但并不失却身份，钟鼓楼虽高但并不喧宾夺主，反而通过这样的对比，凸显出了各自本来的特色，使人感受到不同格调的单体建筑组合在一起，相辅相成、相得益彰的妙处（图7-7）。

史村东岳庙山门立面的虚实处理顺应了单体建筑自身固有的立面形式，巧妙依靠不同立面形式的单体建筑的组合而达到虚实相济、阴阳相补的完美效果。正门面阔三间，檐柱外露，形成虚空的门廊，门廊两侧配以砖砌的硬山顶实墙影壁，影壁为八字形布局，与门廊形成两实夹一虚的立面构图。正门两侧的钟、鼓二楼为对称的两层亭台式建筑，首层以灰砖砌筑，形成厚实的墙面，为取得首层建筑内部的采光，墙顶正中开一方形窗洞，使得厚实的墙面上带有了虚空的构图元素，产生了个性特色。钟、鼓

图7-7
史村东岳庙山门

二楼的第二层通透空灵，梁、枋、柱等构件比例匀称地暴露于外，支撑着如飞的双檐屋顶。从钟、鼓二楼单体建筑立面的虚实关系来看，上虚下实；从立面的构图来看，上部多变，下部方正，由此形成的总体山门立面的虚实关系为中虚旁实、上虚下实；从立面的构图关系上，则变化与规则共存，有正有奇，下正上奇，并且下部构图也因影壁的存在而变得正中有奇。

　　史村东岳庙山门立面的线条构成关系同样精彩。山门屋顶的正脊、檐口以及屋身梁枋所形成的平直线条，左右两侧钟鼓楼实墙上沿叠涩所形成的平直线条，以及影壁屋顶所形成的斜直线条构成了错落有致、多样变化的水平线条构图关系。而正门檐柱、钟鼓楼的二层立柱所形成的竖向线条，也由于其所处的立面位置，呈现出高低错落的构图关系。在总体山门立面中，水平线条构图与竖向线条构图是交汇融合在一起的，由此形成了既对比，又协调，既有韵律节奏，又简洁明快的立面构图。

　　钟、鼓二楼屋顶檐口的双重曲线为这一立面构图增添了点睛的一笔。双重曲线位于立面的左右上角部位，其位置非常明显，因此对于立面构图的作用也非常大，双重曲线不仅没有破坏总体构图效果，反而为这一构图勾画出了生气和活力。

　　同样是将钟、鼓二楼设置于山门的两翼，山西临县碛口黑龙庙却由于山门独特的建筑形态和构图方式而呈现出完全不同的总体立面效果（图7-8）。黑龙庙山门为高大的二层砖砌实墙建筑，首层面阔三间，上开一大两小三个砖砌券洞门，因黑龙庙地处晋西黄土高原吕梁山脉西侧，该地地方传统建筑以券形窑洞为主要形式，故券洞门的入口形式为黑龙庙的立面增添了地域特色和乡土气息。又因祠庙祀奉对象为水神，故幽深的券洞门使得祭奉者在通过时仿佛进入到另一个世界，从而产生别样的心理感受。

图7-8
临县碛口黑龙庙山门

　　山门二层为倒座戏楼，因此朝外侧的建筑立面无窗，高大的砖墙直砌至单檐歇山屋顶的阑额之下，砖墙之外，附有面阔三间、宽同山门的重檐歇山顶抱厦，作为入口门廊，形成了立面轮廓丰富的抱厦建筑与其后作为依托的单一砖墙共同构成的组合立面。这一组合立面与两侧的钟鼓楼相比，竖向尺度和横向尺度都大得多，从而使得总体山门立面呈现出中间主体建筑高、两翼建筑低，中间主体建筑体量大、两翼建筑体量小，符合"以中为尊"传统文化理念的效果。在钟、鼓二楼首层的实墙上，各镶嵌着一个带有厚大窗套的圆窗，与山门处的三个券洞相呼应，抱厦、券洞和圆窗，是构成碛口黑龙庙山门立面特色的主要元素。

　　钟、鼓二楼的两层单檐歇山顶亭台式建筑风格，使黑龙庙形成了与史村东岳庙相同的山门立面虚实对比关系；同时，山门及以上建筑对外的实墙与两层高的双重檐抱厦也形成了一实一虚的阴阳关系。从立面形态来看，砖砌实墙总体呈"凸"字形，"凸"字的两边上方与中间突起部分的上方筑起的屋顶建筑形成了良好的秩序关系，使得立面层次丰富、构图均衡。

　　在立面线条构成方面，碛口黑龙庙较史村东岳庙有更多的变化和更丰富的对比关系。多座屋顶（包括山门上方的歇山屋顶，抱厦的重檐歇山顶，钟、鼓二楼的十字歇山屋顶）的屋脊及檐口的曲线，既有竖直方向的层叠，又有水平方向的错落，这些曲线或长或短，因对称的立面构图而呈现出明确的规律性。同时，上翘的檐口曲线又与下反的券洞曲线形成了鲜明对比，使得二者的线型均显得更加生动，动势也愈发强烈。与史村东岳庙一样，碛口黑龙庙也在立面的较多部位作了直线条处理，钟、鼓二楼首层实墙的上边沿，在强调立面轮廓方面起着重要作用，是立面虚实构图的重要分界，此处不但砌有双层砖线脚，还有砖砌漏空矮墙作为装点，形成了多层水平线条构图。

　　山西蒲县柏山寺也同样是将钟鼓楼设置于山门的左右两翼，但因各单体建筑不同的立面形态、构图方式，以及独特的色彩关系，呈现出又一种完全不同的总体立面形态（图7-9）。

祠庙的山门立面由正门，正门上方的方亭，钟、鼓二楼及其两侧的倒座建筑"组合"而成。面阔三间、单檐歇山顶的正门檐柱外露，形成了门廊，两翼的钟鼓楼同史村东岳庙、碛口黑龙庙一样，为二层亭式建筑。钟鼓楼一层砖砌实墙中开圆窗，实墙上边沿也饰以双层砖线脚及砖砌十字花饰，如同黑龙庙一样，形成了独特的立面特征。所不同的是，黑龙庙钟鼓楼距正门建筑较远，拉开的距离使得祠庙山门立面横向展开较大，与高大的山门实墙及巨大的屋顶形成协调的比例关系和雄浑的建筑气势。高踞卧虎山上的黑龙庙远可眺黄河滔滔，近可观湫水蜿蜒，之所以成为碛口古镇的标志性建筑，与其山门立面的壮观密不可分。而柏山寺虽然也位于高山之巅，但钟、鼓二楼却如史村东岳庙一样，紧贴在正门建筑两侧，然后在钟鼓楼外侧再添加横向延伸、对外封闭的倒座建筑，山门的总体立面形态就是由于倒座建筑的加入而变得更有气势。倒座为两层建筑，底层开设券形窗，二层在与钟鼓楼圆窗平齐的高度对称设有多个六边形棱窗，这是山门立面的又一特征。

柏山寺山门立面形态与史村东岳庙的最大区别在于正门上方方亭的设置。方亭的屋顶形式同钟鼓楼屋顶一样，为十字歇山顶。以歇山顶的山面，而非正面，作为山门立面的核心构图元素，设于建筑立面的中轴线制高点，在古代建筑中是较少见的。方亭的屋顶与两翼钟鼓楼的歇山顶体量相仿，立面高度则较后二者为高，由此形成了三座歇山山面屋顶中高旁低、并肩向外的独特立面形态，使人感受到柏山寺卓尔不群的傲然气象。

柏山寺山门立面构图中的虚实对比和线条对比也令人产生极为深刻的

图7-9
蒲县柏山寺山门

印象。祠庙山门立面仅在正门处以深邃的门廊阴影形成虚空部分，而以对称的大面积实墙强调出封闭、神秘、森严的视觉效果，使人感觉走入建筑内部时，就仿佛进入了一个不可预知的世界，敬畏之情油然而生。

祠庙山门立面的线条对比有直线和曲线的对比、竖向直线和水平直线的对比。三座十字歇山屋顶的檐口曲线和正门建筑的单檐歇山顶檐口曲线呈对称而错落有致的排布，展示了线条艺术之美。祠庙山门前对称竖立的高大的旗杆，虽然不属于山门建筑，但由于其特别的形态和所处的位置，形成了与山门倒座建筑屋顶长长的水平檐口直线及钟鼓楼实墙上沿水平线脚直线的强烈对比关系，为祠庙山门的立面构图增添了韵味。

值得一提的是，柏山寺山门立面大胆的色彩运用，也是构建其立面特征的重要方面。大面积朱红色的墙体、一根根朱红色的柱子和一对朱红色的旗杆，配以闪耀在阳光下的一条条黄绿色琉璃屋脊和一片片绿色琉璃勾头滴水，使得柏山寺仿佛是一座脱离尘间的超凡世界。

总之，柏山寺在山门立面的构图上虽然与史村东岳庙和碛口黑龙庙有相近之处，但在具体部位都有自己独特的形态和色彩处理方式，形成了晋陕豫祠庙建筑中经典脱俗的山门建筑立面。

由正门和两侧对称设置的偏门（或称旁门）组合而成的山门立面是另一种类型，此种组合很自然地形成了中高旁低的整体建筑立面形态，不同的祠庙，正门和偏门的单体建筑形态及其组合方式也各不相同。

陕西韩城城隍庙山门立面由面阔三间的正门和左右两侧由八字形影壁拥立的偏门组合而成。在高出两侧建筑的正门上方的悬山屋顶上，各样的建筑构件，如平直的花饰正脊、挺直的花饰垂脊、平直的望板，勾勒出英挺帅气的建筑屋顶的基本形态。屋顶之下，横向的阑额和竖向的四根外露的檐柱所构成的线形框架，将虚空的正门立面强烈地烘托出来（图7-10）。而两座偏门左右两侧矗立的，以灰砖砌筑、镶以琉璃壁心的影壁，则构成了山门立面虚实构图中的实体部分（图7-11）。这样中间虚、

图7-10
韩城城隍庙山门

图7-11
韩城城隍庙偏门

两翼实的立面构图关系，是祠庙建筑山门立面构成的一般原则和规律，但由于韩城城隍庙颇有创意地将影壁作为虚实构图的元素，因此其山门立面具有了鲜明的个性特征和艺术魅力。

此外，韩城城隍庙山门的总面阔达到了九间，高度却仅有一层，反映出该祠庙并不像大多数祠庙那样追求高大雄壮的立面效果，而是以独特的构图元素的组合和精美灵巧的细部处理，为建筑立面增添文化色彩。

山西万荣后土祠是追求山门立面高大雄壮的典型例子。祠庙山门由面阔三间、高达两层、内设山门戏楼的正门和左右两侧各面阔一间的偏门组合而成（图7-12）。正门立面为楼阁样式，两个纤瘦而挺拔的外露檐柱、四朵精美的木质垂花、由木枋和勾阑构成的二层平座，以及飞翘的单檐歇山屋顶下的一层层梁枋、木作，使正门立面完全摆脱了祠庙建筑以裸墙为主、近乎完全封闭的普遍的立面形态，而呈现出殿堂楼阁的建筑面貌。正门两侧的偏门为单层建筑，同样采用单檐歇山屋顶，这样便形成了中高旁低、符合"以中为尊"传统文化理念的山门立面轮廓。两偏门外侧，各筑有一面砖砌影壁，影壁向外斜出，形成山门立面两端的收束，巧妙而恰当。

两面影壁又构成了山门立面虚实构图中实的部分，形成正门及偏门等虚空部分居中，影壁等实体部分居旁，以虚为主、以实为辅、虚实相济的立面构图关系。

万荣后土祠山门立面的线条感也非常突出，竖向的檐柱，横向的正脊、梁枋及勾阑上的吉祥纹样，显示了古代建筑的线条艺术之美，特别是高大的正门屋顶的檐线和两翼较低的偏门屋顶的檐线，较一般北方古代建筑屋顶檐线有更多的起翘和更加强烈的动势，使人深切地体会到"如翚斯飞"的意蕴。

不同于韩城城隍庙山门和万荣后土祠山门等木结构建筑所表现出的立面特征，洛阳周公庙砖石结构的山门立面呈现出浓厚的隐喻和象征意象（图7-13）。周公庙山门也是由正门和两侧偏门三个部分组合而成。正门部分面阔宽大，两偏门则面阔较小，且较正门部分后退数尺，形成正门开间前出，且大大高于偏门开间的建筑形态构成关系。三座门均以券洞的形式开启在厚重的砖砌实墙上，正门券洞高大而偏门券洞窄小，与相应的建筑开间尺度相协调，加上出挑深远的大屋顶，形成了比例关系近乎完美的山门立面构图。砖砌实墙和镶有石刻券脸的券洞是立面构图的两个基本元素，也是特色元素，二者的结合所产生的立面效果给人以深邃与隔界之感。深邃让人感到神秘，而隔界之感，喻示和象征着另外一重世界，这些感受所带来的心理震动效应，极大地加强了人们对祠庙祭奉对象敬仰和畏惧的心理。

由于材料与结构体系异于一般祠庙建筑，洛阳周公庙山门立面的横向和竖向的线条特征并不突出，但正门上方单檐歇山屋顶飞翘的檐口曲线，与三个券洞下反的曲线鲜明的对比，也将古代建筑线条艺术之美强烈地表现了出来。

晋陕豫坛庙建筑遗存中礼制等级最高者，如嵩山中岳庙山门天中阁、华阴西岳庙山门灏灵门，其建筑主体均为高大的墩台，墩台之上或为重檐楼阁，或为巨大的屋顶，墩台之中，均对称开有三孔高大深邃的券洞。这样的立面构图可以看作是洛阳周公庙山门立面基本构图的放大和拓展，同样给人带来类似上文所述的洛阳周公庙的艺术境界和心理感受。

图7-12
万荣后土祠山门

图7-13
洛阳周公庙山门

四

正殿立面构图艺术特征

在晋陕豫祠庙建筑中，正殿无疑居于最为尊崇的地位。从规模宏大的嵩山中岳庙、华阴西岳庙，到只有一进院落的乡村祠庙，正殿的建筑形制通常都是最高的，这表现在正殿建筑的台基最高，拥有最大的平面开间尺度，屋顶的建筑等级也最高。但这一原则并非没有例外，比如晋东南泽州县神后村汤帝庙。正殿屋顶形式为悬山顶，而其前方相接的拜殿却为单檐歇山顶，建筑等级高于前者。其他祠庙建筑，如潞安府城隍庙正殿屋顶为悬山顶，而山门、玄鉴楼、戏楼、献殿的屋顶却均为歇山顶。

与山门相比，祠庙建筑正殿立面形态所体现出的殿堂建筑特征要明显得多。这一点在坐落于巨大的台基之上、面阔九间、重檐庑殿顶的中岳庙峻极殿和面阔七间、重檐歇山顶的解州关帝庙崇宁殿等正殿建筑中体现得非常突出。即使是建筑规模很小的乡村祠庙的正殿，如位于晋北代县鹿蹄涧村的杨忠武祠和位于晋中榆次东赵乡后沟村的关帝庙的正殿，也要以庄严肃整的风貌，强调出"殿宇"的立面特征，给人以神祇"坐殿"的感受，表达出对祀奉对象的景仰和尊重。

就立面形态而言，祠庙建筑正殿大致有两种类型，一类为独立式正殿，即正殿无附加或组合其他建筑，以单独的建筑形态作为祠庙建筑组群的核心。此类正殿多见于礼制等级很高的和礼制等级很低、总体规模很小的祠庙建筑，前者因营造理念是以宫廷建筑为蓝本，着力表现神祇的威势和能量，故正殿立面形态参照宫廷殿堂；后者因往往修筑于乡邑村落，民力、财力有限，故正殿形态以独立成殿为准。另一类正殿的立面形态为"组合式"，即正殿与位于其前方的献亭、献殿或拜殿组合成为一个建筑整体；在很多具有一定规模的祠庙建筑中，正殿往往采用此类立面形态，从而呈现出更加丰富多彩的多元化的建筑立面构图。因献亭、献殿和拜殿是摆放祭品或举行祭祀仪式的场所，为祠庙建筑所特有；因此，将其与正殿前后相接，在立面形态上合二为一所形成的组合式立面，只有在祠庙建筑中才可能出现，其特征鲜明，文化特色突出。

在晋陕豫祠庙建筑中，有些独立式正殿，其立面形态几与皇家宫廷大殿无异，嵩山中岳庙峻极殿、华阴西岳庙灏灵殿便是其中的代表。但也有很多独立式正殿，在屋顶和屋身的形态处理上具有自己的独到之处，并由此形成了富有文化格调和特色的立面形态。

山西临汾尧庙正殿广运殿始建于唐代，其名取"广"以配天，取"运"以配地，现存建筑为明代规制，面阔十一间，与清代北京故宫太和殿相当，为仅有的几栋最多开间的古代殿宇之一（图7-14），作为独立式大殿具有非凡的气势。特别的是，大殿的屋顶形态与众不同，在宏大的重檐歇山顶的南向正中央，又矗立起一座体量较小的三开间重檐歇山屋顶，两座屋顶穿插、交织在一起，形成了完全不同于任何明清殿宇式建筑的立面构图形式。

《论语·泰伯》曰："大哉！尧之为君也，巍巍乎！唯天为大，唯尧则之。"孔子对尧的评价，达到了无上的高度，后世以帝尧为古昔圣王，后世楷模。广运殿独特的建筑立面形式，大约也是在向人们昭示着帝尧在开创华夏文明过程中的特殊功业吧。

山西太原晋祠圣母殿创建于北宋天圣年间，现有建筑为宋徽宗崇宁元年重修之遗存（图7-15）。其屋顶为重檐歇山式，灰筒瓦覆盖，蓝色琉璃

图7-14
临汾尧庙广运殿

图7-15
太原晋祠圣母殿

瓦剪边，并做琉璃脊饰。屋顶坡面舒缓，线条俊逸、洒脱，表现出了《营造法式》所确定的宋代建筑的屋面特征。大殿面阔七间，进深六间，采用了《营造法式》中的"副阶周匝"建筑形制，殿四周设围廊，左廊、右廊和后廊各占一间，而前廊则占有两间，由此形成了极为宽敞的前廊檐下空间。为了使建筑立面在视觉上给人以更加沉稳的感受，大殿檐柱的侧角做了明显的升起。此外，殿前八根木质廊柱上各做木雕蟠龙一条，其形态蜿蜒、生动（图7-16）。柱上蟠龙之制，北朝晚期石刻佛龛的门倚柱上即已有之，但在木结构建筑中，圣母殿为较早的一例。柱上蟠龙作为屋身立面的一部分，使得圣母殿建筑立面具有了强烈的个性特征和文化特质，也使之产生了与一般宫廷殿宇建筑的明显区别。

山西解州关帝庙崇宁殿也是以围廊和蟠龙柱形成自身建筑立面特色的例子，大殿同样为面阔七间，进深六间，四周同样以围廊环绕，所不同的是前廊只占据一间，并且蟠龙柱不是木质，而是石质。不同于圣母殿柱上蟠龙的叠加构成方式，崇宁殿石柱将龙、柱雕刻为一体，环立于大殿前后左右。26根青石蟠龙柱龙爪奋张，龙首昂扬、云朵翔集、形态沉实，形成了独特的屋身立面。这样的做法，同山东曲阜孔庙大成殿的石刻雕龙檐柱有异曲同工之妙。两座大殿，一为武圣祀所，一为文圣祭堂，因共同的蟠龙石柱立面特征而表现出祭祀建筑的特性，表现出对华夏民族文武两界先贤最杰出代表的崇敬和景仰之情。此外，崇宁殿台基上一根根细瘦而挺拔的青石望柱、望柱上一尊尊形态生动的青石蹲兽，以及望柱间阑版上满刻的各色花卉浮雕，也赋予了崇宁殿建筑立面以鲜明的个性特征（图7-17），使人一望而知大殿与一般宫廷殿宇的区别所在。

以蟠龙石柱作为檐柱，形成富有文化特质的正殿建筑立面，这样的营造方式在很多晋陕豫祠庙建筑中都能见到。晋南稷山县稷王庙正殿明间处的两根石雕蟠龙大柱，形态夸张，巨大的龙身盘卷飞扬、意气纵横，龙周祥云溢彩、缕缕不绝（图7-18）。还有运城关王庙正殿、晋南新绛县泉掌村关帝庙正殿、晋南万荣解店东岳庙正殿，也都以蟠龙石柱作为立面构图元素。

图7-16
太原晋祠圣母殿蟠龙柱

图7-17
解州关帝庙崇宁殿及殿前月台望柱、阑版

一些规模很小的独立式祠庙的正殿，为了构建出富有文化特质和个性特征的建筑立面，不是像一般木结构建筑那样以梁枋、立柱、槅扇门窗作为屋身构图元素，而是在殿的外围砌以较大面积的砖墙，仅留正门和一对造型简洁的直棂窗，山西阳泉盂县中北村府君庙正殿就是如此（图7-19），特殊的立面构图形式使人可以感受到它的与众不同。屋身大面积的实墙还使得室内光线较为昏暗，有助于营造神秘的祭祀氛围。

　　由于献亭、献殿、拜殿以及正殿各自的建筑形态多种多样，不同祠庙建筑中由这些殿宇组合而成的组合式正殿立面，呈现出丰富多彩、各具特色的构图形式；而且即使是组合形态相同的正殿立面，由于各殿尺度的差异，也会产生不同的立面效果。

　　在献亭（或称享亭）与正殿相组合的祠庙中，由于献亭位置居前，其建筑形态对整个组合建筑的立面形态有着决定性作用。献亭通常为单开间、单进深，由前后各两根粗壮的木柱或石柱支撑屋顶，屋顶则往往以单檐歇山顶或歇山顶的变种为主要形式。正殿的开间通常为三到五间，其屋顶体量也远大于献亭，在由此形成的组合立面形态中，既有体量较小、形态虚空、动感强烈的前置部分，又有体量更大、横向展开更多、构成立面主体的后接部分，两者以恰当的建筑形态与建筑尺度相互配合，形成完整、统一、特征鲜明的立面构图。

图7-19
阳泉盂县中北村府君庙正殿

晋南万荣县解店东岳庙以四根蟠龙石柱、四道厚大的阑额、数朵硕大的斗栱和一座十字歇山屋顶构成献亭。蟠龙柱繁复的形态与阑额的简洁明了形成了强烈对比，两者一石一木的材质和色彩对比关系也很鲜明。阑额在蟠龙柱柱头处交叉出头，表现出纯朴、自然、带有原始风情的特征。十字歇山屋顶是献亭中形态最具特色的部分，在建筑立面的中轴线视觉中心处采用这样的屋顶形式是甚为少见的，三角形的山花给整个组合立面构图带来了鲜明的特征。

从线条构成上看，蟠龙石柱与架于其上的阑额形成了纵横框架，组成阑额的三道梁枋凸凹相间，加强了横向线条感。屋顶山花陡落的轮廓曲线在戗脊上端变成平缓的斜曲线，形成强烈的视觉冲突；歇山顶正面檐口远远挑出梁柱体系的飞扬曲线，给人留下深刻的印象。

万荣东岳庙正殿面阔五间，组合立面上由献殿向两侧各延伸出两间。大殿同晋祠圣母殿、解州关帝庙崇宁殿一样设"副阶周匝"制围廊，立面形态呈现出虚空、通透的效果。大殿屋顶为重檐歇山顶，其体量远大于前面的献亭屋顶，两者的对比，使得大殿屋顶更显壮观。大殿屋顶与献亭屋顶的线条对比与呼应关系也很强烈，在立面构图的视觉中心线上，重檐屋顶横向展开的正脊、博脊、檐口所形成的重重水平线条，映衬着十字歇山屋顶正脊短小的水平线条和山花双向陡落的微曲线，而在立面构图的两端部分，重檐屋顶飞起状翼角的多道曲线，与献亭飞起的檐口曲线前后同向，高低呼应，极为生动（图7-20）。

山西太原窦大夫祠也是献亭与正殿相组合、构成完整的建筑立面的例子，但由于献亭和正殿的屋顶形式有自己的特色，因此产生了独特的立面构图形式和立面形态特征（图7-21）。

窦大夫祠献亭由四根粗壮的木柱支撑出挑深远的单檐歇山屋顶，檐下的斗栱和粗大的阑额不施彩绘，阑额在木柱柱头处形成井字形交叉出头，屋顶以灰筒瓦覆盖，中嵌琉璃方心，并做蓝色琉璃剪边，琉璃脊饰。献亭建筑形态呈现出厚重沉稳、质朴无华的文化特质。正殿面阔三间，立面上由献亭向左右两侧各延伸出一间，屋顶为悬山顶，坡面平缓、舒展，形态简单的悬山顶衬托出前面献亭形态相对复杂的歇山顶，二者一高一低、一简一繁，形成既对比、又和谐的立面形态特征。正殿屋顶下檐柱外露成廊，与献亭共同形成虚空、通透的屋身立面，同万荣东岳庙一样，表现出虚怀、包容的文化气质。

在窦大夫祠正殿立面构图中，只有献亭檐口线条为对称飞翘的曲线，其余线条或平直，或垂落，层叠参差，正因如此，这条唯一的曲线才更显突出，使人更多地将视线投注其上，去感受它为立面构图带来的灵动和生气。

类似窦大夫祠的正殿立面构图，在晋陕豫祠庙建筑中是很多的，山西阳泉林里关王庙、晋东南泽州神后村汤帝庙都是这样的例子。

图7-20
万荣东岳庙献亭与正殿

图7-21
太原窦大夫祠献亭与正殿

　　献殿（或拜殿）一般面阔在三开间以上，其开间数有的与后面的正殿相同，有的小于正殿，有个别的祠庙建筑，献殿反而宽于正殿。不同屋顶和屋身形式的献殿与正殿的组合，其立面形态和构图形式完全不同，在献殿面宽小于正殿的组合中，正殿作为立面构图的一部分出现；在献殿宽度相当于或者大于正殿时，立面构图所能看到的便只有献殿了，在这样的祠庙建筑中，献殿便会受到极大的关注。

　　出于祭祀职能的要求，献殿的立面形态通常为开敞式，以结构支撑体系中完全暴露的梁柱作为立面构图元素，有的献殿还在两侧山墙处或柱下砌墙（图7-22）。

　　陕西韩城城隍庙献殿与正殿前后相接，两殿面宽相同，建筑开间相同，均为三间，屋顶形式也相同，均为绿色琉璃瓦单檐歇山顶，献殿完全遮挡住了正殿，因此两者的组合立面其实就是献殿立面。献殿立面以开敞的姿态面向前方，由于相接的殿宇屋顶遮挡了阳光，从献殿正面望去，虚空的殿内明灭幽暗，祭祀氛围浓重（图7-23）。

晋南万荣后土祠也是献殿与正殿前后相接，两殿面宽相同，建筑开间相同。不同的是，献殿屋顶形式为硬山顶，正殿为悬山顶（图7-24），从正面看，献殿完全遮挡住了正殿。在献殿的立面构图中，突出的是纵向和横向的建筑构件、建筑元素带来的整体线条感，水平的正脊、檐口、层叠的梁枋与细高的檐柱、山墙相交汇，形成简洁、明快、质朴的立面构图特征。

同万荣后土祠相近的，有陕西韩城司马迁祠。祠内献殿与正殿也是前后相接的空间关系，献殿同样面阔五间，屋顶形式为悬山顶。献殿遮挡了其后面阔三间、同样为悬山屋顶的正殿。与万荣后土祠献殿一样，司马迁祠献殿的整体线条感强烈，更为纤细的檐柱、山墙侧壁，更为轻薄的阑额、檐线和阶条石，构成了表现司马迁精神风骨的建筑立面构图元素（图7-25）。

图7-22
太原晋祠开敞式献殿

图7-23
韩城城隍庙献殿与正殿

山西晋中平遥城隍庙献殿与正殿面阔均为五间，两殿前后相接，献殿屋顶为卷棚硬山顶，但在明间处添加了单檐歇山顶、山花朝前的抱厦，由此形成了形式独特的建筑立面。如同万荣东岳庙献亭一样，位于立面正中视觉焦点的山花屋顶给人留下了深刻印象。建筑立面复杂的层次和多变的线条关系，以及不同类型屋顶的组合（歇山屋顶多用于官式建筑，卷棚屋顶多用于传统民居和园林建筑），反映了城隍庙建筑与地方民俗文化传统的密切关联。

山西晋中榆次城隍庙虽然也是献殿与正殿前后相接，但两殿面宽不同，献殿面阔三间，正殿面阔五间，故正殿左右两梢间突出于献殿之外。献殿与正殿屋顶形式与高度也不同，献殿为卷棚悬山顶，而正殿为单檐歇山顶，后者高于前者许多，故此也成为组合立面构图的一部分。此组合立面以体量较小的献殿居前，以体量较大的正殿衬托。两殿屋顶形式不同，类型也不同，使得组合立面也如平遥城隍庙一样，呈现出地方民俗特色。

图7-24
万荣后土祠献殿与正殿

图7-25
韩城司马迁祠献殿

晋陕豫祠庙建筑中正殿建筑立面构图特征鲜明的如太原晋祠圣母殿
（图7-26）和山西解州关帝庙崇宁殿（图7-27）。

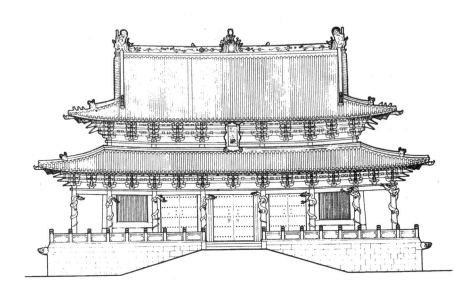

图7-26
太原晋祠圣母殿立面图
（资料来源：刘敦桢《中国古代建筑史》）

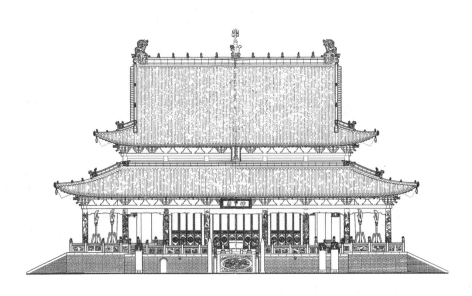

图7-27
山西解州关帝庙崇宁殿立面图
（资料来源：天津大学社会科学文库《天津大学古建筑测绘历程》）

五

戏楼立面构图艺术特征

　　不同的历史时期，晋陕豫祠庙建筑中戏楼的立面形态和立面构图的特征并不相同。金元时期的戏楼称为戏台、乐亭或舞亭，正方形平面，由四根角柱和四条额枋构成裸露的结构体系，支撑起屋顶，下设戏台，两后角柱之间筑墙作为屏挡，就形成了戏台、乐亭或舞亭。

　　建于金大定二十三年（1183年）的晋东南高平王报村二郎庙戏台为国内已知最早的祠庙戏楼遗存。其立面形态堪称金元戏台的典范（图7-28）。除标准的梁架体系外，戏台立面的独特之处在于其台基和屋顶。高1.16米的台基采用石砌须弥座，由明确的上下枋、上下枭、束腰等石构件组成，束腰石之间以兽头形蜀柱相隔，石面上可见化生童子、莲花、缠枝花等线刻图形，须弥座各构件线条粗放简洁，体现出金代建筑的特征。戏台的屋顶为单檐歇山顶，形态厚重，举折舒缓，翼角出挑高昂且深远，具有雄浑大气之象。特别是屋顶的座向，将山花一侧朝前，以博风、悬鱼对外，由此形成的建筑立面构图特征前文已有阐述，较一般的建筑立面，给人带来了更加强烈的视觉印象。

　　与高平二郎庙戏台立面形态相仿的元代祠庙戏台，是重修于元至正五年（1345年）的晋南临汾东羊后土庙戏台（图7-29）。该戏台台基为砖砌素台，立面檐柱为两根方形抹角石柱，柱面雕有牡丹、莲花和化生童子图案，后檐柱为木柱，四条粗大的额枋在柱子柱头处呈"井"字形交叉出

图7-28
晋东南高平王报村二郎庙戏台

图7-29
晋南临汾东羊后土庙戏台

头，屋顶为十字歇山顶，其立面形态特征与二郎庙戏台屋顶相像，但悬鱼更加硕大，并刻有多重云纹，民俗意味更强。

元代祠庙戏台更多是以正面歇山屋顶作为立面形态的构成部分，由此形成的戏台立面构图端正、规矩，更符合传统意识中强调的"中""正"的观念。创建于元至元二十年（1283年）的晋南临汾魏村牛王庙戏台（图7-30），以及始建于元泰定元年（1324年）的晋南翼城乔泽庙戏台（图7-31），为此类戏台的代表之作。两戏台屋顶皆为举折舒缓、出挑深远、正面朝向的单檐歇山顶，其形态端庄、沉稳，并且同高平二郎庙戏台屋顶和东羊后土庙戏台屋顶一样，具有强烈的动感。牛王庙戏台台基和梁柱体系的立面形态与东羊后土庙戏台大体一致，乔泽庙戏台的立面檐柱变为木质，色彩、质感均与其上方的大额枋相同，立面形态更显单纯。此外，相比于牛王庙戏台朴素的屋顶，乔泽庙戏台屋顶上增加了具有民俗文化寓意的脊刹和许多脊兽，使得屋顶立面更加丰富。联想到建于元朝晚期的东羊后土庙戏台屋顶也置有脊刹和脊兽，大致可以认为，元末的晋南祠庙戏台屋顶逐渐融入了更多的民俗文化元素，具有了更明显的民俗情调。

总体来说，金元祠庙戏台立面形态较为简单，为典型的亭式建筑，三段式的砖石台基、四梁四柱的屋身及单一的屋顶，使其具有了标志性的立面构图特征。戏台立面的线条感也很突出，水平展开的台基、纵横交织的梁架、直线与曲线组合而成的屋顶轮廓线，使人直观地感受到了古代建筑线条艺术的魅力。其实，越是形态简单的建筑，越考验营建者的艺术功力，金元祠庙戏台各组成部分完美和谐的线条构成关系，正是高超的艺术功力的体现。

明朝初年，由于戏曲表演内容的变化，戏剧场面更大，形式更复杂，戏楼的方形台面逐渐改变为长方形，台口加宽，出现了三开间台口形式，并且为了保证观演效果，还常以移柱法加大明间面阔。明代中期祠庙戏楼一个重要的特点，是在可能的情况下，将戏楼作为附属建筑，与庙内其他

图7-30
晋南临汾魏村牛王庙戏台

图7-31
晋南翼城乔泽庙戏台

高大的建筑相组合，构成更加宏大的建筑体量。建于明正德年间的晋中榆次城隍庙玄鉴楼戏台、建于明正德年间的晋中介休后土庙三清楼戏台，以及同样修建于明代的晋东南潞安府城隍庙玄鉴楼戏台，都是这样的例子。

戏楼与其他建筑的结合，从功能上为戏剧演出提供了后台辅助空间，从立面形态上使得戏剧演出的建筑背景不再是简单的戏台，而是宏大、壮观的楼阁，戏剧表演由此被映衬得更加多姿多彩。

榆次城隍庙戏楼是作为附属建筑与玄鉴楼组合在一起的。玄鉴楼为两层四重檐歇山顶楼阁式建筑，下重檐与上重檐屋顶之间设有形态精美的平座，四重屋檐形态端丽，特别是上重歇山屋顶，举折舒缓，构图匀称，比例和谐，尽显洒脱、飘逸之姿，颇具宋金建筑的遗风。此外，玄鉴楼面阔七间，较大的横向面宽使得建筑虽然高大，但仍具平和舒展之形态。

玄鉴楼北立面一层正中，高约1米的砖砌台基上，两根圆木檐柱支撑着单檐卷棚歇山屋顶，构成了戏楼建筑的基本形态。戏楼的左右两侧，各矗立有一座单檐歇山顶的撇山影壁，戏楼以影壁为辅翼，以玄鉴楼为依托，极大地拓展了立面形态的维度，整个建筑组合体都成为戏楼立面构图的组成部分（图7-32）。

在立面形态上，高大的玄鉴楼和戏楼两翼左右展开的影壁的屋顶均为歇山顶，虽然尺度大小不同，但形式协调统一。巧妙的是，戏楼屋顶采用了卷棚歇山样式，既以歇山形式与其他歇山屋顶相呼应，又以卷棚形式形成自己的立面个性特征，由于戏楼屋顶在建筑立面构图中所处的中心位置，这一做法使得总体建筑立面构图不显单调，变得生动和丰富了起来。

在戏楼总体建筑立面构图中，最为突出的是一条条层叠有致、比翼齐飞的屋顶檐口曲线，它们将中国古代建筑的屋顶组合之美和线条之美表现得淋漓尽致。

及至清代，祠庙戏楼与高大建筑的组合不再多见，戏楼演变为一个独立、完备的体系。在宽大的戏台之后，常常附加一座建筑，以提供后台辅

图7-32
榆次城隍庙戏楼与玄鉴楼

助空间；戏台与附加建筑的组合，形成了新的戏楼建筑立面形态和立面构图。

建于清道光二十四年（1844年）的太原晋祠水镜台戏楼是清代祠庙戏楼的代表之作（图7-33）。戏楼由前后台两部分组成，两台前后相连，共同坐落在高1.4米的石砌台基之上。后台为面阔三间的重檐歇山顶建筑，形制完整。除与前台相连的一面外，后台建筑三面设有细柱围廊，围廊以内三面皆砌实墙，墙上设多个圆形窗，形态别致，同碛口黑龙庙山门、蒲县柏山寺山门上的圆窗一样，突出了祠庙建筑的特征。前台为面阔三间的单檐卷棚歇山顶建筑，明间宽大，除与后台相接的一面外，其余三面开敞。

从前后台两建筑的立面形态来看，后台高于前台，成为前台表演区域的倚靠和背景，后台所采用的官式建筑的屋顶形式，使水镜台与祠内的其他建筑，如献殿、圣母殿，产生了呼应和协调的关系。前台所采用的屋顶形式为晋祠中轴线建筑所仅有，凸显了水镜台的个性特征。水镜台建筑立面的虚实对比关系非常鲜明，虚空的前台和封闭的后台，使人一望而知其建筑功能和作用。前台和围廊间林立的细柱以及飞翘的屋顶檐线，同样使得水镜台立面构图具有强烈的线条特征。

与水镜台具有相近立面形态和立面构图特征的，还有晋祠关帝庙前戏楼、太原窦大夫祠前戏楼等，均为清代所建。

清同治年间移建于高崖之上的晋南万荣后土祠内有两座戏楼，其一为山门戏楼，从建筑形态上看，此戏楼颇有明代遗风，戏楼与山门相组合，依托高大的山门形成较为宏大的建筑立面（图7-34）。戏楼为二层建筑，面阔三间，底层架空，供人通行。戏楼屋顶上方，还可见到山门建筑高大的歇山屋顶，戏台两侧矗立有砖砌悬山顶的撇山影壁，壁身高达两层。戏楼两侧，各有一座砖墙支撑的偏门，从横向拓展了戏楼立面。

同介休后土庙戏楼相似，万荣后土祠山门戏楼立面也以其纵横方向的梁柱、墙体，以及层层出挑的飞檐，表现出强烈的线条艺术特征。

万荣后土祠另一座戏楼由相同的两座戏台连接组合而成（图7-35），两戏台中间设通高的通道，戏台及通道覆盖在一座硬山屋顶之下。两戏台均面阔三间，明间尺度大于梢间，下有高大的砖砌台基，戏台两侧均设有八字形影壁，影壁深入戏台檐下，与戏台建筑组合为一个整体。此戏楼虽然从外表来看，立面形态简单，但在戏台内也有前后台的划分。两台以木隔板和上、下场门隔开，隔板上贴有戏曲布景。从立面构图来看，此戏楼同样具有明显的线条特征。

万荣后土祠通道戏楼中的戏台建筑是清代形制等级最低的乡村祠庙戏台的代表，其立面形态和立面构图具有一定的普遍意义。

图7-33
太原晋祠水镜台戏楼前后台

图7-34
晋南万荣后土祠山门戏楼

图7-35
万荣后土祠双拼戏台

六

牌坊立面构图艺术特征

从主体建筑的材质来看，晋陕豫祠庙建筑中的牌坊大致分为三类：木牌坊、石牌坊、砖牌坊，三类牌坊的立面特征各不相同。由于地处华夏北方，出于气候等原因，祠庙中木牌坊最为多见。建于祠庙建筑山门之前的木牌坊一般有"三间四柱"式和"一间二柱"式两种立面形式，建于祠庙建筑之内的木牌坊则一般只有"三间四柱"式一种立面形式。

矗立于嵩山中岳庙天中阁、遥参亭前的"名山第一"木牌坊，体形壮阔，虽然只是"三间四柱"样式，但由于开间尺度巨大，上覆明楼七座，下有过人高的巨型夹杆石，故牌坊的立面形态与其北面壮观的山门并无不相宜之感（图7-36）。

同样是"三间四柱"立面形式，河南安阳彰德府城隍庙前的木牌坊尺度就小了很多，牌坊柱上明楼也只有三座，但三座明楼屋顶体形巨大，翼角出挑深远，也使得牌坊的立面形态呈现出很强的气势（图7-37）。

陕西韩城城隍庙山门前东西两侧的"监察幽明"和"保安黎庶"两座木牌坊，立面形态相同，均为"一间二柱"式。与彰德府城隍庙前牌坊一样，柱上明楼屋顶也有着巨大的体形、深远的出挑，牌坊立面体现出鲜明的个性特征（图7-38）。

山西太原晋祠内的"对越"木牌坊建于明万历年间，虽然为祠庙内建筑，但从立面形态来看，与祠庙外的彰德府城隍庙牌坊并无太大区别，只有牌坊匾额上的题字，反映出两牌坊所表达的文化语义的不同（图7-39）。

嵩山中岳庙内的"配天作镇"和"崧高峻极"两座木牌坊，具有相同的立面形式，均为"三间四柱"式。虽然两牌坊为清代所建，但从立面形态来看，与晋祠"对越"坊并无太大的不同。

华阴西岳庙内的"尊严峻极""少皞之都""蓐收之府"三座青石牌坊是晋陕豫祠庙建筑牌坊中最具艺术价值和文化价值者，其立面形态特征鲜明，各组成部分比例和谐。三座牌坊原来都位于西岳庙正殿之前，"尊严峻极"居中，形制最高，其余两牌坊呈对称状居两侧，形制稍低。"尊严

236

图7-36
嵩山中岳庙"名山第一"坊

图7-37
安阳彰德府城隍庙前牌坊

图7-38
韩城城隍庙"监察幽明"坊

图7-39
太原晋祠"对越"坊

峻极"坊现矗立于金城门前（图7-40），为"三间四柱五楼"式，共三重屋顶，层层收进，屋顶尺度适中，远没有其他祠庙中的木牌坊顶部那样厚大。四根雕有人物、龙凤图样的抹角石柱插入须弥座夹柱石中，夹柱石上的抱柱鼓石形态繁复，上蹲的小狮生动可人。石柱之间，雕满人物、龙、凤、祥云图样的额枋、花板和刻有端庄遒劲题字的额板层叠穿插，形成了以柱、枋为主要元素的立面构图。

"少皞之都"坊和"蓐收之府"坊，现在前者立于御书楼前（图7-41），后者立于万寿阁前首层平台之上（图7-42），两牌坊形制相同，立面形态也基本相同，均为"三间四柱三楼"式，与"尊严峻极"坊相比，屋顶减为了三座两重，明间枋额层数也有所递减。

陕西韩城司马迁祠"河山之阳"坊是晋陕豫祠庙建筑中少见的砖砌牌坊（图7-43）。由于营造材料的特性所限，该牌坊采用了完全不同于木、石牌坊的立面形式。两侧宽大的砖垛之上，横架起高大的墙体，墙体顶部覆以硬山屋盖，使牌坊的立面形态呈现出简洁的"门"字形轮廓，其极为朴素的面貌表现了司马迁高洁的精神风骨。

图7-40
华阴西岳庙"尊严峻极"坊

图7-41
华阴西岳庙"少皞之都"坊

图7-42
华阴西岳庙"蓐收之府"坊

图7-43
韩城司马迁祠"河山之阳"坊

第八章

外部空间艺术特征

一

晋陕豫坛庙建筑外部空间艺术概说

就一般意义来讲，艺术的作用在于使人感受到心灵上的触动，这种触动首先是在感官上对艺术作品的审美辨析和审美欣赏，进而引发心理上的反应，达到某种知觉和感悟。

"埏埴以为器，当其无，有器之用。凿户以为室，当其无，有室之用。"这是很多论著在阐述空间时，常常引用的老子《道德经》中具有哲学意味的语句，其中的"室"字具有双重含义。语句中的前一个"室"字指建筑本体，后一个"室"字指建筑围合出的空间，后一个"室"字与语句中的"无"字意思相近，区别在于"无"字道出了空间的特性，而"室"字表明了空间的作用。从老子的论述可以看出，建筑营造是在做两件事情，一为修建建筑，一为营造空间，而看似虚无的空间才是建筑营造的主要目标。老子语句中的"用"字，意为功用，如同强调器皿中空才能盛物一样，老子论述建筑空间时，强调的也是它的物质功能。其实，华夏先人在长期的探索中，更发现了建筑空间的精神功能，找到了通过建筑空间艺术来表达文化思想的有效方式。外部空间是中国古代建筑最具艺术特色和魅力的构成部分。与西方古典建筑以建筑形象作为艺术塑造的主要内容不同，中国古代建筑是通过对外部空间的精心营造、构建空间的艺术氛围来感动到访者。

中国古代建筑以院落为基本构成形态和构成单位，外部空间在院落中形成，并随着院落的递进而逐层展开，构成空间序列。在序列展开的过程中，由于构成外部空间界面的建筑在形态尺度上的变化、外部空间自身尺度的变化、环境景观构成要素（如地形地貌、山水植物、色彩光照）的变化，不同的空间层次会产生或者宏大开阔，或者狭促逼仄，或者明媚爽朗，或者幽暗深邃的效果，带给人或轻松、或紧张、或兴奋、或畏惧的不同心理感受，这些空间效果组合在一起，就构成了一篇有序曲、有过渡、有渐进、有高潮，还有收束尾声的空间艺术乐章，而到访者的心理感受由始至终综合起来，就会感悟到空间艺术乐章所要表达的精神境界和思想哲理，建筑外部空间艺术的目的得以实现。

在中国古代建筑的所有类型中，除宫廷建筑外，坛庙建筑的外部空间艺术特征最为突出,艺术效果最为显著。这源自于坛庙建筑自身强烈的文化属性,坛庙建筑修建的目的除了提供神祇祭祀的场所外,就是要营造出某种氛围、某种气象,表达某种思想哲理,使人的心灵受到激发和震动。达到这一目的的最佳方式,就是建筑外部空间艺术的创建。

围合是空间构成的基本方式,建筑外部空间由二至三个维度的空间界面围合而成,其中的水平界面通常就是室外地面。室外地面的地形是多样的,可以是平地、坡地、台地等,也可以是这几种形态的组合;室外地面的地貌也是多样的,可以有山、有水、有植物、有各种形式的铺装。

围合建筑外部空间的垂直界面至少是单面,多则四面(异形的外部空间则可能有更多的垂直界面)。垂直界面的多少、形态,以及垂直界面相互之间的距离尺度,往往较水平界面更能影响拜谒者的空间感受。单一的垂直界面和水平界面构成的外部空间,空间感最弱,但方向感很强,比如很多祠庙建筑山门前的入口空间,其空间形态最不稳定,但能够将观者的视线自然地引向空间的垂直界面——山门,呈对称式建筑立面构图的山门,让人感受到了中轴线的存在。

由前、后两个垂直界面和水平界面构成的外部空间,空间感和围合感加强,空间形态趋于稳定,空间的方向感也得到加强。对坛庙建筑来说,原本由山门前广场空间产生的中轴线在这里延伸成了贯穿前后两垂直界面的轴线关系。

由左、右和前方(或后方)三个垂直界面和水平界面构成的外部空间,不但空间形态更加稳定,方向感和轴线感也更强;同时,这样的空间形态产生了更强的封闭感。

由左、右、前、后四个垂直界面与水平界面构成的外部空间,空间形态最为稳定。由于四个垂直界面各自形态不同,主从、尊卑关系明确,因此可以产生强烈的方向感和轴线感。此外,这样的空间构成形态,封闭感最强,最能使人感受到与天地对话的关系。

建筑外部空间垂直界面之间,特别是同一座向的垂直界面之间的空间尺度,决定着拜谒者的视觉印象,因而也极大地影响着拜谒者的心理感受。对于空间尺度与视觉印象之间的关系,古代文献诗赋中有大量的描述,东汉大学者张衡《冢赋》曰:"宅兆之形,规矩之制,睎而望之方以丽,践而行之巧以广。"曹魏时期的玄学家何晏在其《景福殿赋》中描写宫殿建筑之壮美时写道:"远而望之,若摘朱霞而耀天文;迫而察之,若仰崇山而戴垂云。"从这些文句可以看出,古人探究一个物象,习惯于从远观和近察两个层面去审视,用三国时期阴阳家管辂在《管氏地理指蒙》中的论述来讲,就是"远以观势,虽略而真;近以认形,虽约而博"。

"形"与"势"虽然是传统风水学说中的概念,但将其运用于阐述古人的空间尺度观念同样适宜。"形"为近距离观察物象所得到的视觉印象,"势"为远距离眺望物象所得到的视觉印象。古人认为,近距离视物，看到的是细致的、个体性的和局部性的内容；远距离视物，看到的是总体性的、全局性的、宏观的内容，正如管辂所论："远为势，近为形；势言其大者，形言其小者""势居乎粗，形在乎细"。

管辂认为，"千尺为势，百尺为形"。按古尺折算成现代公制，百尺约为30米，千尺约为300米，在这样的空间尺度范围内，可以从宏观和微观两个层面获得全面的空间艺术视觉效果。关于这一点，著名学者、天津大学建筑学院王其亨教授在论文《风水形势说和中国古代建筑外部空间设计探析》中有详尽的分析。从"形"与"势"两个概念的内涵可以看出，古人对于建筑外部空间营造，必先着眼于整体性、全局性的艺术立意及宏观格局，做到"来势为本"，然后，在"来势"的统领之下，进行局部的、个性化的处理，做到"住形为末"。

需要指出的是，在"形"与"势"之间，也就是"近景"与"远景"之间，还有一个中景的视域，这一视域的范围介于千尺之势和百尺之形之间。"形"与"势"是相对静止的空间视觉距离，而中景则是行进中的、运动着的、变化着的空间视觉距离。如何使中景这一视觉过程丰富多变，不但不影响空间的整体形态和效果，还能为其添加光彩，需要营造者巧妙而细致的构思。在晋陕豫祠庙建筑中，常常巧妙地将各类建筑小品，如牌坊、碑亭、照壁、石桥，甚至碑碣，以适当的体量和尺度布置在外部空间的适当位置，形成丰富的空间形态和空间层次。还有的利用自然地形的特殊性，以起伏变化的外部空间水平界面与处于恰当位置的建筑垂直界面相组合，构建多变、动人的视觉效果。

建筑外部空间就其物理意义来说，是相对静止的，但当多重外部空间相组合，依靠其整体性来达到某种意境效果时，空间就产生了动态的特征，空间的表现力就发生了质的变化，能够生动地表达更加深刻的文化哲理。具体来说，多重外部空间的组合，拉长了拜谒者行进、运动和体验的距离，使其空间感受由相对静态转换为动态。围绕动态感受而展开的各重空间，其围合界面的形式、组合关系、尺度关系、构成形态，甚至空间的色彩与光照效果，均依据一定的营造意图进行构建，当所有的个体空间组合成为一个有机整体，表现出整体性空间意境的时候，一个完整的、具有艺术表现力和感染力、能够发人深省、给人以心灵触动的空间序列就完成了。在这个空间序列中，"形"与"势"的实现，也都是营造意图引导的结果。

对于晋陕豫祠庙建筑来说，由于其祭祀的文化属性，因此，总体的营造意图一般都是构建庄重、肃穆、秩序明确的空间序列，以表达对神祇的敬畏和对神祇庇佑的期冀。但是，由于不同的祠庙建筑庙制等级不同，所处地域的自然环境与民俗文化、民俗风情不同，营造的历史时期不同，故而在不同的祠庙建筑中，构建出的空间序列形态各不相同、各具特色。

空间序列中各个体空间之间相互辅衬、相互呼应、相互对比的构成关系，是形成空间序列强烈艺术感的决定性因素，特别是对比关系，极大地影响着序列的艺术效果。所谓对比，是指造型要素以相反的特征呈现出来的组合关系。特征相反的个体空间之间的组合，如宏大与狭小的组合、高大和低矮的组合、长向与短向的组合、纵向与横向的组合、明亮与幽暗的组合、开敞与封闭的组合，都可以产生强烈的对比关系，大大激发拜谒者心理和情绪上的感受，产生对营造者的空间意图的共鸣。

晋代陶渊明的《桃花源记》文曰："晋太元中，武陵人捕鱼为业。缘溪行，忘路之远近。忽逢桃花林，夹岸数百步，中无杂树，芳草鲜美，落英缤纷……林尽水源，便得一山，山有小口，仿佛若有光。便舍船，从口入。初极狭，才通人。复行数十步，豁然开朗。土地平旷，屋舍俨然，有良田、美池、桑竹之属。"文中描述的系列个体空间形态特征迥异，并有着鲜明的对比关系，在这些对比关系中，捕鱼人经历了心理上的反差变化，并最终获得了意外的愉悦、爽朗的心境，这正是空间对比艺术的精彩写照。宋代陆游的名句"山重水复疑无路，柳暗花明又一村"，也表达出同样的道理。

在晋陕豫祠庙建筑中，以对比的关系取得空间艺术成效的例子极多。山西临县碛口黑龙庙山门内是一狭窄、低矮、幽深的砖砌券形通道，顺着昏暗的通道和逐渐升起的缓坡前行，可步入宽敞明亮、四面建筑围合的庭院。通道空间和庭院空间在明、暗、大、小、高、矮及形态方面的对比，让人感觉仿佛来到一个世外境界（图8-1）。

山西榆次城隍庙内，山门与玄鉴楼之间的庭院空间窄小短促，光照不足，加上高大的玄鉴楼迎面而立，目不可及，故给人以紧迫、压抑之感。穿过昏暗的玄鉴楼戏台通道，宽敞明亮、四面建筑围合的正殿前庭院呈现在眼前，紧张的心情得到释放（图8-2）。前后两空间的对比，让人更感

图8-1
临县碛口黑龙庙山门紧缩的通道与远处明亮的庭院

受到了城隍神祇的亲切与随和。

陕西韩城司马迁祠空间序列主要由分成数段的登山梯道和山顶祭祀庭院组成，登山梯道曲折蜿蜒，呈带状空间形态，阶梯陡直狭窄，两侧有砖砌护墙限定空间，登至山顶，迈入"太史祠"门，空间豁然开敞，山门、迎面的献殿和两边的砖砌护墙围合出了尺度适宜、松柏参天、静谧朴素的庭院空间（图8-3），人的急切心情也随着空间形态和空间环境的转换，变得恬静、安闲起来。

成功的序列空间都必须具备明确的层次性，即具备明确的起始、过渡、高潮和收束，各空间层次按照一定的营造意图交替产生对比与递进的空间效果，使到访者的心理和情绪得到充分的酝酿和发酵，最后达到高潮。序列空间的层次既可以是个体空间，也可以在个体空间中再增加一些建筑元素，划分出更多的空间层次。在晋陕豫祠庙建筑中，常可见到以照壁、牌坊、石桥，甚至香炉划分空间层次的做法。

空间序列中的个体空间或序列层次的衔接应当巧妙、自然，这就需要空间的暗示与引导。在晋陕豫坛庙建筑中，空间暗示与引导的方法多种多样，其中台阶的引导是最常见的，台阶对于完成从一个水平界面向另一个水平界面的自然过渡，起着重要作用。祠庙建筑空间序列的一大特色，是

图8-2
榆次城隍庙戏台昏暗的通道与远处开敞的庭院

图8-3
韩城司马迁祠开敞的庭院空间

动人的空间环境常常以突然的方式出现，且往往出现在高差变化或空间转折之处。此时，台阶就扮演了重要的角色，位置巧妙的台阶与上升、迂回的空间相配合，对另一个动人的空间环境层次的呈现起到了引导和烘托的作用。这样的作用，在嵩山中岳庙、陕西韩城司马迁祠、山西蒲县柏山寺、山西盂县藏山祠外部空间序列中都可见到。

除台阶外，具有方向感的地面铺装也是祠庙空间引导的常用做法。嵩山中岳庙中央神道在两外侧横铺青石板，中间再竖铺石板，形成神道强烈的方向感，将拜谒者引导向前方（图8-4）。华阴西岳庙金城门内中央神道也采用了相似的做法，山西解州关帝庙中央神道则采用以青石板铺于中央、以灰砖按人字纹铺在外侧的做法，同样强调出了神道的方向感。

晋陕豫祠庙建筑中经常出现的对称矗立于中央神道两侧的建筑元素，如对狮、对亭、撇山影壁等，因其具有方向感的布局方式，也起到了空间引导的作用。

此外，运用自然光照也可作为空间暗示与引导的手段，例如山西临县碛口黑龙庙和山西蒲县柏山寺，透过狭长的幽暗通道，远处庭院空间明媚的阳光映照过来，将人自然地引向前方。

在古代建筑外部空间序列的艺术塑造方面，常见一种称为"过白"的营造方法。所谓"过白"，就是人处于空间序列中某一建筑位置，目光所至，可以在所处建筑形成的景框内，看到前方建筑与景物构成的完整画面，在前方建筑的屋脊上方，还有适当比例的天空纳入画面，从而形成在明媚的天际下，人文建筑景观迎面而立的动人景象。景框的作用是为这一景象增添画面感和艺术感，同时景框还是画面的近景，其丰富多变、细致精美的轮廓线，勾勒出作为中景的前方建筑景观，以及作为远景的天际云霞。由于"过白"图景中的建筑景框一般光照很差，暗黑的景框与明媚的天际云霞形成了强烈的反差，使得画面更加动人，更能给人以深刻的印象。

图8-4
嵩山中岳庙中央神道

晋陕豫祠庙建筑中"过白"的营造方法常可见到，由于祠庙的空间序列一般由重重的建筑和庭院构成，因此常在中轴线上营造出一幅幅"过白"的艺术画面。在嵩山中岳庙中轴线上（图8-5），在华阴西岳庙中轴线上（图8-6），甚至在规模较小的祠庙建筑，如碛口黑龙庙、太原窦大夫祠的中轴线上，都可以找到这样的例子。

对于祠庙建筑来说，"过白"的做法除了构建出一幅幅生动的艺术画面外，还有思想观念上的价值。"过白"的画面中，前方的建筑景物笼罩在天穹之下，表现出了"天为上""苍天护佑"的传统文化理念，反映了祠庙建筑的文化特征。

图8-5
嵩山中岳庙峻极门处"过白"画面

图8-6
华阴西岳庙金城门处"过白"画面

二

晋陕豫坛庙建筑外部空间构成元素

在坛庙建筑中，垂直界面对于围合而成的外部空间的形态往往具有决定性作用。构成坛庙建筑外部空间垂直界面的，有各类建筑，如殿宇、门屋、楼阁、廊庑、戏楼等，还有各类构筑物，如围墙、城墙、垛墙等，这些建筑元素自身体量的大小、建筑尺度与外部空间尺度之间的比例关系、各建筑立面的虚实构图关系，以及各建筑围合所构成的立面关系，都是影响外部空间形态的重要因素。

建筑自身体量的大小，可以理解为建筑的绝对尺度。以人的身高尺度作为参照，能够清晰地认识到建筑的规模和壮观程度，判断出建筑作为空间界面带给人的视觉上和心理上的感受。

以嵩山中岳庙和华阴西岳庙为例，西岳庙灏灵殿前庭院纵深尺度为六十余米，宽近百米，而中岳庙峻极殿前庭院纵深尺度超过百米，宽九十余米，两庭院宽度相近，但空间纵深相差很多。通常来说，在静止的状态时，庭院空间尺度与作为空间垂直界面的建筑尺度的比值越小，人所感觉到的建筑相对尺度越大；在行进和运动的状态时，情况则相反，运动之中的行人在心目中会产生一种期待，运动时间愈长，期待愈甚，对建筑的视觉感受也会愈加强烈，在围合空间的建筑尺度相近的情况下，较大的空间纵深能够使运动着的人更强烈地感受到建筑的气魄。因此，从两殿的建筑尺度与殿前庭院空间尺度的比例关系来看，峻极殿更能给人以恢宏壮观的印象。

营造者为避免峻极殿前庭院纵深过大带来的单调感，还在庭院中轴线适当位置竖立了一座木牌坊"嵩高峻极"，牌坊的建筑形态使得它并没有隔断庭院空间的连续性，也没有破坏其完整性，只是增加了一道空间层次，形成一个景框，让人感觉到正在与祠庙正殿建筑接近，这样的做法在消除人的疲劳感、空间的单调感之外，还增强了人的期待感（图8-7）。

作为空间界面的建筑的立面虚实构图关系，对于外部空间的形态和空间感受有着重要的影响。仍以峻极殿和灏灵殿为例，峻极殿面阔九间，坐落于高大的台基之上，台明宽大，正立面十根檐柱之间封以槅扇门窗，形成对外封闭感强烈的立面形态（图8-8）。这样的形态，增加了建筑的气势感，使建筑对外部空间的围合以硬界面的形式实现。与之相反，灏灵殿面阔虽然也是九间，但两梢间尺度很小，只能算半间，且两梢间与前后檐柱内侧共同形成了副阶围廊，环绕灏灵殿一周的围廊使大殿形成了虚空感强烈的立面形态（图8-9），这样的形态减弱了建筑的气势感，但使建筑对庭院空间的围合不显生硬，而是以虚怀、容纳、谦逊的软界面与庭院空间达到融合。

山西太原晋祠圣母殿也是与灏灵殿相同的例子，大殿面阔七间，设有副阶围廊，且正面檐柱内的廊下空间尺度宏大，占据了两间的进深。虚空感强烈的建筑立面形态，丝毫没有给人以压迫、威严、紧张之感，反而与名木丰茂的周围环境相互融合、相互渗透，共同构成一个不可分割的整体，建筑与环境两者相互赋予对方以自己的精神气质，环境因建筑而变得洒脱俊逸，建筑因环境而显得挺拔多姿（图8-10）。

在同一座坛庙建筑中，当作为空间界面的建筑以或实或虚的立面形态交替呈现时，形成的外部空间就具有了或封闭、或开放的空间形态，人的视觉感受就会在空间形态的对比关系中产生特别的效果。以山西解州关帝

图8-7
嵩山中岳庙"崧高峻极"坊

图8-8
呈封闭立面形态的峻极殿

图8-9
呈虚空立面形态的灏灵殿

图8-10
虚空感强烈、与周围环境相融合的圣母殿

庙为例，其端门为三开间砖砌券洞立面构图，形态以实为主，气势感和封闭感很强（图8-11）。由端门和前方的琉璃照壁围合而成的入口空间本来尺度就较小，端门的建筑形态更加重了对人的紧迫感。端门以北，迎面可见的"雉门"面阔三间，不设檐墙，檐柱与山墙沿阶伫立，形成虚空的建筑立面形态，透过明间，还可望到更远处又一重空间（图8-12）。雉门前的庭院空间虽然也不甚广大，但由于雉门与端门相反的建筑形态，人立于庭院之中时，并无紧迫之感，反而在对比之下，感受到了雉门带来的包容、亲切、舒畅之感。

一座庭院空间，四周的围合建筑形态不同，形成的建筑组合形态关系不同，庭院空间的形态也随之相异，晋陕豫祠庙建筑中大量的一进院落的祠庙空间就是如此。

从建筑形态来看，院落两侧的厢房最为低矮，且形态相同；山门和正殿较高，且形态有主次之分，由此从视觉关系上形成了祠庙的中轴线。厢房建筑有封闭式、开放式二种立面形态，使得围合出的庭院空间或产生封闭感和紧迫感、或产生融合感，带给人的心理感受完全不同。在晋陕豫祠庙建筑中，开放式的厢房配殿立面形态是最多见的，这也反映了古人更强调建筑与空间环境的融合，由此形成亲切、包容的视觉感受。

图8-11
封闭感强烈的解州关帝庙端门

图8-12
具有虚空感的解州关帝庙雉门

从围合建筑的规格等级和立面形态来看，山门戏台往往高于厢房配殿，而正殿又高于山门戏台。在很多的祠庙中，为了增强正殿建筑的空间地位，构建出明确的空间秩序，常将献殿与正殿前后连为一体。除前文所述的例子外，山西沁水县尉迟敬德庙、汾阳南门关帝庙、阳泉林里关王庙、古县热留关帝庙、潞城李庄关帝庙、河津台头庙、平顺北甘泉圣母庙、芮城城隍庙、壶关南阳护村三嵕庙、平顺北社三嵕庙等大量的祠庙，也都采用了这样的营造方法。

山西临县碛口黑龙庙正殿除独自坐落于高大的台基之上外，还在立面形态上作出与庭院空间内其他建筑的区别，以突显其空间界面主体地位。黑龙庙山门沿庭院立面为一宽两窄三孔券形门洞，庭院两侧厢房立面也是券形窑洞形式，乡土特色鲜明（图8-13）；而正殿则为三开间前廊式硬山顶官式建筑，相比之下，个性特征与山门和厢房均不相同。

在晋陕豫三省一些规模较大的祠庙建筑中，庭院空间内多布置有对狮、对亭、牌坊、照壁等建筑小品元素，除前文阐述的空间引导的作用外，这些小品元素还有丰富空间内容、构建空间景观的功效。位于庭院空间中轴线上的照壁和牌坊还能增加空间的小层次，使之在视觉上更加多变。在嵩山中岳庙、华阴西岳庙和解州关帝庙中，都可见到这些建筑元素的存在和作用。

晋陕豫祠庙建筑的庭院空间之所以魅力无限，还在于深深地植根于大地、以傲然之姿、苍劲之象耸立于其中的一株株古柏。古代文人有许多诗句赞美祠庙建筑中的古柏，如描写嵩山中岳庙古柏的有："云移峻极群峰

图8-13
以券形洞为构图形式的碛口黑龙庙山门及厢房

秀，古殿老柏浮苍烟"，描写太原晋祠古柏的有："隋槐周柏矜高古，宋殿唐碑竞炜煌""地灵草木得余润，郁郁古柏含苍烟"。

祠庙建筑中种植柏树，在华夏已有数千年的历史。位于陕西黄陵县轩辕庙内的"黄帝手植柏"，据测定其树龄已有五千余年，至今其冠盖蔽空，枝叶四季不衰。柏树形态独特，耐性极强，生命力极旺，古人以之为"百木之长"，孔子云："岁不寒，无以知松柏"。祠庙建筑中的柏树不仅具有独特的景观价值，使人们感受到庭院空间中郁郁苍苍的植物景观之美，而且具有作为象征元素的文化价值，柏树有着坚韧、无畏、挺直、顽强、倔强的精神气质，祠庙庭院中茂密的古柏，赋予了祠庙空间环境以这样的精神气质，使人一望而知这里是祭祀和信仰的场所。借助柏树，人们也似乎感受到了某种超然的力量，难怪建筑规模只有一进院落的山西太原窦大夫祠，也要在庭院中种植多株枝干粗壮的侧柏。

数百年，甚至上千年的树龄，使得祠庙建筑中的柏树还具有了文脉传承的文化价值。晋陕豫祠庙建筑在历史上都经历过许多次的修葺甚至重建，很多祠庙早期的风貌已不存在，能让人感知其历史之悠久、文化渊源之深厚的，当属祠内的古柏。

除植物外，祠庙建筑中林立的碑碣，也是其空间环境性格特征不可或缺的构成元素。祠庙内的碑碣，主要包括"颂德碑""纪事碑""题字碑""题诗碑"和"功德碑"。这些碑碣尺度不等，形态不一，有的为圆首方趺碑，有的为螭首方趺碑。它们或立于屋檐之下，或立于廊庑之内，或立于殿前阶下，或成组并立，或孤碑独立，以带有残损破缺的形象，向世人传达着祠庙建筑与空间的文化意象和精神价值。

三

嵩山中岳庙外部空间艺术特征

出现在《大金承安重修中岳庙图》碑和清乾隆木刻《钦修嵩山中岳庙图》中的东汉太室阙至今仍矗立在中岳庙建筑群的南端，但因为已建屋护存，且其与中岳庙之间已由城市大道隔开；所以，现在嵩山中岳庙的空间序列，应当从庙前的"名山第一"牌坊开始（图8-14）。

巨大的牌坊形成了景框，在由牌坊上楣的横枋、雀替、两侧的木柱及柱身下高大的须弥座夹杆石构成的边际轮廓中，中岳庙空间序列的第一幅画面呈现出来：留有"过白"的天际下，远处中轴线上的遥参亭和更远处的天中阁相映而立，建筑形态虚空的遥参亭翼然于前，建筑形态敦实厚重、宏大壮丽的天中阁衬托于后，笼罩在白云晴空下的两建筑色彩炫目，黄色的屋瓦与红色的墙面，彰显出高级礼制建筑的特征（图8-15）。

由"名山第一"坊到遥参亭，再到天中阁，是一个宽阔但纵深感更强的山门外空间。沿青砖铺就的甬道穿过牌坊，会发现遥参亭作为亭式建筑，尺度相当大。坐落于宽大、及人高台基上的遥参亭为八角形的重檐攒尖顶，巨大的攒尖宝顶标志着亭子高贵的身份。天中阁的建筑形态类似于北京明清故宫的天安门，厚重的墙体把人的视线遮挡住，引向中间的三个券形门洞，幽深的门洞在大面积实墙的衬托下显得神秘，且让人心生畏惧之感，仿佛由此便进入了一个超凡的世界。山门外空间就如同音乐乐章的序曲，将人的思想情绪调动起来，进入感知空间与环境、体味其艺术意境的状态。

天中阁下的门洞既深且暗，但透过远处券形门洞构成的景框，可以看到前面的景象果然别有洞天（图8-16），这景象由葱茏茂密的植物、伸向远方的石铺神道，及神道尽头掩映在高大树木之间的牌坊构成，中岳庙外部空间序列的起景空间由此开始。与山门外空间宽广而缺少周边界面的围合关系不同，起景空间神道两旁的植物夹道排列，形成强烈的围合感和方向感，将人的视觉与心绪引向前方。

一路沿缓坡上行，可见"配天作镇"坊矗立在神道中央（图8-17）。牌坊坐落在两层平台之上，前有多达十一步石阶，高大的石基以及缓坡造

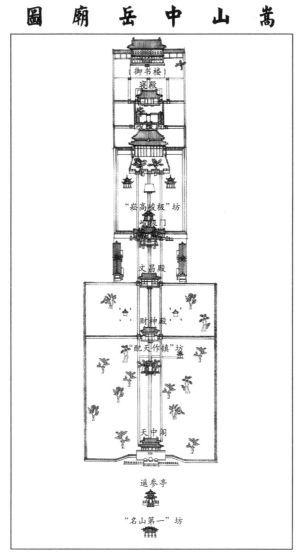

图8-14
嵩山中岳庙图

成的视觉仰角关系，使牌坊显得更有气势。牌坊题额的含义，见于隋唐
《孔颖达疏》："言圣人功业高明，配偶于天，与天同功，能覆物也。"

　　穿过牌坊，远处是红墙灰瓦的财神殿（图8-18）。财神殿建筑为五开间，
单檐歇山顶，明间和次间檐柱之间封以槅扇门窗，两梢间封以砖砌实墙，呈现
出对外封闭、具有某种神秘感的建筑形态，这样的建筑形态构成了中岳庙起
景空间的底界面，将起景空间限定在财神殿前。由幽暗的山门门洞、神道、
"配天作镇"坊至财神殿，拜谒者初步体会到了迥异于中岳庙外的空间环境
氛围，而财神殿前数座香炉里飘散出的腾腾烟气，更加重了这种异样的感受。

　　由财神殿到后面的文昌殿，是空间序列中过渡空间的第一个层次，以
作为空间高潮出现前的铺垫，如同音乐乐章中的慢板。这一部分空间形态
较为简单，同起景空间一样，左、右两侧的庙墙相距极远，因此感受不到

图8-15
由"名山第一"坊北望遥参亭和天中阁

图8-16
由天中阁门洞北望

图8-17
由"配天作镇"坊北望

图8-18
中岳庙财神殿

来自两侧的空间围合感。但是，神道两侧空地上矗立的建筑形态低矮的神库，神库四周振臂握拳、瞋目而立的宋代镇库铁人，庭院中数十株树结粗大凸起、树筋盘卷直上的巨大古柏，以及数尊螭首龟跌古碑，使人感受到了中岳庙上千年的历史积淀和文脉传承。

由文昌殿向后至峻极门，为序列过渡空间的第二个层次。但是，不同于前一层次的松散形态，这一空间层次骤然收紧，围合感骤然增强，就好似音乐乐章中快要接近高潮的快板。此处围合空间的垂直界面在四个方向都存在：南有文昌殿，北有峻极门，东有东岳殿、南岳殿，西有北岳殿、西岳殿，六栋建筑将空间围合成一个尺度较小的封闭庭院。东、西两侧的四座岳殿立面形态完全一致，均为五开间单檐歇山顶，檐柱之间封以槅扇门窗，均坐落于高度超过两米的砖砌台基之上，台基前的石阶为侧上式，以减小对庭院空间的占用，并形成了富有前后层次的台基立面构图。四座岳殿高大、封闭的立面形态产生了很强的气势感（图8-19）。

在四座岳殿殿前地面上，各立有一块形态天然的青石，石上刻有相应岳山的真形图（图8-20）。五岳真形图为道教符箓，记载于古代文献《汉武帝内传》和晋葛洪《抱朴子·遐览》中。庭院中的四块真形图石，为空间环境增添了历史感和神秘感，再一次表达出中岳庙文脉传承之厚重和久远。

此外，庭院内散布在各处的十几株枝叶繁茂、树干遒劲的巨柏，也为空间环境带来了厚重的历史感和沧桑感，特别是庭院北侧、峻极门前的两株古柏，身姿挺拔、傲然而立，表现出坚韧、威武的精神气质。

图8-19
峻极门前庭院中的岳殿

图8-20
岳殿及其前置的岳山真形图石

坐落于高大台基上的峻极门，是庭院过渡空间的底景和结束，也是即将展开的序列空间高潮的开始（图8-21）。峻极门的台基形式独特，为两重平台、两重台阶。第一层平台较低，前有六级石阶，但平台舒展宽大，人立于平台之上，峻极门内的景物更加清晰可辨。第二层平台的高度为第一层平台的两倍有余，前有十二级台阶，空间至此地面被陡然抬起，预示着序列高潮即将到来。两重宽大平台的设置，表现出一种雍容的气度，同时又赋予了峻极门庄重、威严的气势。

峻极门为面阔五间、单檐歇山顶的门屋式高大建筑，明间洞开，由此向前方望去，在由檐柱、横枋和雀替构成的景框内，序列高潮的第一个层次呈现出来。在留有"过白"的天际下，三间四柱的牌坊"嵩高峻极"巍然矗立。透过牌坊，可见到一尊高大的铁制香炉立于中轴线上，衬托出强烈的祭祀氛围。牌坊两侧，绿树成行，形成一条视线通道，将人的目光引向前方。

由峻极门到"嵩高峻极"坊的距离虽然不远，但留给人心理准备和情绪酝酿的过程，这一空间的围合状态由方才的收紧又变得放松，人的心绪在这里得到释放。两相对比之下，人会感到愈接近中岳大殿，与中岳神君的亲近感愈强烈。

行至"嵩高峻极"坊，又一幅景框中的画面出现在眼前：依然是在留有"过白"的天空下，作为中景的铁香炉和作为底景的中岳大殿前后矗立，周围簇拥着枝繁叶茂的巨柏和细槐等各色树木。香炉高五层，漏空的形态使后面的中岳大殿尽览无余，由"嵩高峻极"坊至中岳大殿，序列空间达到了高潮。

图8-21
中岳庙峻极门

中岳大殿峻极殿前的空场宽大、方正，大殿坐落于过人高的台基之上，台基正面的中、左、右和台基两侧均设有十三级石阶，规制宏大。此外，除殿前设有极宽大的月台外，距殿三十余米的空场中央还设有正方形的砖砌祭台，祭台外四角植有古柏，苍翠、遒劲，连同散布在峻极殿前和空场其他各处的古柏，营造出了肃穆、庄重的空间氛围（图8-22）。

　　峻极殿月台前碑碣众多，香火鼎盛，使人感受到了祭祀空间特有的氛围，矗立于祭台西侧的一通石碑，刻以"岳立天中"四个颜体大字，为空间环境更增添了豪迈的气象。

　　峻极殿之后的寝宫庭院是整个序列空间的收束。庭院正门为硬山顶垂花门，尺度宜人，门两侧筑以横向展开的长墙，表达出平和的空间意象，使人的心绪由高昂的状态平复下来。寝宫庭院由东、西两侧的厢房和正面的寝宫围合，形成了尺度亲切的封闭式空间，宜居感强烈。寝宫坐落在九步石阶高的台基之上，台基通宽，占据庭院的北半部分；高大的台基既表达出了中岳神君夫妇高贵的地位，又使庭院产生了空间形态上的变化，个性更加鲜明。

　　就"形"与"势"来说，中岳庙外部空间序列的"形"体现在一系列相继呈现的建筑与空间的构成形态上，这些建筑与空间通过不同形态之间的组合，能够让人产生对中岳神明的崇拜和敬畏之情，感受到厚重的文化底蕴之"势"。需要指出的是，中岳庙外部空间极富特色的"形"与"势"的形成，还在于营造者一方面巧妙地利用场地开阔的自然条件，构建出极长的、耐人寻味的空间序列纵深；另一方面利用场地北高南低的地形条件，将从天中阁开始，一直到峻极门的外部空间序列，构建在连续向上的缓坡上，这样的空间形态大大加强了其"形"与"势"的效果，使拜谒者能够得到更加强烈的空间感受。

图8-22
中岳大殿峻极殿及其前方的祭台

四

华阴西岳庙外部空间艺术特征

    华阴西岳庙山门外空间的形态特征完全不同于中岳庙,后者是以开放的姿态构建山门外空间,并将拜谒者引向山门;而西岳庙则是用一面长而高的照壁将山门外空间与周边环境分隔开来,形成了由照壁和与之相对的山门两面围合的、尺度并不很大的半封闭空间。

    黄瓦红墙的照壁和同样是黄瓦红墙的山门的立面形态均为横向展开式,使得山门外空间具有了一种舒展、雍容的气度。山门灏灵门为墩台式建筑,与中岳庙天中阁类似,但建筑体量和尺度没有那么大,也不像天中阁那样在墩台上方建有重檐高阁式建筑,而是在墩台上方直接覆以单檐歇山屋顶。墩台中央及两侧各设一尺度相近的券形门洞,洞周贴有券脸石,墩台下方砌有石质须弥座,形成了简洁但不失细节、封闭但不使人感到压抑、带有神秘感的立面形态(图8-23),并且赋予了山门外空间以同样的特质。

    灏灵门门洞也不像天中阁那样深,在门洞构成的景框中,一座高台券洞式建筑呈现出来,其与灏灵门及两侧钟鼓楼、角楼共同围合出入口庭院

图8-23
西岳庙山门灏灵门

257

空间。该建筑称五凤楼，其与灏灵门在建筑形态上的区别，一是城台更高、券洞门更大；二是城台上设立了墙堞和单檐歇山顶的高阁，一座座灰砖砌筑的墙堞使空间具有了防御感，使人产生了置身于坚城之下的感觉。五凤楼距灏灵门不远，因此此处的庭院空间呈横向展开状。北面由于有高大的五凤楼，钟、鼓楼以及城墙角楼作为空间界面，因此围合感极强。

半封闭的山门外空间和纵向围合感强烈的入口庭院空间，构成了西岳庙空间序列的序曲，拜谒者的心态由松弛变得逐渐紧张起来。

五凤楼的券门很深，且光照很差，使人感到仿佛由此进入了一重新的天地。从券形景框中迎面看到的，是由三门四墙构成的横向展开的棂星门（图8-24）。棂星门中的三门均采用单檐歇山顶，翼挑深远的屋檐下，绵密细致的斗栱、层叠的枋额及四根立柱，显示出亭式建筑的形态。由五凤楼到棂星门之间，两侧只有围墙，并无其他建筑，由此围合出的庭院不很大，但却是西岳庙空间序列的起景空间。在这里，目光所及的环境中，除了一座棂星门外，更无他物，古老的棂星门赋予了空间环境同样的历史感和文化感，给人以强烈的视觉印象和心理触动。

棂星门以北，青石铺就的神道中央，矗立着一座青石牌坊，由这里至再北面的金城门，为空间序列的过渡阶段，也是拜谒者情绪酝酿和升发的阶段，而引发拜谒者情绪酝酿的空间元素，就是这座石牌坊和作为空间底界面的金城门。同方才的起景空间不同，这里的庭院过渡空间纵向进深加大，两侧围以廊房，一方面留出足够的空间距离，供拜谒者在心理上作出反应；另一方面形成明确的空间等级秩序，凸显出位于中轴线上的石牌坊和金城门的地位，表达出牌坊题额所书"尊严峻极""天威咫尺"八个字所代表的文化含义（图8-25）。

同中岳庙峻极门一样，金城门为面阔五间、单檐歇山顶的门屋式建筑，但不同的是，金城门下的台基只有四步石阶的高度，使其并无凛凛生威之感（图8-26）。

金城门以北至西岳庙正殿灏灵殿，为序列空间高潮的第一阶段。由金城门、灏灵殿和两侧围绕的廊房围合而成的庭院空间，在尺度上既不过分宏大，也不显得局促，而是给人以适中的感觉。坐落在并不高大的台基之上的灏灵殿，其建筑形态如金城门一样，并无太多威严的气势，更像是一座宜居的殿宇（图8-27）。

在祠庙建筑空间序列的营造中，正殿前的空间通常被设定为高潮部分，但西岳庙并不完全是这样，灏灵殿之后，进入后宰门，由"少皞之都"坊、御书楼、"蓐收之府"坊和万寿阁构成了序列空间高潮的第二阶段。

图8-24
西岳庙棂星门

图8-25
西岳庙"尊严峻极"坊

图8-26
西岳庙金城门

图8-27
西岳庙灏灵殿

后宰门为单檐歇山顶的单开间券形门，除了分隔和引导空间外，还作为景框之用。透过券形景框，可以看到中轴线上掩映在茂盛植物之中的"少昊之都"石牌坊和楼阁建筑。后宰门以北的空间环境与灏灵殿前庭院空间截然不同，灏灵殿前庭院内并无多少高大植物，所栽植物都较为低矮，以衬托出殿宇建筑的高大；后宰门北的庭院内则是巨柏参天，绿树成荫，建筑与古木交相辉映。这里的空间范围也极大拓展，东西两侧一直延伸到了建有角楼的城墙脚下，南北空间纵深也加长很多。

拜谒者在驻足于灏灵殿前庭院，感受了典雅、凝重的空间氛围后，进入这样一个园林景观多样、空间层次丰富、空间尺度放大的环境之中，心绪顿时放开，前后两种空间形态和空间环境的对比，使人在一紧一松之间感觉到了天地自然的真趣。

"少昊之都"坊以北不远处的御书楼为双层檐歇山顶楼阁式建筑，作为"少昊之都"坊的底景，与之共同构成了第一重空间层次。御书楼黄瓦红柱，彩绘连幅，石砌台基向四周扩出，形成宽大的平台，一派气定神闲的宫院建筑风范。御书楼以北三十余米外，一座宏大、雄伟、气势远超灏灵殿的高台建筑巍然矗立，在引人仰望的同时，也将人的心绪由舒缓安闲的状态提升了起来，激发起冲动、昂扬的情感。由建造于高大城墙上的万寿阁和位于阁前下层平台上的"蓐收之府"石牌坊构成的第二重空间层次，是西岳庙空间序列高潮中的高潮。

万寿阁的平台分上下两层，下层平台由两侧直上可达，平台空间很小，立有形态与"少皞之都"坊几无二致的"蓐收之府"坊。透过"蓐收之府"坊所构成的景框仰望，可见宽大的砖砌台阶陡然直上，万寿阁的屋顶也清晰在目，人的情绪随之振奋起来。在拾级而上的过程中，万寿阁的全貌逐渐显露出来（图8-28）。踏上上层平台，也就是万寿阁高台，以三重檐、歇山屋顶的楼阁式建筑万寿阁为底景和唯一的界面，空间顿时豁然开敞。向两旁侧看，平台沿东、西两个方向的城墙向远处延伸开去。回顾来路，西岳庙全景尽收眼底。再向远望，苍穹天际之下，华山的山形轮廓就展现在前方，与西岳庙的金瓦红墙遥遥相对。这是一幅壮丽、动人的天地山川自然景观与殿宇楼阁人文景观完美融合的画面。借助华山与万寿阁所形成的宏大的空间之"势"，拜谒者真正感悟到了古人"天人合一"思想理念的精髓，西岳庙的建筑空间艺术在此表现出了高远的精神境界。

　　不像一般的祠庙建筑，西岳庙的外部空间序列中并没有收束和结尾空间，而是在高潮中结束，就像音乐乐章在高昂激扬的曲调中结束一样，给人以荡气回肠的感受，引人遐思。恢宏的西岳庙庙图也完全体现了这一点（图8-29）。

图8-28
北望"蓐收之府"坊和万寿阁

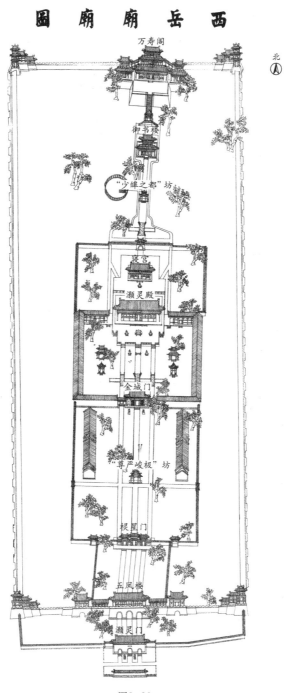

图8-29
华阴西岳庙图

五

蒲县柏山寺外部空间艺术特征

在晋陕豫三省的祠庙建筑中，嵩山中岳庙以众山岭环抱相拥的选址格局和纵深极长的空间格局取得"形势"之胜，华阴西岳庙以重城大庙望太华的宏大气象取得"形势"之胜，山西蒲县柏山寺则高踞柏山之巅，因山而得"势"。

正如传统风水之说中"形乘势来""形以势得""驻远势以环形、聚巧形以展势"等理念所指出的，柏山寺建筑群以群峰拱峙、二水环绕的柏山为衬底，依据大体量、大尺度、大空间景深的山形地势，拉大其空间尺度，拓展其空间形态，如此获得的"形势"之胜远非祠庙建筑本身所能及。远而望之，山庙一体，气象巍巍；近而观之，庙随山出，相辅相依，柏山寺的外部空间也因此而变化多端、魅力无穷。

柏山寺为蒲县东岳庙的俗称，因山就势的特殊地形环境，使得柏山寺外部空间序列的每一部分都能够充分展开，以相互渗透、相互对比的空间形态营造出完整的、极富个性和特色的总体效果。

柏山寺外部空间序列分为四个部分，第一部分，自竖立于山腰的照壁起始，沿盘旋山际的长虹磴道，上至山门，此为前导空间，如同音乐中的序曲或前奏；第二部分，自山门始，经东、西两院，天王殿至东岳行宫大院正门，此为过渡空间，如同音乐中渐强渐进的旋律；第三部分为东岳行宫大院庭院空间，此为空间序列的高潮；第四部分为"地狱"空间，此为空间序列的收束和结尾（图8-30）。

照壁作为前导空间的构成元素，起到了屏挡视线，形成空间层次感和情趣感的作用。绕过照壁，踏上长虹磴道的拜谒者，会感到此处空间与外界的隔断，进而沉静下来，专注于潜心体味空间变幻带给人的东岳信仰的文化感受。

长虹磴道由御马厅分隔为上、下两个空间层次，避免了其窄而长空间形态的单调感，御马厅为硬山式建筑，横亘于梯道中央。穿厅而过，上层空间豁然开朗，远方视线所及，柏山寺山门跃然在目。由于山门位于长虹磴道的上方，巨大的高差之下，上仰的视角强烈地凸显出山门建筑的巍峨壮观。

山门作为前导空间的底界面，以其独特的建筑立面形态和建筑色彩给人带来强烈的视觉感受。前文已有分析，进入柏山寺山门，人的感觉就好像迈入了一个脱离尘世的超凡世界。

山门之后为一个收敛气势的通道空间，整个空间狭窄而高耸，经过此空间时，人的视域被极大地压缩，心理上产生压迫和紧张之感，联想到山门前的感受，更觉得仿佛置身于一个未知的神秘环境。通道空间上方有磴

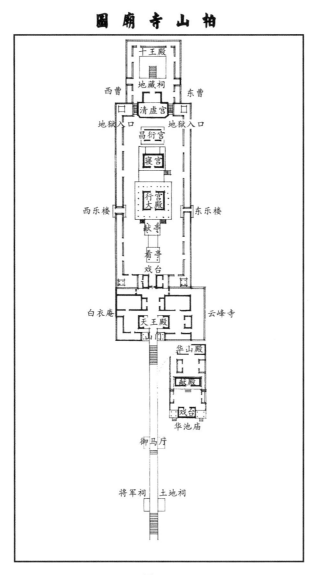

图8-30
柏山寺庙图

263

仙桥，呈南北纵向跨越于山门上方的天王楼和天王殿上方的凌霄殿之间，有着强烈的空间引导作用，将人的视线引至前方凌霄殿下方的入口处。凌霄殿下方，连接山门通道空间和前方茶院空间的是砖窑式过廊建筑，中间为过廊，既暗且深，两侧砖窑式暖阁内设天王殿。过廊之后的茶院空间四面围合，两侧为厢房，尽端为行宫大院入口。院内光线明亮，空间宽敞，与方才的通道空间和过廊空间形成强烈对比。

由山门至行宫大院入口的一系列过渡空间，在空间尺度上形成了"窄、更窄、宽"的规律性变化，在空间光照上形成了"稍暗、暗、明"的节奏的变化，使拜谒者的心理也随之或紧张、或放松，感觉到似乎有一种神秘的力量在引导和左右着自己，为此后进入序列空间的高潮作好了铺垫，埋下了伏笔。

自行宫大院入口起，开始了空间序列的高潮，但这个高潮并不是简单和直接地呈现，而是经过两个空间层次，在强烈的空间对比关系中达到的，这样的做法，极大地加强了序列空间的艺术感和文化感。

高潮空间中的建筑排布沿中轴线依次为：倒座式过路戏台、看亭、金水桥、献亭、行宫大殿。行宫大院入口位于倒座戏台的下方中间，宽仅2米，进深达8米以上，以券洞作为通道，通道内狭长、幽暗的空间使人的心理再次处于压抑和紧张的状态。通道尽头，利用"过白"的方法形成了景框，蓝色的天空下，庭院中的看亭、献亭和更远处的行宫大殿构成的画面呈现出来。空间光照和空间尺度的对比，强化了人对庭院空间的感受，使本已明亮的庭院显得更加耀眼，庭院尺度也显得更加壮阔。

行宫大院内，看亭的两侧各植有一株楸树，两树盘根错节，苍翠茂盛，为四面围合的封闭空间增添了柔和的美感。看亭之后，拱形石桥连接南北，桥北的献亭与行宫大殿相接，气势非凡，献亭迎面而立的石雕蟠龙大柱显示出独特的文化气质（图8-31）。

面阔五间、设有副阶回廊的行宫大殿是高潮空间的底景，但并非行宫大院空间的底界面，大院空间一直延伸至北面清虚宫下方的"地狱"入口处。清虚宫前的过廊与行宫大院两侧"七十二司"的建筑楼廊共同围合成了环绕行宫大院的双层柱廊，使大院空间四周的界面呈现出虚空的效果，连续的柱廊和柱廊内连续排列的"七十二司"窑房券门，为大院营造出一种不同于寻常祠庙建筑的空间氛围，使人感到莫名的紧张。

清虚宫与其两侧的"冲霄楼""凌云阁"建筑形态相近，皆为下窑上房式"窑房共构"建筑，三栋建筑与"地狱"入口构成了行宫大院空间的结尾和序列收束空间的开始。所谓"地狱"，是以建筑空间环境及塑像表达东岳神君主宰人间生死的世俗理念的场所，这里将对东岳神君的敬畏之心转化为对现实祸福的感悟，对于古代社会教化及善恶观念的传播具有重要意义。

　　"地狱"入口由两个宽度仅容一人的砖券式门洞构成，此处空间陡然向下，细窄而陡峭的石阶，将人引向骤然紧缩且下行的甬道。与宽敞明亮的行宫大院相比，空间形态与光照的猛然转换突出了这里的空间主题——幽暗的"冥界"。甬道周围黑灰色的砖石，更加重了这样的主题感受。

　　"地狱"院落内四面围合，周边皆为砖石锢窑式建筑，南面清虚宫高大的建筑体量遮挡了院落的光照，使之更显清冷（图8-32）。院内设有地坑式下沉院，与上层院落以十八级台阶相通。地坑院能够更形象地表现出"地狱"的特征，十八级台阶象征民俗观念中的"十八层地狱"。地坑院由多间砖石锢窑围合而成，其中五岳殿坐北面南居中轴线之上，东、西两翼为十王殿，三组建筑内部联通，布置有上百尊明代泥塑，用表现"地狱"场景的方式，起到震人心魄的作用。

　　柏山寺外部空间序列艺术特征鲜明，其前导空间中柏山自然景观与柏山寺人文景观的完美融合、所表现出的"天人合一"的思想观念，以及收束空间所表现的现实世界的价值观念，都给人以强烈的心灵触动。

图8-31
蒲县东岳庙献亭及蟠龙石柱

图8-32
蒲县东岳庙"地狱"院落

六

太原晋祠外部空间艺术特征

在晋陕豫祠庙建筑中，以富有对比和变化的建筑围合出秩序明确、递进关系清晰的外部空间序列，构建出祭祀氛围强烈的场所和环境，表现出对神明的敬畏和信仰之情，表达出祈福禳灾、劝人向善的文化意象，是外部空间营造的主导思想，嵩山中岳庙、华阴西岳庙和蒲县柏山寺，莫不如此。但也有例外，山西太原晋祠就是其中之一，晋祠的外部空间充满了松散、自由和浪漫的气息。

晋祠内的建筑组群和外部空间也存在较为明确的中轴线，由山门、水镜台、会仙桥、金人台、"对越"坊、献殿、鱼沼飞梁和圣母殿构成了纵贯东西方向的建筑序列，但是，此序列的两侧，没有其他建筑或围墙对其构成围合关系。分布在周边的建筑，如唐叔虞祠、昊天神祠、文昌宫、东岳庙、三圣祠、胜瀛楼等，既不存在布局上严整的规律，也没有统一的方向性，完全依据各建筑具体位置的环境关系而营造，这些建筑所形成的外部空间也呈现出松散、自由的特征（图8-33）。

对晋祠外部空间形态和特征产生影响的因素，还有自西南斜向穿过祠庙中轴线、转而向东流出祠庙的智伯渠。晋陕豫祠庙建筑中，设有水渠的例子并不少见，比如华阴西岳庙、蒲县柏山寺，这些水渠基本上都是以对称的布局形式设置于正殿之前，并在水渠上方架一座或多座对称布局的石拱桥，起到在轴线关系上对正殿建筑的呼应、在空间格局上对正殿建筑的衬托等作用。但智伯渠并不是这样，该渠流经中轴线时所架的会仙桥处于整个祠院空间的中前部，距晋祠正殿圣母殿很远，没有空间上和视觉上的直接联系。智伯渠的走向也不同寻常，蜿蜒转折的自由形态带给晋祠外部空间的是浪漫和挥洒自如的情调，就像一条飘忽流动的彩带，赋予了祠庙外部空间以生命和活力。这样的做法已经完全不是出自于祭祀建筑的营造思想和营造理念，而是将晋祠的外部空间作为一个开放的场所、一个自由的环境来打造。

智伯渠自身的形态也不同于其他祠庙建筑中的水渠。该渠水面较宽，渠底较深，渠上建有形式不同的小桥八座，还按自由布置的方式建有流碧榭、真趣亭、不系丹等亭榭式建筑；溯其源头，在圣母殿南侧还建有水母

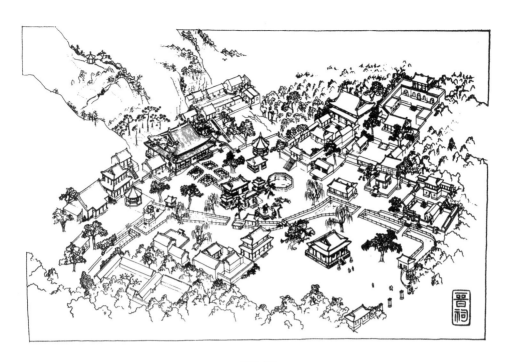

图8-33
太原晋祠全景图
（资料来源：刘敦桢《中国古代建筑史》）

楼。这些建筑从形态来看完全是传统园林建筑的格调，更弱化了晋祠祭祀
建筑的空间色彩。

此外，对晋祠外部空间的格调及形态特征产生重大影响的因素，还有
遍布在祠庙各处的大量的古树名木。在晋陕豫祠庙建筑中，栽植柏树、槐
树极为常见，其对庙院空间环境意向和文化气质的塑造作用，前文已有阐
述。通常，柏树、槐树的种植虽然较为自由，但也有相对的规律，那就是
大致沿中央神道两侧向外铺展开来，形成较为均衡的布局形态。比如嵩
山中岳庙，从天中阁起，经"配天作镇"坊、财神殿、文昌宫、峻极门，
直到峻极殿，都是如此。在山西解州关帝庙，这样的植物分布特征也很明
显。同时，还常在庙院内重要建筑前左右各栽柏树一株，既达到均衡构图
的效果，又能够将古柏的精神气质和祭祀空间的文化特征结合起来，更好
地营造出肃穆、庄重的空间氛围，中岳庙峻极殿前、峻极门前、太原窦大
夫祠献殿前都是如此。但是，晋祠祠院内古树名木的布局却不是这样。

晋祠有古树九十五株，树龄千年以上的有三十六株，包括周柏、唐
柏、宋柏、隋槐、唐槐等，这些古树的分布并不以晋祠中轴线为基准，也
不是有规律地布列于重要建筑之前，而是多以奇特的植物形态，或孤植于
建筑之旁，或耸立于小庭院之内，成为局部空间环境的重要形态元素。

比如，经测定属西周时期所植的齐年柏，在圣母殿北侧，树身以四十五
度角向南倾斜，如卧似伏，头枕另一株古柏撑天柏，遒然苍劲，翠影婆娑，
因其卧伏方向正朝着圣母殿，因此人们每每看到这一景象时，都会感叹晋
祠地灵之神奇（图8-34）。此外，位于祠内东岳庙西南隅的西周所植的长龄

267

柏、位于昊天神祠内和智伯渠旁、会仙桥东的隋槐、位于老君洞前和水镜台东南隅的唐槐、位于圣母殿东南侧的宋代螺旋柏、位于鱼沼飞梁南侧的宋代侧柏、位于王琼祠前的明代连理银杏，也都向世人传递着"自然和谐""天人合一"的古老文化理念。同智伯渠一样，晋祠中的古树名木带给祠院空间的并不是庄重肃穆的祭祀氛围，而是自然和充满生命力的精神气质。

同其他祠庙建筑一样，晋祠的外部空间序列自山门前开始，但作为序列的序曲和前奏，晋祠山门前入口空间呈现出了不同于一般祠庙建筑的景象。

晋祠山门前为开放式空间，围合空间的垂直界面只有山门和山门两侧连续的围墙。山门的立面形态类似于华阴西岳庙灏灵门，不过横向尺度没有那么宽，且三个券形门洞相对较大，因而带给人的威严感也就没有那么强烈。特别的是，作为山门空间景象的一部分，悬瓮山出现在山门的后上方（图8-35）。此景中的悬瓮山巍然耸峙，山形轮廓舒缓，突起的峰峦正位于山门中轴线上，使人在第一时间感觉到了晋祠空间环境的形势之胜。

山门经水镜台至会仙桥为序列的起景空间。除散布的植物、北侧的智伯渠及西南隅的胜瀛楼外，这一空间既无清晰的序列方向，又无明确的界面围合关系，并且空间尺度较大，宽阔的庭院任由拜谒者四处观览。水镜台与山门距离较远，虽然两建筑中轴线重合，但空间关系并不紧密；水镜台与会仙桥距离也较远，且二者的中轴线还有一个小小的夹角，产生了转折，空间关系较为自由。

会仙桥向西，经金人台至"对越"坊，为序列的过渡空间。这一空间尺度骤然紧缩，桥、台、坊之间的距离猛然拉近，序列的方向感和秩序感也强烈起来。金人台为正方形砖台，四周砌有低矮的围垛，台的四角矗立着四尊挺胸振臂的铁人。铁人的举止形态与嵩山中岳庙里的镇库铁人相近，始制年代也均为宋代。所不同的是，中岳庙铁人作为神库守护者，以神库为中心布置；而晋祠铁人则对称设置于中轴线两侧，作为祠庙正殿的

图8-34
太原晋祠齐年柏

图8-35
太原晋祠山门前开放式空间

守护者。此外，金人台正中还设有一座石砌琉璃歇山顶香炉（图8-36）。至此，晋祠空间的祭祀氛围渐浓。

以"对越"坊为景框，透过前面紧邻牌坊的献殿开敞的明间，苍翠古柏掩映下，凌空架起的鱼沼飞梁和俊雅飘逸的圣母殿扑入眼帘，这里是空间序列的高潮（图8-37）。献殿为金代遗构，屋顶形式为单檐歇山顶，形态舒缓、俊逸，与建于北宋时期的圣母殿的屋顶格调一致。两殿屋顶均设有脊刹，均采用琉璃脊饰、琉璃剪边，均嵌有琉璃方心，形成了建筑立面形式协调统一的祭祀主体空间建筑群。从屋身形态来看，献殿面阔三间，殿身四周无壁，前后檐明间敞开，两梢间和左右山面处有宽厚的槛墙，上设栅栏围护，具有通过式建筑的特征。献殿左右两侧，对称设置有钟、鼓二亭，以增强空间的秩序感。献殿与晋祠主殿圣母殿距离较远，中隔鱼沼飞梁。可以认为，就空间作用来讲，该殿类似嵩山中岳庙峻极门和华阴西岳庙金城门的功能。由该殿向西，即进入了晋祠祭祀主体空间。

晋祠的祭祀主体空间不同于其他祠庙建筑，既没有开阔的场地，也没有矗立着香炉和碑碣，还没有两侧建筑加以围合，有的只是一座桥，一座架通南北、连接东西、其状若飞的石桥，名曰："鱼沼飞梁"。石桥桥面高出地面1.3米，其南北两翼以缓坡下斜至地面，东西两端以石阶连接献殿与圣母殿，因此可以认为，古人之营造鱼沼飞梁和圣母殿，是在建筑上和空间上将二者作为一个整体来看待的。飘逸、灵动的圣母殿屋顶与同样欲飞的石桥，一者在高处、一者在地面；一者为灰瓦及蓝色琉璃瓦覆盖、一者为青色石材打造；一者四边翼角层层上挑、一者南北引桥道道下伏。无论从怎样的视角望去，都呈现出天作之合的意境效果（图8-38）。

除了建筑屋顶外，圣母殿屋身的形式对于高潮空间的形态也有极大的影响。前文已述，圣母殿设有副阶围廊，且前檐廊下空间极为宽阔，形成了对外融合的开放式空间界面，拜谒者置身于圣母殿前祭祀主体空间之中，并不会产生畏惧之感，而会觉得与神明很是亲近。

图8-36
太原晋祠金人台

图8-37
由"对越"坊西望献殿、圣母殿

在晋祠的空间环境中，感受不到人与神的"距离"，感受不到紧张和压抑的氛围，感受到的是天、地、人的融合，是自然与人的融合，"融合"二字是晋祠外部空间艺术的主题，也是华夏古代宇宙观和自然观在祠庙建筑中的生动表达。

图8-38
翼角上挑的圣母殿与引桥下伏的鱼沼飞梁

270

七

盂县藏山祠外部空间艺术特征

在晋陕豫三省，有很多祠庙建筑虽然规模不大，但由于其选址的特殊性以及巧妙的布局，使得祠庙的外部空间在视觉上构成了一个艺术系列，拜谒者可以获得强烈的感官印象，经历变化丰富的情感体验。山西盂县藏山祠就是这样一个经典的例子。

藏山祠的祀奉对象为春秋时期晋国大夫赵武及"赵氏孤儿"故事的主人公、赵家门客程婴、公孙杵臼。藏山祠所在的藏山处于太行山的西麓，祠庙坐北面南，背靠龙虎山，东南方向有"滴水崖"，崖上长年有水渗流而下，于祠南形成深潭，名曰"黑龙潭"。藏山祠主体建筑群镶嵌于幽深清净、跌宕回环的山谷之中，在逐层抬高的三级平台上，沿中轴线依次排布有影壁、牌坊、山门、戏台、文子祠（正殿）、报恩殿（寝殿）、总圣悬楼等建筑。鲜明的空间层次，配以层峦叠嶂的总体环境，构成了古代山水绘画所讲求的"平远、深远、高远"的空间透视与意境效果（图8-39）。

藏山祠外部空间序列自关楼开始。关楼前是一条很长的石铺通道，沿曲折蜿蜒的石道缓步而上，在狭长的通道空间和道旁参天古木的引导下，拜谒者逐渐产生探知的渴望，同时自己的心理也为渐浓的祭祀空间氛围所影响。关楼坐东向西，并不在祠庙建筑群的中轴线上，其建筑形式为高墙券洞式。砖砌的厚重实墙上，中开石砌券脸门洞，高墙之上筑有单檐歇山顶、面阔三间的楼阁。关楼形似城关的建筑形态，遮挡住了拜谒者的视线，营造出了颇有严肃感和神秘感的空间氛围，进一步加强了拜谒者在心理上对即将呈现出来的空间景物的期待。

穿过关楼，转而向北，视线豁然洞开。这一转折是非常巧妙的艺术处理，一方面，它顺应了地形条件，形成了合理的空间方向的转换，使空间序列在轴线关系上富有变化，给人以生动、自然的感受；另一方面，它向拜谒者暗示真正的空间序列和空间景观即将由此开始，使拜谒者的心理达到了一个初步的兴奋点。

藏山祠外部空间序列的起景空间在此处展现出来。起景空间由影壁、牌坊和山门组成，三座建筑由南向北排列于中轴线上。空间的东、南两面

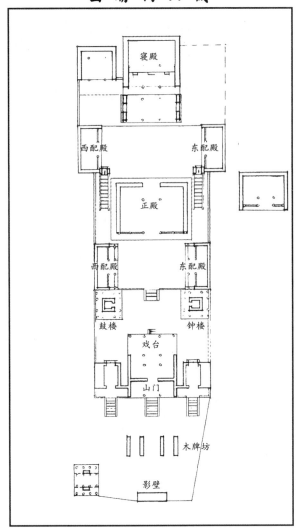

图8-39
盂县藏山祠庙图

围以悬崖绝壁，石岩上攀缘的植物和地面上茂密的树丛，将这里掩映得宛如世外洞天。半封闭的空间形态之下，拜谒者的视线自然投向了空间引导的方向，矗立于起景空间中央的木牌坊为三间四柱式，明万历年间始建，清嘉庆丁巳年翻修；牌坊斗栱层叠、檐牙高啄，正反面均有题额，外题"藏孤胜境"，内曰"古晋雄望"。由牌坊南望，峭壁前立有一座刻工精湛的影壁，壁心雕云海之间二龙戏珠图形（图8-40）。影壁既起到空间界面的作用，又以其蛟龙飞腾的图景，为起景空间增添了威武飞扬的气象。空间的北界面为面阔三间、悬山顶的山门，山门坐落在高一米有余的台基之上，两侧设有东、西掖门。檐柱外露、立面形态虚空的山门与砖墙券洞式的掖门形成强烈的对比（图8-41），拾阶而上，拜谒者会感受到即将进入一重新的空间层次的心理暗示。

272

由山门和连接山门的戏台形成的通道空间光线甚暗，此为序列空间高潮之前的过渡。拜谒者由山门外光线较为明亮、空间尺度较为宽敞的庭院进入这样的通道，不由得内心为之一振，精神与情绪提升起来，关注力也随之集中，为高潮空间的出现作好了心理上的准备。

临近通道出口，在由戏台明间梁枋、立柱构成的景框内，阳光照耀下明亮宽敞的主体院落呈现了出来。欲明先暗、欲扬先抑的空间艺术语言，使拜谒者获得了对比强烈的空间体验和心理感受，主体院落作为序列空间的高潮给拜谒者留下了深刻的印象。

主体院落宽近20米，深近30米，由坐落于月台之上的正殿文子祠、东西两侧的配殿和钟、鼓楼及南侧的戏台围合而成。戏台为面阔三间单檐卷棚顶的敞廊式建筑，钟、鼓二楼均为重檐歇山顶方亭式建筑，三栋建筑都将檐柱外露，形成虚空的建筑立面形态，既与周围的山岩、树木环境相融合，又表现出明显的亲切感和宜人感。

文子祠前设有通长的月台，将庭院空间划分为上下两层。从月台下仰视，越过石质的阑版、望柱及月台前的石阶，文子祠掩映于两旁高大苍劲、冠盖如云的古树之间，其后不远处，有深嵌于悬崖峭壁之中的总圣悬楼作为底景，高低相配、远近相宜的建筑与空间艺术层次丰富而生动，画面感极强（图8-42）。月台之上，文子祠前放置的青灰色铁质香炉成为庭院空间的视觉焦点，凸显出祭祀空间的特征，香炉中袅袅飘升的紫烟在阳光的映射下，为庭院空间蒙上了一层轻薄、迷离、带有神秘感的淡雾。文子祠面阔五间，单檐歇山顶，色彩斑斓的琉璃脊饰和琉璃方心的运用，使该建筑形成了与采用灰瓦脊饰的其他建筑的明显区别，突出了文子祠的核心建筑地位。

图8-40
藏山祠前影壁

图8-41
藏山祠山门与掖门

图8-42
藏山祠文子祠与总圣悬楼

由文子祠两侧宽约一米的石阶拾级而上，穿过一道周围封闭的石门，进入寝殿院落空间，这里也是藏山祠空间序列的收束部分。寝殿院落由正北寝殿报恩殿、报恩殿一侧的耳殿，以及东西两侧的厢房配殿围合而成。报恩殿面阔三间，屋面举折平缓，殿前接卷棚顶献殿三间，献殿内设置石供桌，上刻"大明万历三十年"字样。令人称奇的是，寝殿建造在一座巨大的石洞之内。在青灰色山洞的笼罩和周围岩壁的衬托下，木结构建筑的灰瓦红柱既融合于环境，又显示出独特的风情，使人感受到了建筑美与自然美、环境美的巧妙结合，突出了"藏"这个祠庙空间艺术的主题。

表现出古人山水审美思想和"山水比德"文化理念的，还有凌空建造于覆盖寝殿的石洞悬崖上的总圣悬楼。该楼始建时间已无可考证，现有建筑为面阔五间、双层双檐歇山顶清代建筑。古字中"悬"通"玄"，出自道教文化理念，强调立言玄妙，行事玄通，藏山祠借之以颂扬程婴和公孙杵臼忠义、勇烈的高尚精神。楼名中以"悬"代"玄"，有喻示此楼为空中悬阁之意。以崖为壁的总圣悬楼不仅构建出了奇绝的山体建筑景观，而且使本已取得环山之形的藏山祠更具有了靠山之势。

第九章

装饰艺术特征

晋陕豫坛庙建筑装饰艺术及其对黄河民俗文化精神的表达

中国古代建筑的装饰艺术历经了两千年以上的发展与演变，在大屋顶建筑形态和瓦顶木构的建筑组成确立以后，出于人类天生的文化和审美追求，一些美的形象和符号被装饰于建筑构件上，陕西周原遗址中就出土了西周中晚期饰有重环纹的半圆形瓦当（图9-1）。

先秦至两汉，华夏民族的图腾崇拜对象，包括东夷族的龙、西羌族的虎、南方少昊族的鸟（凤）、北方夏民族的龟、蛇，已经以图形和符号的形式，表现于建筑的装饰。河南辉县固卫村战国墓出土的铜鉴上所刻的房屋，在正脊的中央和一端各饰有一只双翅展开的飞鸟（图9-2）。浙江绍兴战国墓出土的铜屋，在攒尖屋顶上立有大柱，柱顶饰有一大尾鸠（图9-3）。山东嘉祥武梁祠东汉画像石上的建筑屋顶饰有龙、虎、鸟的图形（图9-4）。建筑装饰的形式有时甚至用以表达建筑所处的方位，如东汉赵晔《吴越春秋·阖闾内传》所载："吴在辰，其位龙也，故小城南门上反

图9-1
重环纹半圆形瓦当

图9-2
固卫村战国墓铜鉴所刻房屋

图9-4
嘉祥武梁祠东汉画像石上的建筑屋顶

图9-3
绍兴战国墓铜屋

羽为两鲵鳞，以象龙角。越在巳地，其位蛇也，故南大门上有木蛇，北向首内，示越属于吴也。"

秦汉时期的建筑早已不存在，东汉大学者张衡所作的《西京赋》，虽为文学作品，但从其描写中亦可感受到当时宫廷建筑装饰之华美："正紫宫于未央，表峣阙于阊阖……蒂倒茄于藻井，披红葩之狎猎。饰华榱与璧珰，流景曜之鲜晔。雕楹玉磶，绣栭云楣。三阶重轩，镂槛文槐。右平左墄，青琐丹墀。""宣室玉堂，麒麟朱鸟，龙兴含章，譬众星之环极，叛赫戏以辉煌。""故其馆室次舍，采饰纤缛。裛以藻绣，文以朱绿，翡翠火齐，络以美玉。流悬黎之夜光，缀随珠以为烛。金釭玉阶，彤庭辉辉。"可以看出，东汉西京的宫殿建筑，高至建筑的瓦当、屋梁椽子、藻井，低至楹柱、门槛、台阶，都进行了雕刻或色彩方面的装饰。对于建筑的屋顶装饰，《西京赋》描述道："凤骞翥于甍标，咸溯风甫欲翔"，甍标为屋顶之巅，即屋脊处。可以看出，东汉时西京长安宫阙的屋脊上，也装饰着许多临风欲飞的凤鸟。这些建筑装饰并不单纯是艺术美的形象或符号，还折射出了华夏民族的信仰观念和文化习俗，而这正是古代建筑装饰艺术历史演变所围绕的一条主线。

从汉代石阙、陶制明器、画像石中可以看到，距今两千年左右的古代建筑的正脊脊饰，已经具有了较为丰富的形态和样式。最简单的做法是将正脊做成两端弯曲翘起状，如哈佛大学美术馆收藏的东汉陶楼脊饰（图9-5）。将瓦当垒叠，形成正脊脊饰造型，是早期脊饰艺术的又一种做法，河南嵩山东汉太室阙阙顶脊饰为六块瓦当分三层垒叠而成，非常富有想象力（图9-6）。据《中国营造学社汇刊》所载，汉代还有在正脊脊端做单层卷曲和多层卷曲角状脊饰的做法，其形态十分别致（图9-7）。

图9-5
东汉陶楼

图9-6
嵩山东汉太室阙阙顶脊饰

图9-7
汉代正脊脊端的单层卷曲、多层卷曲角状脊饰

此外，汉代流行以凤鸟、朱雀作为脊饰，汉画像石上的函谷关关楼屋脊（图9-8）、山东微山县两城山汉画像石建筑屋脊、河南灵宝东汉陶楼屋脊，均有此类脊饰。

据《太平御览》引《唐会要》载："汉柏梁殿灾后，越巫言海中有鱼，虬尾似鸱，激浪即降雨，遂做其象于屋，以厌火祥"，有些学者由此认为，以鸱尾作为建筑脊饰，始于西汉，此说有北京顺义汉代绿釉陶楼（图9-9）和河北无极县东汉绿釉陶楼的脊饰为佐证。但是，《隋书·宇文恺传》中明确阐明："自晋以前，未有鸱尾"，又给这样的判断打上了问号。在古代文献中，汉代并无鸱尾的记载，晋代以后的文献则多有相关文字，如《晋书·安帝纪》曰："义熙……六年，……丙寅，震太庙鸱尾"，《晋书·五行志》曰："孝武帝太元十六年六月，鹊巢太极殿东头鸱尾。"综上所述，似可这样认为，将鸱尾作为建筑脊饰的观念和做法，出现于西汉，但并未推广开来，鸱尾脊饰也只是初具外形轮廓。晋以后，不但鸱尾的名称确立下来，而且鸱尾的形态更加具体化，虬尾上指，背后有鳍，或身有雕饰。鸱尾作为具有象征意义的装饰元素，改变了古代建筑的立面形态与轮廓。

南北朝时期的正脊鸱尾，可以从麦积山石窟第一百四十窟北魏壁画中看到，画中所绘制的大殿，以瓦条垒叠形成正脊，两端鸱尾由正脊各瓦条上卷垒叠，形成鳍形尾状（图9-10）。山西忻州九原岗北朝壁画中所绘的大殿鸱尾体形硕大，向外向上卷成鱼尾状，内侧刻有双重曲线，外侧雕有双层鳍条（图9-11），从中可以看出隋唐早期鸱尾的雏形。唐太宗昭陵献殿鸱尾发现于1974年，是唐前期建筑脊饰的代表（图9-12）。鸱尾不再向

图9-8
汉画像石上的函谷关关楼屋脊

图9-10
麦积山石窟北魏壁画所绘大殿鸱尾

图9-9
北京顺义汉代绿釉陶楼屋脊

图9-12
唐太宗昭陵献殿鸱尾

图9-11
山西忻州九原岗北朝壁画所绘鸱尾

外翻卷，改为外缘直上，然后内卷；内壁壁面平素，鳍条细密、齐整，随鸱尾外廓排列，整个鸱尾具有了某种抽象意味。

中唐以后，鸱尾发生了变化，虽然外形轮廓如旧，但与正脊相接的部位出现了吞口，作张口吞脊状，如山西五台山佛光寺大殿正脊两端的脊饰，鸱尾演变为鸱吻，五代时期后晋刘昫在所撰《旧唐书·玄宗本纪》中有："六月戊午，大风……毁端门鸱吻，都城门等及寺观鸱吻落者殆半"之语。

从考古发现和现存的建筑实迹来看，北宋时期建筑脊饰很多已是鸱吻的形态。建于辽统和二年（984年）的河北蓟县独乐寺山门、宋徽宗所绘《瑞鹤图》中端门的脊饰中，均有鸱吻。

古代建筑正脊脊饰中，与鸱尾和鸱吻同时发展的，还有鱼形吻。宋代黄朝英所著之《靖康缃素杂记》引《倦游杂录》曰："自唐以来，寺观旧殿宇，尚有为飞鱼形，尾上指者，不知何时易名为鸱吻，状亦不类鱼尾。"可见，鱼形吻亦为五代前后流行的正脊脊饰样式，鱼形吻还有演变为鱼龙吻的做法。

晋陕豫坛庙建筑正脊脊饰的发展轨迹，截止到宋代，应该是和其他类型古代建筑一致的，没有呈现出特别的形态和样式，这一点，从现藏于山西万荣后土祠内、始刻于金天会十五年（1137年）的《蒲州荣河县创立承天效法厚德光大后土皇地祇庙像图石》（简称《后土庙图碑》）和现存于嵩山中岳庙内、金承安五年（1200年）刻立的《大金承安重修中岳庙图》碑（简称《中岳庙图碑》）中，可以清楚地看到。两碑中所刻的门阙殿阁，不仅总体形态完整，而且建筑的细部装饰也清晰可辨。在《后土庙图碑》中，自太宁庙及两侧的东、西掖门向北，承天门及左右两侧的唐明皇碑亭、宋真宗碑楼、延禧门、坤柔之门、坤柔之殿、寝殿，各建筑正脊脊饰均采用了鱼形吻（或鱼龙吻，此细节不可辨认）（图9-13），其比例高瘦，鱼尾分叉，向上向内翘起，鱼嘴（或龙嘴）大张，吞住正脊，鱼身外缘直立，接近鸱吻的做法。从总体形态来看，这些鱼吻非常类似于山西大同华严寺内辽重熙七年（1038年）所制的壁藏脊饰（图9-14）。在《中岳庙图碑》中，下三门，东、西掖门，中三门，上三门，琉璃正殿，琉璃寝殿等各建筑的正脊两端均可见到鸱吻的存在（图9-15），碑中所刻绘的鸱吻形态灵动，吞口清晰，除无抢铁外，与《瑞鹤图》中所绘的鸱吻（图9-16）非常相近。

宋金时期，龙吻出现。建于金皇统三年（1143年）的山西朔州崇福寺弥陀殿，屋脊上的饰物为一条盘卷上翻的龙形，龙口大张，同鸱吻一样，作吞脊状（图9-17）。晋陕豫坛庙建筑受这样的脊饰艺术发展的影响，加上本来就与华夏传统文化有着天然的血缘关系，因此元代以后，自然神祠庙、城隍庙、祖先与先贤祠庙基本上都以龙吻作为脊饰，比如明清嵩山中

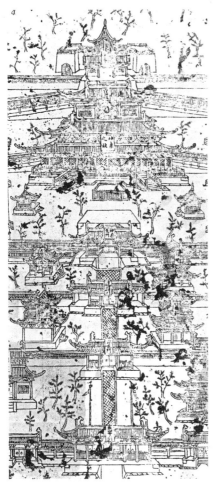

图9-13
《后土庙图碑》中各建筑正脊上的鱼形吻

图9-15
《中岳庙图碑》中各建筑正脊上的鸱吻

图9-14
大同华严寺壁藏鸱吻脊饰

图9-16
《瑞鹤图》所绘鸱吻

图9-17
山西朔州崇福寺弥陀殿龙吻脊饰

岳庙的天中阁、财神殿、峻极门、峻极殿、寝殿等各建筑,华阴西岳庙的照壁、灏灵门、五凤楼、棂星门、金城门、灏灵殿、御书楼、万寿阁等各建筑,山西榆次城隍庙的山门、玄鉴楼、献殿、正殿、寝宫等各建筑,山西解州关帝庙的照壁、端门、雉门、午门、崇宁殿、春秋楼等各建筑,太原窦大夫祠的山门、献殿,山西临县碛口黑龙庙的山门、正殿等,均是如此。就连建于北宋时期的太原晋祠圣母殿,在明代以后的修葺中,也以带有拒鹊叉子和剑把的龙吻作为脊饰(图9-18)。

需要指出的是，释、道两教在经过南北朝、隋唐和宋代的发展以后，其文化内涵、文化语言、文化形象与符号，已经如同基因一样，深刻地植入了华夏民族和华夏社会的文化体系之中。而儒学在经过了上千年传承与发展之后，到宋代已经成为社会主流思想，儒、释、道三教的思想理念与农耕社会的民俗观念融合交汇，幻化出丰富多彩的形象与符号，运用在文化底蕴最为深厚的坛庙建筑的各类装饰，也包括脊饰之中。宋代以后，晋陕豫坛庙建筑屋脊所装饰的龙吻，除了具有一般古代建筑中龙吻的共同特征外，还具有个性化的、区别于宫殿衙署建筑、佛教建筑龙吻的特征。

脊刹是自金代以后，晋陕豫坛庙建筑区别于除释、道建筑以外的其他类型古代建筑的标志性形象特征。脊刹位在建筑正脊的中央，由于位置显著，因此装饰艺术效果强烈。在《后土庙图碑》和《中岳庙图碑》所刻绘的宋金坛庙建筑，以及北宋绘画所表现的宫廷殿宇楼阁建筑中，正脊上并无脊刹。

金代以后，特别是元、明、清三朝，晋陕豫坛庙建筑中以脊刹作为正脊装饰的例子比比皆是。比如同属金代遗构的山西定襄关王庙关王殿和山西大同关帝庙崇宁殿、重建于元延祐五年（1318年）的山西蒲县柏山寺行宫大殿、建于元至正四年（1344年）的山西高平古中庙太子殿、明弘治十五年（1502年）重建的山西新绛县阳王镇稷益庙正殿、建于明正德十年（1515年）的山西汾阳南门关帝庙正殿，都有脊刹装饰。建于北宋时期的太原晋祠圣母殿在明代以后修葺时也安置了脊刹（图9-19）。运用脊刹的古代建筑的类型，主要有坛庙建筑、道教建筑和佛教建筑，均为宗教或准宗教建筑。坛庙建筑由于反映着多元文化融合而形成的庞大、深厚、复杂的世俗文化意象，其脊刹艺术的题材更加丰富多样，形态也更加变化多端。

古代建筑屋顶中垂脊与戗脊尽端的装饰做法，也经历了一个演变的过程。汉代建筑屋顶戗脊尽端多以脊的翘起作为收头，翘起的形态各不相

图9-18
太原晋祠圣母殿龙吻脊饰

281

图9-19
太原晋祠圣母殿脊刹

同。北京顺义出土的汉代绿釉陶楼和河北无极县出土的东汉绿釉陶楼戗脊脊端的翘起类似牛角（图9-20），河南灵宝出土的东汉陶楼戗脊脊端的翘起为瓦当垒叠而成（图9-21），山东高唐县出土的汉代陶楼戗脊脊端的翘起较为简单，是将戗脊延伸上卷成带有尖角的尖头状（图9-22）。

北朝九原岗墓葬壁画中的建筑戗脊脊端贴以兽面砖作为装饰（图9-23），这表明以兽作为脊饰元素，在北朝或之前已经开始。至北宋，很多建筑的戗脊脊端出现了小兽，北宋绘画《黄鹤楼图》中所画的戗脊小兽有五六尊之多，宋《营造法式》中也明确了设置戗兽和小兽的规定。从《中岳庙图碑》和《后土庙图碑》中可以看出，两祠庙正殿和寝殿的戗脊已设有多尊小兽（图9-24、图9-25），表明当时坛庙建筑脊饰艺术的发

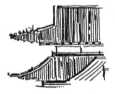

图9-20（左上）
河北无极县东汉绿釉陶楼戗脊脊饰

图9-21（中上）
河南灵宝东汉陶楼戗脊脊饰

图9-22（右）
山东高唐县汉代陶楼戗脊脊饰

图9-23（左下）
北朝九原岗墓葬壁画中的戗脊脊端兽面砖

图9-24（中中）
《中岳庙图碑》中的戗脊小兽

图9-25（中下）
《后土庙图碑》中的戗脊小兽

展同主流方向一致。元、明、清三朝,晋陕豫坛庙建筑和其他类型的建筑一样,均以鸱兽和小兽作为鸱脊装饰,从所构成的鸱脊总体形态来看,也和其他类型建筑无太大分别。

古代建筑中垂脊脊饰发展到宋金时期,垂兽与鸱兽的类型接近一致,山西朔州崇福寺弥陀殿的垂兽与鸱兽就是例证。明清以后,垂兽和鸱兽一般为一个完整的兽头,带有部分兽身,兽头须角向后,如飘似举,兽口开张,兽目圆睁,形态生动。晋陕豫坛庙建筑中的垂兽和鸱兽也多采用这样的形态和样式,与其他古代建筑并无不同。

据考古发现,古代建筑使用瓦当的历史可以追溯到西周时期。

陕西华阴西岳庙在1996年开始的考古发掘,出土了南北朝、隋唐、宋、金元等不同历史时期的西岳庙建筑瓦当。南北朝时期的瓦当为粗泥灰陶所制,有云纹、莲花纹和文字瓦当三种。云纹瓦当有羊角形云纹、单卷云纹和蘑菇形云纹,莲花纹瓦当只有素瓣莲花纹一种,文字瓦当有"千秋万岁"和"如意万年"等吉祥语。隋唐时期的瓦当用细泥制作,其形态多为圆形宽边,纹样有兽面纹、菊花纹和莲花纹,以莲花纹瓦当最多。宋代瓦当仍以灰陶烧制的为主,琉璃瓦当较少,灰陶瓦当纹样有龙纹、兽面纹、牡丹纹和莲花纹。琉璃瓦当纹样有龙纹和牡丹纹。金元时期瓦当中,琉璃瓦当较前增多,纹样有龙纹和兽面纹,未见植物花卉纹,但滴水除素面滴水和龙纹滴水外,还出现了菊花纹和牡丹纹的滴水。从西岳庙建筑遗存看,明代瓦当中灰陶制品大量减少,琉璃制品则大增,纹样以龙纹最多,兽面纹较少,其他纹样的也很少见。清代西岳庙主要建筑的瓦当和滴水均为琉璃构件,釉色纯正明亮,纹样为龙纹。瓦当上有游龙、蟠龙、奔龙、升龙等各种纹样,滴水上有正面龙、回首龙等纹样。兽面纹瓦当和滴水只见于庙内一些低等级的建筑,如偏门门楼、马厩。

将西岳庙瓦当纹样和材质的历史演变与中国古代建筑瓦当发展的一般特点相对照,可以看出,在晋陕豫黄河流域的大型坛庙建筑中,作为重要装饰元素的瓦当,在各个历史时期均与其他类型建筑的瓦当保持了同步发展,其材质变化和纹样主题的变更反映了古代建筑瓦当装饰艺术发展的基本趋势。

从西岳庙瓦当材质的变化中还可以看出,从灰陶烧瓦到琉璃制作,坛庙建筑的屋面瓦作经历了巨变的发展过程。随着琉璃瓦的全面使用,建筑屋面的色彩形态,乃至整个建筑的色彩形态都发生了根本性改变。

琉璃之始用于古代建筑,史籍中有明确的记载。《魏书·西域传》云:"世祖时,其国人商贩至京师,自云能铸石为五色琉璃。于是采矿山中,于京师铸之。既成,光泽乃美于西方来者。乃诏为行殿,容百余人。光色映彻,观者见之,莫不惊骇,以为神明所作。自此中国琉璃遂贱,人不复珍之。"

琉璃色彩多样,有红色、黄色、绿色、白色、黑色、蓝色、琥珀色

图9-26
元代河北定州曲阳县北岳庙德宁之殿屋顶龙吻

等，不同的色彩搭配，呈现出不同的格调。琉璃又极富光泽，以琉璃瓦、琉璃瓦当、琉璃脊饰、琉璃屋脊作为装饰构件的建筑屋面，在阳光的照耀下，流光溢彩，美轮美奂，极大地提升了建筑的品质。此外，琉璃瓦较陶瓦更耐受室外风霜雨雪的侵袭。唐杜甫诗云："琉璃汗漫泛舟入，事殊兴极忧思集"，宋胡仲弓诗云："长空万里琉璃滑，冰轮碾上黄金阙"，清纳兰性德诗云："琉璃一万片，映彻桑乾河"，均是对琉璃之美的赞叹。

现存较早的祠庙建筑琉璃脊饰实物是元代河北定州曲阳县北岳庙德宁之殿屋顶上的龙吻（图9-26）。从晋陕豫祠庙建筑遗存来看，明清时期大部分自然神祠庙、城隍庙、祖先祠庙和先贤祠庙已采用琉璃屋脊和琉璃脊饰，有些已完全采用了琉璃瓦铺装屋面，使得建筑的外观风貌大为改变。祠庙建筑中琉璃装饰的独特形式，使之形成了显著区别于其他类型古代建筑的立面艺术特征。

具体来看，祠庙琉璃装饰有以下几种形式，一种是在陶制筒瓦屋面上铺设琉璃方心。方心为菱形，可以为单色琉璃铺装，也可以为复色琉璃铺装，可以只在屋面正中铺一菱形方心，也可以除屋面正中外，在其左右两侧也对称铺以较小的方心，还可以在其左右两侧各铺以半菱形方心，这样的例子有山西万荣汾阴后土祠献殿屋面。

第二种形式是屋脊、脊饰使用琉璃，屋面铺以陶制灰筒瓦。这样的形式运用极多，如山西万荣东岳庙献殿和正殿。

第三种形式是除建筑的屋脊、脊饰使用琉璃，屋面铺以灰筒瓦外，还在接近檐口的屋面部分铺以琉璃瓦，瓦当、滴水和仔角梁套兽也使用同样色彩的琉璃，形成屋面的琉璃剪边，这样建筑屋面的轮廓线均以琉璃装饰，光彩效果明显，如山西汾阳南门关帝庙山门。

第四种形式是建筑的屋脊、脊饰、方心、剪边均采用琉璃，其他屋面部分铺以灰筒瓦，这样屋面的色彩和材质对比明显，视觉效果强烈，同时，简洁且带有抽象意味的琉璃方心还显著增加了建筑的文化意象感。由于能够产生如此突出的艺术表现效果，因此，在晋陕豫祠庙建筑中，采用这种屋面铺装形式的很多，如太原晋祠圣母殿、太原窦大夫祠献殿和山门、临县碛口黑龙庙戏台、蒲县柏山寺行宫大殿等。

第五种形式是整个建筑屋顶所有部分（包括屋面）均铺以琉璃，但使用与屋面瓦色彩相异的琉璃做成方心和剪边，这样既提升了屋顶乃至整个建筑的等级品质，又不失对建筑独特文化意象的表现。此类例子很多，如山西解州关帝庙雉门、午门、崇宁殿、春秋楼，陕西韩城城隍庙威明门、广荐殿、献殿、正殿等。

此外，还有一种琉璃屋顶的装饰形式，是如宫廷建筑那样，将整个屋顶装饰为琉璃顶，但不设方心和剪边，正脊、垂脊、戗脊也不做花饰，琉璃的色彩使用帝王宫殿的黄色。这种形式一般用于礼制等级很高的坛庙建筑，如嵩山中岳庙建筑组群和华阴西岳庙建筑组群。

除少数建筑外，绝大多数祠庙建筑的琉璃屋脊采用花脊，脊上饰有色彩斑斓、形态生动的植物花卉、动物纹样，表现出黄河流域农耕社会浓郁的世俗文化意象，这也是晋陕豫祠庙建筑区别于宫廷建筑、衙署建筑、府第、宅院、民居建筑的重要的立面艺术特征。

晋陕豫祠庙建筑中门窗的样式并不很多，大多数建筑选用明快、质朴的直棂式门窗，其中很多规模较小的建筑选用最为简单的竖棂门窗，表现出一种古老、悠远的气息。比如山西定襄关王庙大殿、山西阳泉盂县府君庙大殿、山西闻喜吴吕村后稷庙水陆殿等。其他如陕西韩城司马迁祠正殿，山西榆次城隍庙正殿、寝殿、天缘宫、元君殿，河南彰德府城隍庙寝殿，选用"一码三箭"式门窗。即使是礼制等级很高的嵩山中岳庙，除正殿外的其他主要建筑，如财神殿、文昌殿，也使用这样的门窗样式。此外，还有选用略显复杂的正方格和斜方格样式的，如解州关帝庙春秋楼、万荣东岳庙正殿、碛口黑龙庙正殿、彰德府城隍庙正殿、韩城城隍庙寝殿等。比较特别的是华阴西岳庙正殿和解州关帝庙雉门，选用了灯笼框样式的门窗，而嵩山中岳庙正殿则选用了三交六椀直棂门窗，此可看作是明清宫廷建筑常用的三交六椀菱花门窗的简化版。

晋陕豫祠庙建筑中的柱础装饰艺术丰富多彩，既表现出中国古代建筑柱础艺术在不同历史时期的一般特点，又反映出儒释道多元文化融合形成的世俗审美追求。

据考古发现，秦汉时期的柱础样式类似覆盆式和覆斗式，极为简朴，几无雕饰。魏晋南北朝至隋唐，受当时大力弘扬之佛教文化和道教文化的影响，柱础装饰艺术有了更多的元素和题材，莲瓣式柱础普及，并且还出现了以人物、狮兽雕饰的柱础。宋代《营造法式》对柱础的雕饰作了详细的阐述："其所造花纹制度有十一品：一曰海石榴花；二曰宝相花；三曰牡丹花；四曰蕙草；五曰云纹；六曰水浪；七曰宝山；八曰宝阶；九曰铺地莲花；十曰仰覆莲花；十一曰宝装莲花。或于花纹之间，间以龙、凤、狮、兽及化生之类者，随其所宜，分布用之。"从宋代晋陕豫祠庙建筑柱础遗存可以看出，当时所建的祠庙，大多依从了这样的营造规范。

山西蒲县东岳庙献亭四根角柱的础石，为金泰和六年（1206年）所造（图9-27）。础盘为正方形，四角雕有宝相花，覆盆石上雕三条行龙，呈"龙跃海涛""龙腾富贵""龙穿流云"的图景，另有植物花卉和各种水生动物，如鱼、龟、虾等，雕于其间，形态生动，活泼可人。

太原晋祠圣母殿同样修建于宋金时期，其柱础艺术呈现出传承于汉魏的古风遗韵。殿内础石多为青石所造的素面浅覆盆样式，古朴典雅（图9-28）。圣母殿初造之际，《营造法式》尚未颁布，但大殿柱础也未像当时的流行风尚那样，做成以莲花、人物或狮兽为题材的雕饰形态。

宋仁宗景佑年间诏曰："非宫室寺观，毋得……雕镂柱础"。因此，宋金时期只有宫廷建筑、寺观宗教建筑和坛庙建筑的柱础，才有雕刻装饰，由此也形成了这几类建筑区别于其他类型建筑的明显特征。

明清时期，晋陕豫祠庙建筑柱础的形态更加丰富，出现了鼓形、瓜形、瓶形等新的样式，雕饰图案既有龙、凤、云、水等传统元素，又有佛家八宝、道家八宝和民间八宝等富有宗教和民俗色彩的元素，表现出"图必有意、意必吉祥"的柱础雕饰艺术理念。

例如，山西碛口黑龙庙正殿明间檐柱柱础形态为鼓形与瓜形的结合（图9-29）。圆扁的础石分为四面，每面刻有两只仙鹤和植物，以喻"鹤寿延年"之意；四面之间雕有朵朵梅花，以喻"高洁""喜庆"之意。正殿梢间角柱的础石为六棱形（图9-30），每棱面刻有寓意不同的图案，棱线以竹节装饰，有"竹报平安"之意。

图9-27
蒲县东岳庙献亭柱础

图9-28
太原晋祠圣母殿柱础

图9-29
碛口黑龙庙正殿明间檐柱柱础

图9-30
碛口黑龙庙正殿梢间角柱柱础

除单层柱础外，清代晋陕豫祠庙建筑柱础还出现了双层、三层雕饰的形态。双层雕饰如万荣后土祠正殿檐柱柱础（图9-31），上层为四棱瓜形，每个棱面刻有吉祥花卉图案，下层为正方形带束腰的磉墩，墩面刻有双线莲瓣。后土祠献殿前后檐柱的十余尊柱础，是三层雕饰柱础的典型代表（图9-32）。这些柱础总体形态相同，但雕饰细节各有差异。各柱础的上层均为鼓形，鼓身饱满，上下边缘处分别刻有双层和单层连珠纹。鼓身的装饰元素与题材丰富多样，有的刻着仙鹤、竹子、梅花；有的刻着蟠桃仙境和菊花；有的刻着枝头喜鹊和牡丹花卉；有的刻有二龙夺宝、祥云环绕。各柱础的中层为形态各异的多尊石狮，石狮或立或伏，情趣盎然，石狮之间还雕有彩带、绣球、仰莲、覆莲等。各柱础的下层均为须弥座形磉墩。须弥座的束腰很高，四壁雕有云龙、牡丹和其他吉祥花卉，有的束腰四角还雕有竹节，束腰的上、下方，或雕有仰莲和覆莲，或雕有回形纹。各须弥座的上枋和下枋雕饰有卷草纹和勾云纹，两种纹样共同出现在同一须弥座中，若上枋为卷草纹，则下枋必为勾云纹。各须弥座圭角的纹饰与上枋相同，所有雕饰逼真传神，民俗文化气息浓郁。

　　除万荣后土祠献殿檐柱外，解州关帝庙雉门檐柱柱础也是三层雕饰的经典之作。

　　台基作为古代建筑三段式立面构图的组成部分，也是装饰艺术所涉及的一个方面。对于晋陕豫祠庙建筑来说，台基的装饰艺术主要体现在沿其边缘而设置的栏杆上，台基本身除华阴西岳庙灏灵殿等少数建筑采用汉白玉须弥座外，其他建筑大都采用了普通的砖砌台基，就连礼制等级很高的嵩山中岳庙峻极殿也是如此。

图9-31
万荣后土祠正殿檐柱柱础

图9-32
后土祠献殿前后檐柱柱础

晋陕豫祠庙中的栏杆大致分为两类，一类如嵩山中岳庙峻极殿和华阴西岳庙灏灵殿台基上的栏杆，基本呈现出宫廷样式；另一类如山西解州关帝庙崇宁殿台基上的栏杆，以其特别的形态和丰富的装饰图案，体现出祭祀文化建筑的个性特征。

峻极殿的栏杆，从各部分的比例关系来看，与宫廷建筑中的相近，其构件组成也包括柱头、望柱、寻杖、云拱、蜀柱、华板、地栿等宫廷建筑栏杆的所有部件。较有特色的是五座踏阶两侧望柱的柱头被塑成了带有底座的憨态可掬的小狮子，而其他望柱柱头则全部塑以云气纹，柱头下部雕有仰莲和覆莲各一层（图9-33）。此外，峻极殿台基中央踏阶的丹陛石上方雕有坐龙一条，中间雕戏珠的云龙两条，下方雕群鹤闹莲的图景，也与宫廷建筑的形制相近。

崇宁殿台基栏杆以青石雕造，在材质上有别于宫殿建筑，望柱比例既高且瘦，高出横栏很多，全部栏杆只设望柱和柱间阑版，没有寻杖、云拱等构件，形成了区别于其他类型古代建筑的独特形态（图9-34）。密密排列的望柱的顶端，雕有一尊尊带底座的石兽，其形态各异、神气活现。每一幅柱间阑版被分隔为两幅图画，图画内雕刻不同的吉祥图案，有刺梅、菊花、麒麟、鹿、喜鹊、骑马武士等花卉、动物、人物元素，民俗文化意蕴浓重，使得崇宁殿呈现出特别的文化气象。

中国古代建筑的基本形态传承数千年，建筑中的装饰艺术是历代民众表达其文化理念、精神追求、审美情趣的最主要方面。由前文的分析已经可以看出，晋陕豫坛庙建筑装饰类型多样、内容丰富、元素众多。这些装饰内容和装饰元素，如梅、松、竹、莲、菊、鹤、狮、龙、凤、麒麟等，其文化寓意为广大民众所共知，其相互组合所形成的装饰图像与装饰艺术语言，是对儒、释、道三教与农耕社会观念相互融合所形成的黄河民俗文化精神的表达，是传承黄河文化的直观、生动、有效的方式。

图9-33
峻极殿前月台栏杆

图9-34
解州关帝庙崇宁殿月台望柱与阑版

二

屋顶装饰艺术特征

晋陕豫坛庙建筑的屋顶装饰艺术表现在建筑屋顶的龙吻、正脊、脊刹、垂兽、戗兽、翼角套兽、瓦当和滴水等诸多部位，大部分祠庙由于在各自相应的部位采用的装饰图像不同，因而形成了自己独具的装饰艺术特色。

龙吻由于处在建筑屋顶轮廓转折的位置，且体形硕大，成对设置，故为建筑立面中的视觉关注点所在，几乎所有的祠庙建筑，都视龙吻为建筑装饰最重要的内容和表现建筑个性最重要的构件。在晋陕豫祠庙建筑遗存中，礼制等级最高、宫廷建筑气息最浓厚的华阴西岳庙灏灵殿和嵩山中岳庙峻极殿，其屋顶龙吻的图像形态也与官式建筑的非常相近。

灏灵殿龙吻为卷尾仔龙剑把背兽琉璃大螭吻，其形态端庄、周正，可以看出，总体图像和细部刻画均来源于宫廷建筑（图9-35）。

在晋陕豫黄河流域的大部分祠庙建筑遗存之中，屋顶龙吻的形式与官殿衙署等官式建筑的龙吻差异较大。祭祀建筑特殊的文化属性，为祠庙龙吻装饰艺术提供了很大的发挥空间，民众可以将自己的审美情趣、艺术想象力和创造力充分展现出来，由此形成了不同的祠庙建筑在龙吻的图像艺术上各领风骚的局面，构建出了洋洋大观的祠庙建筑龙吻艺术世界。

同样是祀奉自然神祇的祠庙建筑，山西万荣后土祠的献殿和正殿龙吻

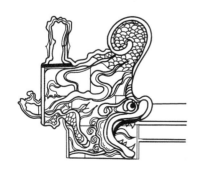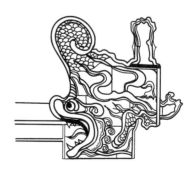

图9-35
华阴西岳庙灏灵殿龙吻

却反映出不同于灏灵殿和峻极殿龙吻的艺术取向。后土祠献殿龙吻为仔龙腾飞舞爪背兽陶制大螭吻（图9-36），形体巨大、完整的仔龙占据了龙吻的大部分，仔龙身旁雕有多片云纹，使得仔龙在摆出屈身舞爪姿态的同时，增添了腾云欲飞的气象。此外，龙吻上的背兽也不同于官式建筑龙吻背兽的样式，而是与吞口螭首连体，作昂首张口状，形态更加生动。正殿龙吻中仔龙的朝向与献殿龙吻相反，其他方面则两龙吻相近，反映出相同的图像造型思维。

自东岳庙和城隍庙所祀奉的自然神祇转化为人格神之后，这些祠庙的建筑装饰也走向了民俗化和大众化。以山西万荣东岳庙为例，其献亭的十字歇山屋顶上的龙吻为细卷尾背兽琉璃螭吻。吻身釉色有绿、棕、黑灰等多重色彩，民俗气息浓郁。特别是背兽的图像形态，不同于常见的螭吻背兽，为一尖鼻尖耳如牛似猪的兽首，这似乎是对祀奉神祇的祭品的表现（图9-37）。正殿龙吻的图像形态与万荣后土祠正殿龙吻相近，亦为仔龙腾飞舞爪背兽大螭吻（图9-38），所不同的是此吻为琉璃所制，色彩斑斓，光泽艳丽。

榆次城隍庙正殿的龙吻具有与万荣东岳庙正殿龙吻相异的图像形态（图9-39）。该吻在怒目前视的吞口螭首的上方雕有一条昂首竖目、曲身下盘、爪指抓壁、气势如虹的仔龙，仔龙周边雕有云纹，背兽不只有螭首，还雕有一段螭身，三尊螭龙在尺度上差异明显，主次有别，共同组合成为一个形态繁复的琉璃艺术精品。

陕西韩城城隍庙献殿龙吻是腾龙戏牡丹的装饰题材，其图像形态复杂

图9-36（上左）
万荣后土祠献殿龙吻

图9-37（上中）
万荣东岳庙献亭龙吻

图9-38（上右）
万荣东岳庙正殿龙吻

图9-39（下）
榆次城隍庙正殿龙吻

细腻（图9-40）。琉璃吞口螭首的上方，一条细瘦的仔龙腾身盘卷、张口瞠目，身旁牡丹绽放，含芳吐艳，别有风情。

晋陕豫黄河流域先贤祠庙建筑中龙吻的图像形态同样丰富多彩，各有千秋。陕西韩城司马迁祠献殿屋顶采用了鱼龙吻（图9-41），这是在北方并不多见的正吻形式。韩城与黄河龙门紧邻，龙门又名禹门，俗语所说的"鲤鱼跃龙门"即指这里。司马迁祠将这种鱼龙变化的理念以鱼龙吻的形式表现出来，似乎暗喻司马迁由平凡之身而跃升为人中龙凤的故事，既形象生动，又内涵深刻。

太原晋祠献殿龙吻的图像形态与万荣后土祠正殿龙吻相近，亦为仔龙腾飞背兽大螭吻（图9-42）。不同的是仔龙的神态更加动人，其凝目前视，角须后掠，作欲凌空腾起之状，仔龙的爪指也未舞动，而是收于身侧，增添了其蓄势以待的形象感。该吻的琉璃釉色为黄、绿、灰三色，亮丽明艳，阳光照耀下熠熠生辉。晋祠圣母殿龙吻与献殿龙吻不同，采用了类似官式建筑的高卷尾小钢叉小剑把螭吻（图9-43），这使得龙吻的图像形态较为端庄，符合祭祀圣母先贤的空间场所特性。但在细部刻画上，该吻表现出了民俗审美的情趣，仔龙龙身灵动，盘曲宛转，爪指毕现，并与吞口螭龙相交织，吞口螭首还在额顶竖有一只前卷的独角，样式特别，个性突出。

此外，山西盂县藏山祠山门、正殿龙吻也是以"仔龙腾飞"作为装饰

图9-40
韩城城隍庙献殿龙吻

图9-41
韩城司马迁祠献殿鱼龙吻

图9-42
太原晋祠献殿龙吻

图9-43
太原晋祠圣母殿龙吻

主题的，可见，"仔龙腾飞"为多数先贤祭祀祠庙建筑龙吻装饰的主题，具体到不同的祠庙建筑中，又有着图像形态上的变化和差异。

在少数特别的例子当中，以太原窦大夫祠献殿的两尊龙吻为典型。两吻的形态各不相同，左侧一尊的螭首吞口前张，釉色为棕色（图9-44）；右侧吞口螭首的形态则没有那么夸张，釉色也变为了蓝色（图9-45）。两螭首上方的仔龙均作俯首曲颈盘身状，但细部刻画以及龙身所施的釉色不尽相同。

在很多祠庙建筑的山门屋顶上，龙吻变形为望兽，无螭首吞口，只将龙首做成背向正脊、头朝外、张口瞪目、须角后掠、仰望天空之状。万荣后土祠山门屋顶即是如此（图9-46）。

在晋陕豫祠庙中，除嵩山中岳庙和华阴西岳庙等少数建筑外，绝大多数祠庙的正殿、献殿，甚至其他建筑都设有脊刹。从脊刹的构成元素来看，一般有螭首、狮象、楼阁、宝瓶、宝葫芦、莲花、宫门等。从脊刹的总体形态来看，一般呈中左右三座雕像对称式构图，居中的雕像最高，体量也最大，常常以多层楼阁作为基本形式，楼阁上方也可附加其他元素，如宝葫芦或宝瓶。左、右雕像常常为狮和象，既可以是青狮与白象的组合，也可以是狮与狮、或象与象的组合。无论什么样的组合，两兽的姿态一般为面外而立。此外，左右雕像也有做成多层楼阁，与居中的楼阁雕像并立的。

山西万荣东岳庙正殿脊刹设立在正脊中央的琉璃宫门及其两侧相背而望的吞口螭首之上（图9-47）。琉璃宫门设有对称的三门，中门宽大，上方立有三层三重檐带有平座的十字歇山顶楼阁，阁顶屋脊中央立有宝葫芦一只。两尊吞口螭首上方分别立有青狮和白象，狮象背驮双层宝葫芦，葫芦层间雕有莲花，整个琉璃脊刹的釉色由绿、白、橘、青四色构成。

陕西韩城城隍庙威明门脊刹主体由一高两矮三座楼阁组成（图9-48）。位于左右两侧的矮阁立于正脊螭首之上，中央的高阁自正脊处开始，就是连通为一体的建筑形态，在三座楼阁屋顶的宝顶处，各安置了一只宝葫芦。整个琉璃脊刹的釉色由绿、橘两色构成。

与上述常见的祠庙建筑的脊刹相比，太原晋祠献殿和圣母殿的脊刹与

图9-44
太原窦大夫祠献殿左侧龙吻

图9-45
太原窦大夫祠献殿右侧龙吻

图9-46
万荣后土祠山门望兽

图9-47
万荣东岳庙正殿脊刹

图9-48
韩城城隍庙威明门脊刹

众不同,别具特色。晋祠献殿脊刹共三座琉璃雕像,分别坐落在正脊中央、饰有牡丹花卉图形的长方形题额和题额左右两侧的吞口螭首之上(图9-49)。题额上方是双层台座,台座底层四角撑以竹节,上层饰以双狮滚绣球的雕像。两只狮子一个昂首上扑,一个俯身下探,憨态可人。台座上沿装饰有一圈仰莲;仰莲之上,一尊睁目扬尾、作怒吼状的青狮傲然雄立;青狮前侧,立有一位尊者,其形态从容;青狮上方,竖立着兼有艺术审美和防雷作用的三戟钢叉。左右吞口螭首上方,为饰有卷草纹样的单层台座;台座上各置有一座山岩,岩体片片下垂,跌宕错落;岩前也各立有一位尊者,宽袍大袖,神情庄重。以佛教文化意蕴强烈的尊者、青狮、神山作为装饰元素,构成了外来文化与华夏本土文化融合交汇的图景。

晋祠圣母殿脊刹与祠庙建筑常见脊刹的不同之处,是在以中、左、右三只神兽为主体的脊刹上方,又各插有一只三戟钢叉,钢叉中高旁低,中大旁小,其与神兽、神兽背驮的饰有莲花纹和云纹的宝葫芦,以及中央神兽脚下的十字歇山顶房屋,共同构成了特别的图像形态(图9-50)。

晋陕豫祠庙建筑的正脊多为花脊,常采用牡丹、菊花、莲花、卷草、缠枝花等花卉图形和龙、蛇等动物图形,以及山石、云纹等自然元素来装饰。这些图形元素在正脊上,以左右对称的形式交织分布,构成了纹理细腻、纹饰精美、凹凸变化极为丰富、横向展开的艺术图像。以晋祠圣母殿正脊为例(图9-51),该脊以花卉和动物作为纹饰元素。花卉为牡丹、莲

图9-49
太原晋祠献殿脊刹

图9-50
太原晋祠圣母殿脊刹

图9-51
太原晋祠圣母殿正脊

花和菊花，怒放的牡丹和盛开的莲花脉络相连、层叠致密，朵朵色泽明艳的菊花点缀其间，花卉之间，穿行着数条形身修长，或蜿蜒屈曲，或折首回望的行龙，将横向构图的正脊脊饰连贯为一个完整的图像。此外，琉璃本身缤纷的色彩，也为正脊增添了无法言喻的艺术魅力。

祠庙建筑屋顶上的垂脊和戗脊，因尺度小于正脊，故其花饰较正脊简单，装饰元素以牡丹、菊花、莲花、卷草、缠枝花等花卉植物为主。花饰的构图方式通常以连续的卷草花和缠枝花为底，其间均匀点缀牡丹、菊花或莲花。山西万荣东岳庙献殿、正殿，山西榆次城隍庙正殿、献殿，陕西韩城城隍庙献殿、正殿均是如此。

晋陕豫祠庙建筑屋顶上的垂兽和戗兽，因其所处的位置为垂脊和戗脊的下端，具有由这两条屋脊所形成的较为强烈的方向感，因此两兽的基本形态大致为兽首带部分兽身，面朝外，作昂首瞪目怒吼或凝目前视之状。两兽的须角大都后竖或后扬，显示出凛凛威风。太原晋祠圣母殿、献殿、"对越"坊（图9-52），山西万荣后土祠正殿、献殿，陕西韩城司马迁祠献殿，山西榆次城隍庙山门（图9-53）、正殿等众多建筑屋顶的两兽，均是如此的图像形态。

但是也有特别的例子，山西万荣东岳庙正殿屋顶的垂兽和戗兽的形态完全不同，戗兽为上文所述的常见形态，垂兽则为一条体形完整的螭龙，俯卧在垂脊脊头瓦上，螭尾翘起，螭爪抓壁，螭目前视（图9-54）。类似的例子还有陕西韩城城隍庙威明门和广荐殿屋顶的垂兽，螭身周围雕有云纹，作欲飞状（图9-55）。

翼角套兽是建筑屋顶仔角梁梁头的装饰套兽，晋陕豫祠庙建筑屋顶翼角套兽的图像形态与宫殿衙署官式建筑的并没有太大的区别，绝大部分也

图9-52
太原晋祠"对越"坊的垂兽和戗兽

图9-53
榆次城隍庙山门的垂兽和戗兽

图9-54
万荣东岳庙正殿垂兽

图9-55
韩城城隍庙威明门垂兽

都是昂首凝目闭口的兽首样式，所不同的是，有的套兽兽鼻平直，有的套兽兽鼻上卷（图9-56）。

晋陕豫祠庙建筑中瓦当的纹样，以龙纹和兽面纹居多。龙纹形态以盘卷身躯的团龙（图9-57）为主。兽面纹的形态均为正面兽首样式（图9-58）。特别的是，在嵩山中岳庙建筑瓦当中，出现了源自于秦汉瓦当的鱼纹，两鱼一上一下，头尾相衔，形态饱满（图9-59）。

滴水的纹样常见的有龙纹（图9-60）、菊花纹（图9-61）、莲花纹、卷草纹等，由于滴水本身特别的形态，这些纹样呈现出或宛转灵动，或端庄对称的图形特征。

作为祠庙建筑屋顶山面主要装饰构件的悬鱼，与其他类型古代建筑的悬鱼相比，更具有文化意蕴。其构图或简洁或繁复，表现出某种抽象色彩（图9-62）。

在晋陕豫祠庙建筑中，运用于屋顶装饰构件的艺术元素，如龙、螭等图腾元素，鸟、象、狮、鱼等动物元素，牡丹、莲荷、菊花、卷草、缠枝等植物花卉元素，楼阁、山岩等建筑与自然元素，都是千百年来外来文化与华夏本土文化融合交汇形成的文化体系中吉祥符号的代表，传达着华夏民族祈盼美好生活的文化语义。在古代社会观念当中，龙是天下太平、风调雨顺、安宁兴旺、力量与权威的象征；螭为龙之子，有灭火消灾之能；

图9-56
榆次城隍庙玄鉴楼翼角套兽

图9-57
嵩山中岳庙龙纹瓦当

图9-58
嵩山中岳庙兽面纹瓦当

图9-59
嵩山中岳庙鱼纹瓦当

图9-60
嵩山中岳庙财神殿龙纹滴水

图9-61
华阴西岳庙棂星门菊花纹滴水

狮与象为佛教中菩萨的坐骑，青狮以震慑邪魔、驱难辟邪为己任，白象具有愿行广大、功德圆满的寓意；鱼有多子多福、吉庆有余的含义；楼阁、山岩有仙山琼阁、登临仙阁之寓意；至于牡丹等花卉植物，更是被作为一种精神品质的象征，应用于建筑装饰的许多方面。这些形态极为丰富、图像极为生动的艺术元素，化作了无声的语言，在美化祠庙建筑的同时，也赋予其更为深厚的文化意蕴。

图9-62
祠庙建筑屋顶山面悬鱼

三

木雕装饰艺术特征

　　古代建筑以木结构为基本支撑体系的特点，使得木雕艺术在建筑装饰上有了极大的运用和发展空间，这些木雕艺术通常是对建筑结构体系中的木构件、附加构件或衍生构件的雕饰。晋陕豫坛庙建筑作为最能反映古代社会观念和民俗文化精神的传统建筑类型，其木雕艺术中所运用的装饰元素之多样、装饰题材之丰富、装饰图像形态之精美、多变，实在无以尽述。

　　从木雕装饰元素来看，主要有龙、兽、鱼等图腾与动物元素，牡丹、荷莲、菊花、花叶、卷草、缠枝等植物花卉元素，文人、农夫、渔夫、力士、孩童、戏曲形象等人物元素，以及云头纹、回形纹等纹样元素。此外，自然山水景物、楼阁殿堂等建筑物也常在木雕中出现。在祠庙的木雕中，常常将动植物元素（有时也包含人物元素）组合在一起，构成一幅内容丰富、和谐生动的图景。木雕的整体形态也与木构件本身的尺度、形态相适应，起到锦上添花的效果与作用（图9-63）。

　　祠庙木雕装饰的部位，主要有屋顶梁架、斗栱、檐口檩枋、阑额、雀替等处。屋顶梁架中的木雕，如陕西韩城司马迁祠献殿脊檩下的数座

图9-63
万荣后土祠内的建筑木雕

驼峰，其雕饰图像相态各不相同。有雕以对称布局、大小相叠的卷草缠枝龙，并以云纹装饰于两侧的（图9-64）；有以牡丹花开为构图中心，周饰草龙纹和花卉纹的（图9-65）；有以菊花为图形中心，周饰草龙纹、花卉纹和云纹的（图9-66）；还有纯粹以植物花卉为装饰元素，将莲花、莲枝、卷草组合在一起，形成基本对称的图形的（图9-67）。精美的木雕成为献殿为数不多的建筑装饰的主要部分。

此外，太原窦大夫祠献殿藻井的支撑体系中，架于斜梁上方的小柱下端雕以垂花，巧妙地将结构合理性与视觉美感统一起来（图9-68）。山西万荣后土祠双拼戏台屋架梁下撑栱饰以卷云纹和象纹（图9-69），生动别致。

华阴西岳庙棂星门层层出挑的致密斗栱中，每个悬昂两侧均饰以云纹木雕。在斗栱的中间部位，有两尊龙首木雕，凝目张口，斜向伸出。此外，还有四朵木雕垂花，均匀且对称分布于斗栱中间，装饰效果强烈（图9-70）。与此做法类似的，还有韩城城隍庙戏台，在檐檩以下正中位置的斗栱上，挑昂两侧雕刻有龙首纹和云纹的木构件，形态繁复生动（图9-71）。

祠庙建筑檐口檩枋阑额处的木雕装饰丰富多彩，有的是直接对檐檩，普拍枋，大、小额枋等构件的雕饰，有的是在这些构件处附加木雕装饰。

图9-64
韩城司马迁祠献殿驼峰饰以
卷草缠枝龙和云纹的木雕

图9-65
韩城司马迁祠献殿驼峰以
牡丹为构图中心的木雕

图9-66
韩城司马迁祠献殿驼峰以
菊花为构图中心的木雕

图9-67
韩城司马迁祠献殿驼峰饰以
植物花卉纹样的木雕

图9-68
太原窦大夫祠献殿藻井斜梁处的垂花木雕

图9-69
万荣后土祠双拼戏台屋架梁下撑栱饰以卷云纹和象纹

图9-70
华阴西岳庙棂星门檐下斗栱及木雕垂花

图9-71
韩城城隍庙戏台檐檩以下的斗栱及木雕构件

山西万荣后土祠正殿檐檩下附贴有木雕花牙子（图9-72），花牙子以镂雕的手法塑成连续花卉植物图形，开间处和开间中间，还均匀排布着以龙首、象首、卷云为图形元素的向外伸出的木雕。大额枋上方及其下的额垫板处，饰有以孩童、葡萄、牡丹、花枝、乘马人物等图形元素构成的木雕；小额枋下，以双层镂雕的手法，或者将仙桃、元宝、酒具、炉鼎等元素与拐子龙纹结合起来，或者以亭阁、小桥、人物、花卉枝叶为图形元素，做成一幅幅精美的枋下木雕花牙。

图9-72
万荣后土祠正殿檐檩下附贴的木雕花牙子

图9-73
万荣后土祠山门木雕雕饰

图9-74
韩城城隍庙戏台普拍枋、额枋木雕雕饰

　　与正殿木雕装饰相近的做法，在万荣后土祠献殿及山门均可见到，不过图形构成元素或有不同，出现了草龙纹、兽面纹、万字纹、竹节、葵花、乘兽人物、故事人物、鹿、麒麟、壶瓶、坛罐等元素的物象形态（图9-73）。

　　陕西韩城城隍庙戏台的普拍枋、额枋通体均做木雕雕饰，其中普拍枋以横向连续展开的缠枝莲花为图形元素，额枋以草龙纹和拐子龙纹为图形元素（图9-74）。在两枋之间以及额枋以下，又通长地装饰了以镂雕手法塑成的花牙，上层花牙以盘盛仙桃、云纹、莲花、荷花、缠枝为图形元素，下层花牙以火焰纹、云纹、江海纹、行龙纹组合而成。从上至下，雕满精美图样的四层木构件将戏台妆点得如琅嬛福地之所在，使人在观戏时有如临仙境之感。

在檐枋外侧，垂花木雕也起到了重要的装饰作用。万荣后土祠双拼戏台檐枋处和韩城城隍庙戏台枋额处均有垂花木雕，其图像形态各有不同，花朵有上翻、下覆各种姿态，并附有花叶。韩城城隍庙戏台垂花两侧还雕有龙首、鱼尾和云纹，形态更加丰富（图9-75）。

雀替是晋陕豫祠庙建筑中木雕装饰的又一个重要部位。形态较为简单的雀替以卷草纹、云纹和回形纹为装饰图形，如华阴西岳庙灏灵殿雀替（图9-76）和韩城城隍庙献殿雀替（图9-77）。韩城司马迁祠献殿内支撑金檩的雀替（图9-78）和华阴西岳庙棂星门的雀替（图9-79），其图形

图9-75
韩城城隍庙戏台垂花木雕

图9-76
华阴西岳庙灏灵殿雀替

图9-77
韩城城隍庙献殿雀替

图9-78
韩城司马迁祠献殿内支撑金檩的雀替

图9-79
华阴西岳庙棂星门雀替

为卷草纹的变种缠枝纹，复杂多变，并增添了云纹或如意纹。

　　龙首木雕是雀替最主要的图像形式，在很多祠庙建筑中都可见到，如韩城城隍庙献殿雀替（图9-80）、戏台雀替（图9-81），榆次城隍庙山门内的雀替（图9-82），太原窦大夫祠献殿雀替（图9-83），均采用了此类图形。但不同的建筑，雀替的具体形态也有区别。有的雕工粗犷，有的雕琢精细；还有的，如窦大夫祠献殿，在龙首之后又接了一段方木，显得朴实无华。

　　门簪在有些祠庙建筑中也成为木雕装饰构件。华阴西岳庙棂星门的门簪上，雕有花卉枝叶，其形态细密、精致（图9-84）。

　　在有的祠庙建筑中还有一些个性化的木雕，如太原窦大夫祠献殿藻井（图9-85）。木雕藻井呈覆斗状，分上下两层向上叠起，两层之间饰以

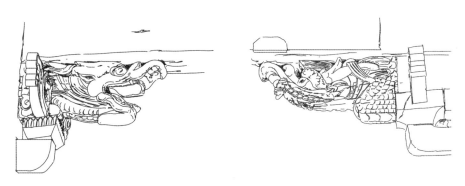

图9-80
韩城城隍庙献殿雀替

图9-81
韩城城隍庙戏台雀替

图9-82　　　　　　　　　　　　　　图9-83
榆次城隍庙山门内雀替　　　　　　　太原窦大夫祠献殿雀替

连续围合的木雕殿阁与廊庑建筑，上层八边形藻井在凸起的最高处收成圆形，与下层藻井的正方形图形构成"天圆地方"的呼应关系。山西榆次城隍庙山门屋檐内两端角梁下各藏有一尊木雕力士，力士曲膝瞠目，作负力状，憨态可掬（图9-86）。

　　晋陕豫祠庙建筑中，很多木雕以传统儒家文化观念、民俗生活、吉祥故事作为装饰题材。山西蒲县柏山寺戏台台口处的三幅镂刻木雕，左右两幅分别以"渔樵""耕读"为题材，中间一幅以"八仙庆寿"为题材。"渔樵"木雕，在山林溪涧之间，有一肩挑木柴的樵夫和一临溪垂钓的渔夫，二人身旁莲荷竞放，奔马嘶鸣，瑞鹤翔舞（图9-87）。"耕读"木雕，在田野之间，有一农夫单肩扛锄，伴牛而行，另有一人手捧书册，凝神注目；在农夫和书生身侧，菊花绽放，鸟儿争鸣，更有两只白鹿或立或奔，情趣盎然（图9-88）。"八仙庆寿"木雕上刻有九位仙人。正中为乘鹤的太上老君，左右分立着张果老等各位乘祥云的八仙。仙人周围花卉满布、凤凰献瑞（图9-89）。

　　在万荣后土祠正殿和解州关帝庙雉门、午门、崇宁殿、御书楼等建筑中，也均可见到此类精美的木雕。

图9-84
华阴西岳庙棂星门雕有花卉枝叶的门簪

图9-85
太原窦大夫祠献殿藻井

图9-86
榆次城隍庙山门屋檐内的力士木雕

图9-87
蒲县柏山寺戏台"渔樵"木雕

图9-88
蒲县柏山寺戏台"耕读"木雕

图9-89
蒲县柏山寺戏台"八仙庆寿"木雕

四

影壁装饰艺术特征

影壁是晋陕豫坛庙建筑中常见的建筑物，从其形态来看，一般有一字影壁和八字影壁（又称撇山影壁）两种。从其材质来看，有砖雕影壁、石雕影壁、琉璃影壁以及砖砌影壁嵌琉璃壁心等几种类型。若按影壁所处的位置，则分为祠庙外和祠庙内两种。

处于祠庙外的有华阴西岳庙影壁、山西盂县藏山祠影壁等。西岳庙影壁的形式同明清宫殿建筑中的影壁完全相同（图9-90），黄色琉璃瓦歇山屋顶，红色壁身，壁身四周以绿色琉璃镶边，壁身侧面以琉璃花卉为图心，四个岔角嵌琉璃花卉纹饰，影壁基座为石质须弥座。

盂县藏山祠影壁为石砌而成，悬山屋顶，基座由多道叠涩和混枭组合构成，并嵌有如意纹样。屋檐和壁心之间也嵌有如意花饰，壁心图形为传统的"二龙戏珠"，宝珠上火焰燃起，两条云龙上下翻腾，四周祥云环绕，仙山壁立，海浪翻涌（图9-91）。

位于祠庙内的影壁以八字形居多，其位置一般分设在建筑物两侧，起到衬托主体的作用。设在戏台两侧的影壁，则还有拢音、优化演戏时音质效果的功效。万荣后土祠山门两侧有砖砌悬山顶素心影壁（图9-92），呈八字形矗立于建筑之旁，实心的影壁墙与虚空的山门形成对比和反衬的关

图9-90
华阴西岳庙影壁

图9-91
盂县藏山祠"二龙戏珠"影壁

系。后土祠正殿两侧也立有八字形影壁，同样为砖砌，但壁身砖雕内容丰富。左侧影壁壁心雕有一条蛟龙，曲身舞爪，威武雄健，四周有飘浮的祥云，下方有翻腾的江海，影壁的檐下，垂有如意雕饰，壁脚处雕有卷草纹和卷身兽面纹（图9-93）。右侧影壁壁心雕有一只回首长啸的猛虎，其脚踏山石，旁有苍松，壁檐和壁脚的雕饰与左侧影壁略同（图9-94）。

陕西韩城城隍庙山门旁的两座掖门各设有一组八字形砖砌影壁。其顶部覆以琉璃瓦，壁心嵌以琉璃图形，为砖与琉璃相结合影壁的代表之作。影壁琉璃瓦顶为硬山式，正脊两侧立有形态精美的望兽，瓦当为兽面纹样。左侧一组影壁檐下均匀排布着琉璃垂花，垂花之间嵌有菊花、莲瓣和卷草；右侧一组影壁的檐下则有由龙首纹、兽面纹、如意纹、莲枝纹等元素组合而成的类似斗拱的雕饰，雕饰之间还刻有僧俗人物。四面影壁的壁心所嵌图形各不相同，但均以"龙吟虎啸"作为题材，左侧一组影壁在龙虎山水雕刻的四周，分布有人物、马、牛、牡丹、菊花、缠枝、卷草等复杂的图饰；右侧一组影壁在龙虎山水雕刻的四周，则只分布有牡丹、菊花、卷草图饰，但大朵的牡丹和菊花，使得壁心图形更加生动、更引人瞩目。两组影壁的壁脚均饰以如意案几纹样，并无二致。采用砖与琉璃相结合形式的，还有解州关帝庙雉门内侧的影壁。

晋陕豫祠庙建筑中戏台两侧设置的影壁，同设于山门、正殿等处的影壁一样，其形式与材质和主体建筑相协调。万荣后土祠山门背面的戏台和双拼戏台均设有影壁。三座影壁均采用素面壁心，壁心上、下方略饰以花卉植物图案，朴素大方。影壁均为砖砌，其材质、色调乡土气息浓厚，与后土祠建筑相得益彰（图9-95）。

山西榆次城隍庙玄鉴楼背面戏台两侧的影壁，采用了出檐深远的单檐琉璃歇山顶，檐下斗拱细密，壁身两端立有木柱，柱下设有夹柱石，其形

图9-92
万荣后土祠山门素心影壁

图9-93
后土祠正殿左侧雕龙影壁

图9-94
后土祠正殿右侧雕虎影壁

式类似牌坊的做法。壁心嵌绿色琉璃雕饰，一面为昂首麒麟，另一面为回首麒麟，整个影壁从形态、材质到色彩均与玄鉴楼完美统一（图9-96）。

图9-95
万荣后土祠山门戏台与双拼戏台素心影壁

图9-96
榆次城隍庙戏台琉璃影壁

第十章

楹联匾额艺术

晋陕豫坛庙建筑楹联匾额艺术概说

楹联匾额艺术是华夏古代建筑艺术的组成部分，是为中国所特有的、将古代汉语言文学、古代书法艺术融入建筑与环境艺术的表现形式，是以直观的语言文字表达出建筑的历史性、文化性、地域性特征的有效方式。对于坛庙建筑来说，它还是直接表述祠祀对象的正义使命、忠贞信念、仁爱品德和不屈气节的艺术方法。

古代建筑楹联艺术一般认为始于五代时期，至明清达到全盛。明太祖朱元璋酷爱联语艺术，清康乾时期，由于官方的推动，使得楹联成为与诗词、曲赋、骈文并列的主流文体之一。昆明大观楼一百八十字的长联的出现和清代文字家梁章钜编撰的《楹联丛话》的出版，标志着楹联艺术在严格的对偶、格律的要求和限定下，已经将对自然景物的描写、对历史人物的评述、对襟怀的抒发、对人生态度的表达，推向了汉语言艺术的极致。

晋陕豫黄河流域作为华夏文明和黄河文明的核心地域，有着最为深厚的传统文化底蕴；明清时期，这里又邻近国家的政治、文化中心，因此，楹联艺术语言精妙，反映的思想观念广泛而深刻。楹联联语在坛庙建筑的各种类型，如自然神祠庙、祖先祠庙和先贤祠庙中，有着不同的价值取向，表达着不同的文化主题。

晋陕豫坛庙建筑中楹联的表现形态，特别是色彩形态，丰富多样。有蓝底金字的，如陕西韩城城隍庙内的建筑楹联；有黑底蓝字的，如河南安阳彰德府城隍庙内的建筑楹联；还有黑底金字的，如华阴西岳庙灏灵殿楹联、万荣后土祠山门及戏台楹联、山西盂县藏山祠山门、正殿楹联等。这些楹联大多悬挂于建筑明间檐柱，也有的镶嵌于墙面上，如山西临县碛口黑龙庙山门楹联。此外，还有一类阴刻于建筑砖柱、石柱上的楹联，文字艺术与建筑艺术的结合更加紧密，表现出较为强烈的民俗和乡土特色。

相比于楹联，悬挂于建筑门楣之上的匾额，因其形态更加硕大、文字更加凝练、色彩更加丰富、书法艺术更加突出，而更容易受到瞩目。对于坛庙建筑来讲，由于其立祠久远，传承着数百年，乃至上千年的文化根脉，因此受到众多帝王、卿相、文人、智士的关注，往往题匾于祠庙正殿或献殿。这些凝聚了对祀奉对象无限景仰之情的匾额，或沿建筑正面额枋一字排列，或分布于建筑内外不同部位，构成了一道极富人文特色的景观，也形成了使该建筑区别于其他类型古代建筑的立面特征。

以解州关帝庙崇宁殿为例，殿内木雕神龛上悬有康熙皇帝手书"义炳乾坤"横匾，其书法稳健、规整、大气。殿前明间檐下悬有乾隆皇帝手书的"神勇"二字横匾，其书法丰满圆润，气象宏大，匾额为蓝底金字，朱红框边，匾周金色行龙环绕，神采飞扬，格外醒目。殿前明间廊下，悬有咸丰皇帝手书"万世人极"楷书横匾，字体严谨端庄。

在华阴西岳庙灏灵殿檐内，并列悬挂有清同治帝手书"瑞凝仙掌"匾、光绪帝手书"金天昭瑞"匾和慈禧太后手书"仙掌凌云"匾，气势不凡。再如嵩山中岳庙峻极殿，九开间的正面悬挂有九幅横匾，这些匾额内容以颂神为主，书法艺术精湛。有的为黑底金字金框，有的为蓝底金字金框，还有的为红底金字金框，为大殿立面增添了厚重的人文气象，也使之形成了与宫廷建筑的显著区别（图10-1）。

图10-1
嵩山中岳庙峻极殿檐下横匾

二

自然神祠庙楹联匾额艺术

在晋陕豫自然神祠庙建筑中，楹联的联语艺术通常以颂扬神明的伟力、感念神明的庇佑为内容取向和文化主题。具体来说，往往以天地星辰、山岳河川、日月风物、周边胜境等与祠庙相关的自然环境因素，祠庙自身的历史渊源、历史演变、历史故事等人文因素，以及祠庙特殊的建筑形态，作为咏颂题材，进而表达对神明的景仰之情。

华阴西岳庙内各建筑的楹联联语就是这样的创作思路。棂星门联曰："星拱北辰，百代烟痕添气韵；棂瞻西岳，千秋文史灿光华"，使人感受到了西岳庙两千余年的文化传承。"尊严峻极"石牌坊南北两面刻联，南联曰："普四方利物之恩康疆福寿；跃七气素真之表正直聪明"，北联曰："职方纪豫州控楚连秦拱冀；月令司秋序生春长夏藏冬"，联语颂扬了西岳神明宏大的能量与功德，表达了感恩与祝福之情。金城门楹联曰："庙镇三秦，金城永固；河延九畹，后土无疆"，灏灵殿楹联曰："作庙始西京升馨自昔；侑神配东岳鼎建维新"，又曰："灏气长存十万风华天际远；灵光永耀三千世界掌心来"，三联对西岳庙的山河形胜之势和历史文脉传承作出精妙的表述。

嵩山中岳庙内各建筑的楹联联语也是同样的主题，正殿和寝殿有乾隆皇帝亲祀时题写的楹联，正殿联曰："二室集神庥，阴阳式序；三台垂福荫，风雨以和"，寝殿联曰："包伊洛瀍涧，并效灵庥；长衡泰华恒，永凝禔福"。

山西万荣后土祠虽然也属于自然神祠庙，但在历史演变中，其原有的国家级祭祀建筑的尊贵地位逐渐失去，民俗文化意象愈加浓重，这一点，真实地反映在祠内建筑的楹联艺术中。这些楹联联语贴近普通民众，以巧妙而富有哲理玄机的语句表达出人生感悟。双拼戏台东台原有联两副，现仅存其一："前缓声，后缓声，善哉歌也；大垂手，小垂手，轩乎舞之"，以此赞誉戏剧表演时吟歌传情、舞姿妙曼者。西台存联两副，其一曰："空即色、色即空，我闻如是；画中人、人中画，于意云何"，联中借用佛家《心经》之语，提出人生观点，同时对戏曲表演的目的和意向作出发问，引人遐思。第二联曰："世事总归空，何必以空为实事；人情都是戏，不妨将戏作真情"，这其实是对第一联发问的回答，表现出一种恬淡超脱的心态。

晋陕豫黄河流域东岳庙的兴盛，始于宋金时期。当时东岳庙民俗化的倾向已经很明显，随着元明时期东岳庙的进一步发展，特别是随着东岳神君的人格化，东岳庙的民俗文化特征更加显著，这一点清楚地表现在东岳庙建筑楹联中。以山西蒲县柏山寺为例，祠庙内的楹联联语有："伐吾山林吾勿语；伤汝性命汝难逃""念它几许性灵，慎称异类；放彼一条生路，便是阴功""善是莲花举魂升玉界；恶为鳞蟒拿魄坠冥渊""禽鸟通灵人神皆爱；阴阳互济天地同春""寿以德延死生何信命；福因善造富贵亦由人""孝哉卧冰天赐鲤；忠也除暴榜封神""此处衙门难行贿；下边官府不容情""天堂地狱两条道；善举恶行一念间"，在这些联语中，充满了劝人向善、劝人行孝、惩恶除暴，以便增福禄、延年寿的谆谆教诲。

城隍庙建筑在其所祀奉的自然神明演变为人格神之后，民俗色彩日益浓厚。自明代开始，统治者赋予了城隍神震慑邪魔、教化民众的职能，自此，城隍庙成为百姓心目中以隐晦的方式主持一方正义、明断人间是非的空间与场所，这一点普遍地表现在了庙内的建筑楹联艺术之中。

陕西岐山城隍庙联语曰："你哄你，我不哄你；人亏人，天岂亏人"。陕西韩城城隍庙联语曰："举善到此心无愧；行恶来斯胆自寒"，又曰："是非不分国法安在；善恶莫辨天理难容"。山西榆次城隍庙联语曰："暗室亏心未入门已知来意；自家作孽欲免罪不在烧香"，又曰："善报恶报循环果报，早报晚报如何不报；名场利场无非戏场，上场下场都在当场"。河南安阳彰德府城隍庙联语曰："做个好人心正身安魂梦稳；行些善事天知地鉴鬼神钦"。同样表达文明教化的主题，不同的祠庙却有着不同的语言方式，有的威吓，有的劝导，运用之妙，存乎一心。

同楹联一样，自然神祠庙中匾额所运用的语言，也是依据祀奉对象的职能定位和相应的文化主题来拟定。如在嵩山中岳庙峻极殿内，匾额文字有"黄天厚土""恩泽神州""威镇天中""道然精粹""峻极于天""神光远被""位镇中岳"等。在榆次城隍庙玄鉴楼，有"神灵有赫""报应昭彰"两匾，匾中文字笔力雄浑，端庄大气，赫然醒目（图10-2）。

图10-2
榆次城隍庙玄鉴楼檐下横匾

313

三

祖先祠庙楹联匾额艺术

　　散布于晋陕豫黄河流域的华夏民族祖先祠庙，其建筑规模或大或小，兴建年代或早或晚，但均表现出了对华夏人文先祖的崇敬与缅怀之情。这些情感以文字表述的方式来抒发，以楹联匾额的形式来表达，既能让人直观地感悟祠庙的文化主题，又可以为祠庙建筑增添耀眼的人文气象。

　　在祀奉伏羲、黄帝、炎帝的祠庙里，常可见到古人或现代人撰写的如下联语："功德泽百世；宏业润千秋""神药垂千秋始祖源流光圣睿；农耕昭万世炎帝德泽兆民生""五仙帝泽永照人间真宝地；显灵神恩长昭世上果福居""创始定有人千载岐黄崇炎帝；流传安无据八方稼穑念神农""馨香历五千，播文明，开教化，功高祖宇；遗爱知凡几，种稼穑，传岐黄，泽被生民""厚德济干坤，想岐黄稼粟诸功，无言能载；薄文祈祖宇，佑赤县神州大地，万世其昌""日月遗怀，有客祭千秋俎豆；时空纵目，此间载八大勋名"。

　　祖先祠庙中的匾额大多以"人文初祖"四字为文字内容，表明了炎黄二帝在华夏文明史上的崇高地位。

四

先贤祠庙楹联匾额艺术

作为彪炳华夏文明史和黄河文明史的代表人物，尧舜禹汤引领了民族精神与品格的培育，四人各自的卓越品质和伟烈丰功，如尧的仁爱、信义、清廉、俭朴和举任贤能、虚心纳谏，舜的礼义、孝悌、修善法治，禹的智慧、无畏、巧治水患，汤的仁政、德化，都是祀奉四位先贤的祠庙建筑中楹联联语所颂扬的主要内容。

尧庙楹联联语有："大哉为君，举禹稷契皋益，以水官土官木官金官火官，时亮天功，功归元首；奥若稽古，历虞夏商周秦，而西汉东汉南汉北汉蜀汉，皆承帝祚，祚锡万年"。

舜帝庙楹联云："纵横八万里，布人伦教化，神州有谁称大孝；上下五千年，开德治先河，华夏唯舜尊圣贤"，又云："此是鸣条岗，春露秋霜怀复旦；漫言苍梧驾，尧天舜日睹重华"。

禹王庙楹联有云："壮哉山河之固；巍乎功德斯存"，又云："位居九五继二帝；治在六三第一王"，又云："安民聚德标凤阙；治水神功著龙门"。

汤王庙楹联有云："远会启征诛肇兴革命；声灵瞻赫濯昭格来馨"，又云："一德暨阿衡，声灵赫赫；九围膺帝命，昭假迟迟"。

这些楹联与祠庙内古朴的建筑、幽静的庭院、傲然挺拔的苍柏共同构建出一种别样的空间氛围，引发了访者对筚路蓝缕、栉风沐雨、建立宏伟功业的先贤的景仰之情。

后稷为华夏农耕民族所作的贡献，是怎样评价也不为过的。山西稷山县稷王庙山门楹联曰："兴农教稼功昭百代；厚德配天庙祀千秋"，后稷楼前平雕石柱楹联曰："思文配乎天，树八百年王业之本；率育命自帝，开亿万世粒食之源"，楼后亦有平雕石柱楹联曰："稼穑劳后躬，播种功德垂百代；民人饱圣德，崇隆祠宇耸千秋"。山西万荣太赵村稷王庙正殿楹联曰："步神农氏稼穑立新耿耿民心悬朗月；登无梁殿圭冕炫辉赫赫功德比凌烟"，戏台有联云："教稼得人解愠阜财歌实德；庆丰作乐吹豳饮蜡乐钧天"。身处祠院之中，仰望殿阁中后稷神端庄的塑像，再品味这些楹联所表达的文化含义，会让人产生强烈的思古情怀。

自祭奉关羽的祠庙建筑在晋陕豫黄河流域大规模兴起开始，对关公"忠""义""信""勇"精神品质的颂扬，也大量通过楹联的方式表达出来。这些楹联联语精妙，寓意深刻，以高超的汉语言艺术，展现了关公的生平事迹以及儒、释、道三教和世俗社会对关公的崇高赞誉，饶是如此，仍觉意犹未尽，正如清代关庙中一副联语所云："儒称圣，释称佛，道称天尊，三教尽皈依，式詹庙貌长新，无人不肃然起敬；汉封侯，宋封王，明封大帝，历朝加尊号，知是神功卓著，真所谓荡乎难名"。

华夏武庙之冠、山西解州关帝庙有联云："青灯观青史，着眼在春秋二字；赤面表赤心，满腔存汉鼎三分"。又云："北斗在当头帘箔卷起应挂斗；南山来对面春秋阅罢且看山"。河南许昌关帝庙有联云："赤面秉赤心，乘赤兔追风，驰骋时毋忘赤帝；青灯观青史，仗青龙偃月，隐微处不愧青天"。三副楹联从精神境界的高度，阐明了关公读春秋而秉忠义的思想缘由，既是对关公的颂扬，又内藏文明教化的意图。

山西永济关帝庙楹联曰："先武穆而神，大汉千古，大宋千古；后文宣而圣，山东一人，山西一人"。联语巧妙地将关公与历史上先于他的孔子和后于他的岳飞相对照，誉关公为神圣。

有的关庙楹联，以关公的具体事迹为内容，形象生动。河南许昌关帝庙有联曰："兄玄德弟翼德仇孟德力战庞德；生解州出许州战荆州威震九州"。又曰："匹马单枪出许昌，大丈夫直视中原无名将；备酒赐袍饯灞陵，真奸雄岂知后世有贤声"。河南许州八里庙关帝庙楹联云："亦知吾故主尚存乎，从今日偏逐天涯，且休道万钟千驷；曾许汝立功乃去耳，倘他日相逢歧路，又肯忘樽酒绨袍"。

陕西勉县关帝庙楹联联语独辟蹊径，以祠庙本身所处的地理位置为切入点，联曰："秦蜀此咽喉，地系汉家终始远；风云护祠宇，灵昭阁道往来人"，阐明关公的威灵对一方水土和民众的庇佑之意。

可以试想，目睹赤面长髯、着绿色战袍、神采飞扬的关公塑像高坐于殿堂之上，烛光照映下，周仓手中的青龙偃月刀寒光闪耀，怎会不让人产生异样的情感，联想到关公家喻户晓的传奇事迹和这许多幅楹联所表达的对关公的追念之情，拜谒者的内心便会自然而然地渗透进关公的精神情操，祠庙与楹联的艺术感染力得以体现。

武圣关庙之外，享誉华夏的众多先贤烈士的祠庙楹联也都各具特色，反映了先贤的精神品质及其为华夏民族所作出的贡献。

陕西岐山周公庙乐楼楹联云："制大礼作大乐并勘大乱大德大名垂宇宙；训多士诰多方兼膺多福多才多艺贯古今"，献殿联云："父兄王道圣功善继善述；姜召帝师皇属一德一心"，正殿楹联曰："自古勋劳推元圣；从来梦见有几人"。河南洛阳周公庙有联云:"礼行四海经纬天地;乐奏八方震烁古今",颂扬了周公制礼作乐、教化文明的伟绩丰功。

陕西白水县仓颉庙前殿有联云:"笔落也天惊地动;文成哉鬼哭龙藏",又云:"四目明千秋大业;六书启万世维言",又云:"制书契易结绳经天纬地;启愚蒙创文翰继往开来";中殿有联云:"洪荒文字由兴创;中土生民以治察";后殿有联云:"苍天焉灵圣躬于阳武俾传六书字法;黄帝敕葬仙骨于利乡命享万代香烟",又云:"明四目而制六书,万世文字之祖;运一心以赞两仪,千古士儒之师"。从这些楹联联语中,可以看出华夏民族对于仓颉文字始祖的至高评价。

三国名相诸葛亮出山于河南南阳,病逝后安葬于陕西勉县定军山,南阳武侯祠和勉县武侯祠的楹联对诸葛亮的生平和鞠躬尽瘁的精神作出了高度概括和评价。南阳武侯祠有联云:"收二川,排八阵,六出七擒,五丈原设四十九盏明灯,一心只为酬三顾;取西蜀,定南蛮,东和北拒,中军帐变金土木爻神卦,水面偏能用火攻",在充分表意的同时,上联嵌入数字一至十,下联嵌入五行和五方位,文思精巧。勉县武侯祠有联曰:"义胆忠肝,六经以来二表;托孤寄命,三代而后一人",对诸葛亮和他的出师表评价之高,更无二者。

在河南南阳还建有医圣祠,祭祀东汉医学家张仲景。祠内有联云:"辨六经辨八纲心小胆大;反权豪反名利智圆行方",又云:"六经既出无他论;三代以下唯斯人",又云:"上工济民,下工问病,皆关百姓生死;圣人明道,常人敬法,同体天地经纶",又云:"启法程,立宗鉴,直取天地真意;救民瘼,济苍生,正是大医本心",每副联语都道出了对医圣精妙高深的医术和普济百姓美德的赞颂。

山西夏县司马温公祠碑楼檐柱上刻有清代一副楹联:"粹德辉煌流涑水;精忠发越秀峨嵋",颂扬了北宋名相司马光的文治功德。

河南汤阴县岳飞庙楹联:"涪王兄弟,蕲王夫妇,鄂王父子,聚河岳精灵,仅存半壁;两字君恩,四字母训,五字兵法,洒英雄涕泪,莫复中原"。河南朱仙镇岳飞庙楹联:"若斯里朱仙不苑,知当日金牌北召,三字含冤,定击碎你这极恶滔天黑心宰相;即比邻关圣犹生,见此间铁骑南旋,万民哭留,必保全我那尽忠报国赤胆将军",赞颂了南宋抗金名将岳飞的英雄功绩和报国爱民的情操。

山西盂县藏山祠、盂县大王庙、阳曲县大王庙和陕西韩城九郎庙祭奉着春秋时期晋国大夫赵武和"赵氏孤儿"故事中的义士程婴和公孙杵臼。以藏山祠为例,正殿前有明代四川布政司使史文焕所撰楹联,曰:"赵氏长延,死难存孤,百年获礼士尊贤之报;盂民永赖,弥菑捍患,万世荷忠臣孝子之功",又有清代翰林院检讨王玙所撰长联曰:"勋名汗简策,读来尽是青光,怪得翠柏苍松,藏山不改千年绿;忠义炳乾坤,积久都成赤气,试看巉岩峭壁,返照犹留一片红",联语颂扬了赵氏佑民之功,并将程婴和公孙杵臼的忠烈义举比作翠柏苍松、山岩峭壁，长驻人间。

此外，还有一些祭奉着为民众造福、受世代百姓礼赞的古代先贤的祠庙，其楹联艺术一般都以崇功报德为主题，如山西太原晋祠献殿有联云："圣德著千秋，维其嘉而维其时，精神不隔；母仪昭万世，于以盛而于以奠，灵爽堪通"，正殿圣母殿有联云："灵泉浩浩，万顷琉璃穷地脉；圣水溶溶，九涯珠玉荡天光"，祠内唐叔虞祠有联云："唐国封桐七百年，功存王室；晋渠水灌三千顷，泽及生民"，又如太原窦大夫祠献殿有联云："太行峰巅，孔圣为谁留辙迹；烈石山下，晋贤遗泽及苍生"。

同自然神祠庙、祖先祠庙一样，先贤祠庙中悬挂着的匾额也赋予建筑立面以更加强烈的文化特征和个性特色。仍以晋祠圣母殿为例，其檐下阑额处一字开排，悬挂着七幅横匾，占满了建筑立面的七个开间。这些横匾多以描金龙饰镶框，或黄底金字，或蓝底金字，或红底金字，字形均端庄大气，其中明间悬匾"三晋遗封"，为慈禧太后手笔。左侧三匾，"惠普桐封"为同治皇帝御笔，"惠流三晋"为光绪帝御笔，最左侧匾曰"坤厚载物"。右侧三匾曰："潜通元化""惠泽长流""含弘光大"。此外，前檐副阶廊内梁上还悬有多幅横匾，匾语有："泽被河汾""膏流碧玉""灵源惠泽""惠洽桐封"（图10-3）"万汇含孳""灵爽式凭""德洋恩溥"（图10-4）等，字体或楷，或行，或篆，为殿宇增添了强烈的文化气象。

图10-3
太原晋祠圣母殿檐廊内北侧横匾

图10-4
太原晋祠圣母殿檐廊内南侧横匾

第十一章

象征艺术

一

象征：
坛庙礼制建筑不可或缺的艺术语言

　　始建于明代的北京天坛作为国内现存礼制等级最高、文化特征和艺术特征最为突出的坛庙建筑，蜚声海内外。一提到天坛，人们自然就会联想到祈年殿端庄的形象：坐落于三层汉白玉台基之上，圆形建筑，三重屋檐，上覆青色琉璃瓦。独特的建筑形态和建筑色彩造就了神奇的祈年殿，但是，鲜有人知，殿宇初建时并不是这样的形态和色彩，早期的天坛也不是现在这样的规制。

　　在明成祖朱棣迁都北京之际，象征皇朝正统、只有天子或天子代表才能行祭、祭祀皇天后土的空间和场所——天地坛也于永乐十八年（1420年）在北京正阳门外落成，其中的主体建筑初名"大祀殿"，为重檐庑殿顶的矩形大殿。据《明史纪事本末·卷五十一·更定祀典》记载，明嘉靖九年，给事中夏言上奏嘉靖皇帝："古者祀天于圜丘，祭地于方泽。是故兆于南郊，就阳之义，瘗于北郊，即阴之象。"从这样的象征主义思想出发，开始实行天地分祭，在南郊建圜丘以祭天，在北郊建方泽坛以祭地。并于嘉靖二十四年（1545年）拆除大祀殿，另建三重檐圆殿，名为"大享殿"，殿顶各檐由上至下覆以青、黄、绿三色琉璃，分别象征天、地、万物。清乾隆十六年（1751年），三色琉璃瓦统一改为青色，殿名也改为了现名。

　　可以看出，在天坛和祈年殿的重建中，采取了"象征"的艺术手法。比如在选址上，天为阳，故于城南阳地建天坛以祭；地为阴，故于城北阴地建地坛以祭。在形态上，祭天之圜丘为圆形，祭地之方泽坛为方形，象征"天圆地方"的古代宇宙观念。而圆形的祈年殿，也同样象征着"天圆"。此外，祈年殿的三重屋檐为阳数，以与天之阳性相符；逐层向上收缩的屋檐，象征与天的接近；青色的琉璃瓦屋顶，象征着天空的光色。

　　祈年殿中采用的象征艺术手法还不止这些，殿内中央的四根龙井柱象征春、夏、秋、冬四季；中围的十二根金柱象征一年中的十二个月；外围的十二根檐柱象征一日之中的十二个时辰；中围和外围的柱子相加，象征着二十四节气；三层柱子相加，象征着天上的二十八星宿，再加上柱顶端的八根铜柱，又象征三十六天罡。

天坛和祈年殿虽然建于明代北京，但是其历史渊源，特别是象征艺术营造手法的历史渊源，却完全可以认为是来自于晋陕豫黄河流域的坛庙建筑。这一点，从《明史纪事本末·卷五十一·更定祀典》中记载的嘉靖皇帝与诸臣讨论祀礼时对古代典籍及史实的引用，可以清楚地看到。在华夏的政治文化中心于元代转移至幽燕之地以前，晋陕豫黄河流域作为华夏政治文化核心地域已历经数千年，在坛庙建筑中运用象征艺术营造手法已非常成熟，在以象征艺术表现建筑思想性、文化性的深度和广度上，都已达到极致。

坛庙建筑的祭祀文化特征和礼制文化特征，决定了它是运用象征艺术的最佳建筑类型，反过来说，运用象征艺术语言，能够更好地表达坛庙建筑的祭祀文化特征和礼制特征。

坛庙建筑中的象征艺术，在其早期阶段便可见到。1979年挖掘出的辽宁省喀左县东山嘴祭祀遗址，与辽宁省朝阳市牛河梁遗址一样，同属于红山文化遗址，距今五千余年。祭坛建于山梁顶，北部有石砌方形祭坛遗址，方坛之南为广场，距坛15米处有圆形石砌台基，似为圆坛（图11-1）。1984年在内蒙古包头莎木佳第三期新石器时期文化遗址中，发现了一组祭坛。北坛高1.2米，呈方形，中坛高0.8米，亦为方形，南部小坛为圆形，略高出地坪。此外，在距今四千多年的上海青浦福泉山良渚文化祭坛遗址中，发现有长方形的大坛和圆形土台。圆形土台高出地面，位置在南，方坛处于低处，位置在北。由以上实例可以看出，新石器时代的祭坛

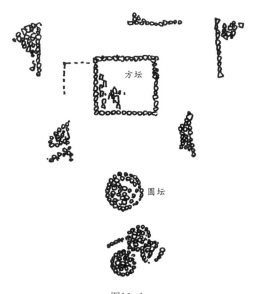

图11-1
喀左县东山嘴祭祀遗址平面示意图

建筑就已经存在以圆形喻天、以方形喻地、圆坛在南属阳、方坛在北属阴的象征艺术建筑思想。

上述例证还可以理解为，祭祀文化需要以象征艺术的方式来表达。祭祀的根本目的是为了表达对祀奉对象的信仰和感恩之情，并期盼继续得到眷顾和庇佑，这就需要建立与祀奉对象之间的沟通途径和方式。而建立怎样的沟通途径和方式才是合适且有效的，才能使神明们听到人世间的呼声，感受到上至帝王、下至普通民众的内心渴望，就成为千百年前古代先人一直在探求的重大问题。《尔雅·释天》曰："祭天曰燔柴，祭地曰瘗埋"，隋唐《孔颖达疏》曰："天神在上，非燔柴不足以达之；地祇在下，非瘗埋不足以达之"，就表明了古代先人对这一问题所作的解答。在长期的摸索过程中，古代先人形成了这样的认识：建立与祀奉神明在形态、色彩、数理和阴阳属性等方面的呼应关系，也就是象征关系，是达成与神明沟通的最佳方式和途径。这种呼应与象征关系的建立，当然需要借助作为祭祀的空间和场所的坛庙建筑，坛庙建筑本身复杂的构成形态、构成元素，使得它可以从很多方面来表现呼应与象征关系，前文所述的北京天坛祈年殿就是典型的例子。

在漫长的历史发展过程中，坛庙建筑并不只是表现祭祀文化的象征艺术的载体，随着古代礼制的发展，礼制文化在坛庙建筑中的表达也越来越受到重视，而礼制文化表达的一个重要方式，就是象征艺术的运用。仍以北京天坛为例，圜丘是祭天的场所，在古代礼制中，天至上，故以古人观念中最大的阳数九来象征，圜丘中央为一块圆形石面，其外第二圈由九块石板铺砌，第三圈由九的二倍，十八块石板铺砌，第四圈石板数量为九的三倍，直到最外圈的八十一块石板，组成了呈放射形铺就的同心圆坛面。此外，圜丘三层坛的每一层都设有九级台阶，每一层坛周围的石质栏杆数量也都为九的倍数。

在古代建筑中，采用象征艺术语言来表达文化思想的建筑类型并不只有坛庙建筑，其他如宫廷建筑，通过象征艺术来表达礼制思想，宅院建筑通过象征艺术来表达民俗思想；但是，只有坛庙建筑通过象征艺术兼而表达着祭祀文化思想、礼制文化思想及民俗文化思想。因此，在坛庙建筑中，象征艺术手法的运用是多方位的、复杂的。晋陕豫黄河流域的坛庙建筑，文明积淀最为深厚，文化底蕴最为厚重，象征艺术的运用最为广泛，运用方式也最为丰富多样。

晋陕豫坛庙建筑中象征艺术语言的运用大致有四种方式：一是以具体的形象或抽象的符号象征隐喻某些文化思想、精神内涵；二是以特别的建筑平面构图或特别的景观形态象征隐喻某些营造思想、文化理念；三是以建筑构件或建筑构成元素的数量、数字隐喻祀奉对象的数字特征，或表现坛庙在祭祀和礼制方面的数字特征；四是以色彩象征祀奉对象所具有的特征，或表现祭祀和礼制方面的规范要求。

华夏传统的图腾元素，如龙、凤、鸟等，释道两教与民俗文化中的动植物、器物元素，如龙、狮、象、鹤、鱼、蛇、麒麟、鹿、卷草、缠枝、松柏、葫芦、莲花、荷花、牡丹、菊花、竹子、宝伞、宝瓶等，形象特征鲜明，在数千年的文明传承中，成为特定的文化精神、文化语义的象征形象。前文已对这些形象元素在晋陕豫祠庙建筑各个方面的运用进行了分析，它们的存在，赋予了祠庙更多的文化象征意义。

具有抽象符号特征的传统纹样，如回形纹、万字纹、如意纹、云纹、山水纹等，在晋陕豫祠庙建筑中运用广泛，具有强烈的文化象征意味。回形纹系由古代陶器和青铜器上的云雷纹衍化而来，历史悠久，喻示着源远流长、生生不息、绵延不绝、祥和安宁等意，其线条排列形式变化多样，抽象感强烈，耐人寻味。万字纹即"卍"字纹样，源于古代符咒或宗教标志，梵语中有"吉祥之所集"之意，"卍"字四端向外延伸展开，可演变出各种连续锦纹，象征坚固永恒、绵长不绝、福寿不断头等意。如意纹取名吉祥，借喻称心如意，其与瓶、戟、牡丹、磬等花卉器物图形共同构成象征"平安如意""富贵如意""吉庆如意"的图案，运用于祠庙装饰艺术之中。云纹在演变过程中，出现了云雷纹、云气纹、卷云纹、云兽纹、叠云纹、如意云纹等多种形式，云纹具有"平步青云"的象征寓意，在晋陕豫祠庙建筑装饰中随处可见。

传统儒家思想中有"山水比德"的观念，也有"智者乐水，仁者乐山"的比拟，晋陕豫祠庙装饰艺术中的山水纹样线条简洁凝练，多是对这些观念和比拟的象征和隐喻。

以特别的建筑平面构图象征某些传统文化理念，有例如前文所述之宋金时期的山西万荣后土祠。该祠庙以前方后圆的总平面构图为基本特色，形成了对"天圆地方""天地相合"文化理念的象征；这也是因祠庙祀奉对象为阴性而作出的对阴阳和谐、共存共生理念的象征，在一般祀奉阳性神明的祠庙中不会出现。

前文曾有分析，在宋金万荣后土祠正殿坤柔之殿前设有一方水池，在山西太原晋祠正殿圣母殿前设有鱼沼，此均为以阴柔之水象征祀奉对象阴柔之性的例子。那些遍及晋陕豫祠庙建筑的古柏植物，其象征作用前文已作详细的分析，此处不再赘言。由水沼、植物等景观形态构建的象征艺术语言，形象生动，语义明确，不仅喻示了特定的思想理念，而且使这些祠庙具有了个性更加突出的景观环境。

以建筑构件或建筑构成元素所具有的数量、数字象征祀奉对象的数字特征，是晋陕豫祠庙建筑象征艺术语言运用最为广泛的方式。数字在华夏传统文化中有着特殊的意义和作用，它不只是计数符号，也是思想理念的代表符号，表达着古代先贤智者的宇宙观念和思维方式。

《周易·系辞上》云："一阴一阳之谓道，继之者善也，成之者性也。仁者见之谓之仁，知者见之谓之知。百姓日用而不知。"老子《道德经》云："道生一，一生二，二生三，三生万物。"南宋诗人陆游《读易》诗曰："无端凿破乾坤秘，祸始羲皇一画时。"这些阐述道出了"一"字所具有的文化内涵，乾卦的第一画就是"一"，乾代表天，故有伏羲氏"一画开天"之说。一为阳，二就为阴，《周易·系辞上》曰："天一地二"，华夏古代文化中，数字由此有了阴阳之分，一三五七九属阳，二四六八十属阴。《周礼·冬官·考工记·匠人》云："王宫门阿之制五雉，宫隅之制七雉，城隅之制九雉。"东汉张衡《东京赋》云："经涂九轨，城隅九雉。"以五、七、九等阳数作为建筑法度，就是运用数字象征作用的营造规制。

九为最大的阳数，因此在华夏传统观念中，"九"也被赋予了特殊的象征意义。这种象征意义同样运用于坛庙礼制建筑，殿宇开间数量以九为尊，九开间建筑为最高等级。在晋陕豫坛庙建筑中，宋金时期的万荣后土祠正殿为九间大殿，清乾隆时期的嵩山中岳庙正殿为九间大殿，礼制等级与皇宫正殿相同。

将数字象征艺术运用于坛庙建筑历史久远。西汉礼学家戴德选编的《大戴礼记·明堂》曰："明堂者……凡九室，一室而有四户八牖，三十六户，七十二牖，以茅盖屋，上圆下方……堂高三尺，东西九筵，南北七筵，上圆下方。"文中所述的数字，都是为了合"天数"而设定的，象征意义明显，表明在西汉或之前的历史时期，坛庙建筑数字象征艺术已经很成熟。

据《宋史·志·卷五十二·礼二》载，北宋徽宗政和三年（1113年），礼制机构奏言："古所谓地上圜丘，泽中方丘，皆因地形之自然。王者建国，或无自然之丘，则于郊择吉土以兆坛位。为坛之制，当用阳数，今定为坛三成（层），一成用九九之数，广八十一丈，再成用六九之数，广五十四丈，三成用三九之数，广二十七丈。每成（层）高二十七尺，三成（层）总二百七十有六，《乾》之策也。为三壝，壝三十六步，亦《乾》之策也。成（层）与壝（天）地之数也。"从奏言中可以看出，当时祭天圜丘所涉及的数字形制，被有意识地设置为与"天地之数"相对应的象征关系。

据同一文献记载，在北宋时期，礼制局关于祭地方坛的数字形制，也有奏言："方坛旧制三成（层），第一成高三尺，第二成、第三成皆高二尺五寸，上广八丈，下广十有六丈。夫圜丘既则象于乾，则方坛当效法于坤。今议方坛定为再成（层）。一成广三十六丈，再成广二十四丈，每成崇十有八尺，积三十六尺，其广与崇皆得六六之数，以坤用六故也。为四陛，陛为级一百四十有四，所谓坤之策百四十有四者也。为再壝，壝二十有四步，取坤之策二十四也。成（层）与壝俱再，则两地之义也。"从奏文中可以看出，方坛的各种数字尺度及其层数和壝数的确定，完全依据

"坤数"，取得了完整的对应与象征关系。

数字象征艺术发展到明清，出现了北京天坛祈年殿这样最具代表性的建筑。此外，据《清史稿·志·礼一》中对北京夕月坛的描述："月坛各六级，方四丈，高四尺六寸。"也表明以阴性的偶数应和所祭祀的太阴神，为数字象征艺术在该坛营造中的运用。

数字象征艺术在晋陕豫坛庙建筑中的运用是多方位的，不只是在上文所述的几个方面。由于建筑营造中涉及的数字内容极多，既包含了各类建筑构件的尺度数字，又包括了同类构件的数量、范围方面的数字；因此，以这些数字语言象征祀奉对象的某些数字特征的运用空间很大，可以形成丰富多样的象征和隐喻关系。比如在山西蒲县柏山寺，地狱院落中的上下两院地面高差达4米左右，下层地坑式院子由多间砖石锢窑围合而成，名曰"地狱府"，上下两院之间的连通台阶，被设置为十八步，象征到达了十八层地狱的最下一重。在晋陕豫坛庙建筑中，类似的象征做法不可胜数。

色彩是艺术审美的一个重要方面，色彩象征艺术的出现离不开华夏先人对美的形式的追求。随着历史的发展，礼制思想的加强，色彩象征艺术更多地表达出了社会的等级秩序观念。

东汉张衡《东京赋》云："慕唐虞之茅茨，思夏后之卑室。"晋代袁宏《后汉纪·光武帝纪一》云："礼有损益，质文无常，茅茨土阶，致其肃也。"古代建筑最初为"茅茨土阶"，可以想象，建筑色彩多为茅草、木材、夯土等建筑材料的本色。后来随着审美意识的增强，开始使用红土、白土、蚌壳灰等涂料装饰和保护墙面。据考证，殷商时期的坛庙、宫殿建筑，墙面为白色，柱子为红色，对比强烈。

周代建立的"礼乐"制度，确定了社会秩序等级，各阶级的地位以其居所的建筑色彩作为象征。《春秋谷梁传注疏》载："楹，天子丹，诸侯黝，大夫苍，士黈"，表明周人是以红色为最尊贵的象征色彩，然后黑色、青色、黄色依次降级。先秦建筑以红色为至尊，据推测是基于以下两重象征含义：一是红色象征生命活力，代表着长久延续。考古学家在距今三万年的古山顶洞人生活的山洞里就发现了用红色涂染的贝壳和兽牙，据此认为红色是华夏先人传承久远的崇拜色。商朝最后的国都名"殷"，殷就有红色之意。二是在华夏先人的观念中，红色象征着震慑群魔、驱邪趋吉。在汉代文献中，有大量的"丹楹""丹墀""朱阙""朱榱"等文字记载，表明汉朝宫殿、坛庙建筑也是以红色为基本色彩。

魏晋南北朝以后，随着琉璃瓦的大量使用，黄色琉璃瓦被发现最为富丽堂皇，尊贵绚丽，加上在古代五行学说中，土居中，黄色为中央正色，因此到了宋代，黄色逐渐成为至尊地位的象征。宋代还崇尚清淡雅致，因此，具有此类特征的绿色琉璃瓦也受到推崇，成为次于黄色的建筑用色材料。明清两朝，礼制等级的划分更加严格，色彩对于建筑礼制等级的象征作用愈加强烈，正如今天在晋陕豫祠庙建筑遗存中所看到的，礼制等级最高的嵩山中岳庙峻极殿和华阴西岳庙灏灵殿采用了黄色琉璃瓦屋顶，礼制等级稍低的府县城隍庙的正殿，如河南安阳彰德府城隍庙正殿、山西榆次城隍庙正殿、陕西韩城城隍庙正殿，采用了绿色琉璃瓦屋顶，而更多的祠庙建筑，则采用了灰筒瓦屋顶。

以五色土象征五方，铺设于祭祀社稷之坛，是运用色彩象征艺术的另一个方面。《汉书·郊祀志》载："徐州岁贡五色土各一斗。"更早的《尚书·禹贡》亦载："海、岱及淮惟徐州，……厥贡惟土五色。"清同治年间的《徐州志》记述得更为详尽："赭土山产五色土，贡自夏禹，……唐开元至宋皆有入贡。"表明在晋陕豫黄河流域，自上三代开始，经先秦、汉、唐直到北宋，各王朝在国都营建社稷坛，都要在坛的最上层铺设五种色彩的土壤，东方铺青色土，南方铺红色土，西方铺白色土，北方铺黑色土，中央铺黄色土。五色对应五行，是社稷的象征，是王朝天下江山的象征，也是王朝统治正统性与合法性的象征。

二

典型例证：
唐宋明堂的象征艺术

　　明堂的修造，是古代华夏礼制建设方面的大事，同圜丘和方泽坛一样，明堂是王朝正统的象征。如何通过明堂的建筑形制，特别是通过形制中建筑象征艺术语言的运用，达到"通于上天"的目的，是历代帝王和经学之士反复研讨的问题。《三辅黄图·卷五》引《周礼·冬官·考工记》云："明堂五室，称九室者，取象阳数也。八牖者阴数也，取象八风。三十六户牖，取六甲之爻，六六三十六也。上圆象天，下方法地，八窗即八牖也，四闼者象四时四方也，五室者象五行也。"东汉大学者桓潭所著《新论·正经》曰："天称明，所以命曰明堂。上圆法天，下方法地，八窗法八风，四闼法四时，九室法九州，十二座法十二月，三十六户法三十六雨，七十二牖法七十二风。"《考工记》和桓潭所释中的"象"与"法"二字，都是象征的意思，可见早在先秦时，明堂营造中的建筑象征艺术思维已经高度完善了。

　　在古代史籍文献中，记述较为详细的明堂建筑形制，是《旧唐书·志·礼仪二》中记述的唐武则天在洛阳营建的明堂和《宋史·志·卷五十四·礼四》中记述的宋徽宗在汴京修建的明堂。史载，唐朝初立，太宗便命有司议明堂之制，但意见不一，众说纷纭，至唐高宗时仍无定论。武后临朝后，独与北门学士议其制，乃于垂拱三年，毁洛阳乾元殿，建明堂于其址。

　　武则天所建明堂底层为正方形，象征四季四方，分别饰以东青、南赤、西白、北黑四方色。二层八边形中，四正面每面三窗，共十二窗，象征十二时辰。三层圆形，分为八个开间，每间三窗，共二十四窗，象征二十四节气。立面上各层均做重檐，一层重檐均为正方形，如桓潭所论之"下方法地"。二层重檐上层为圆形，下层为八边形，是为由方形向圆形的过渡，同时象征八方。三层重檐为圆形攒尖顶，如桓潭所论之"上圆法天"（图11-2）。

　　北宋徽宗确定明堂的象征规制，也经过了反复论证，据《宋史·

志·卷五十四·礼四》记载，政和五年（1115年），诏曰："宗祀明堂以
配上帝，寓于寝殿，礼盖云阙……崇宁之初，尝诏建立，去古既远，历代
之模无足循袭……度以九筵，分其五室，通以八风，上圆下方，参合先王
之制。"随后，徽宗在诏旨中详细阐明了他所考证的夏商周三代明堂的规
制，并提出了他所要修造的明堂的象征规制：上圆以象天，下方以法地，
每室设四户以象征四季，夹以八窗以象征八节，设五室以象征五行，设
十二堂以象征十二月。可以看出，宋徽宗所确定的明堂象征规制与前代并
不相同，更接近于先秦周制。

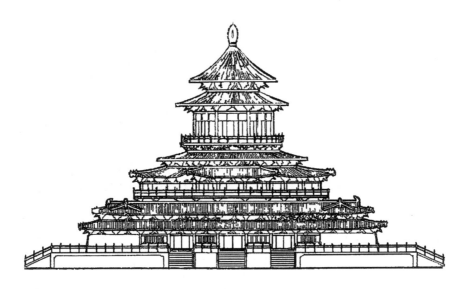

图11-2
唐武则天明堂复原立面图

结束语

书稿完成了，但总觉得还有话要说。本来我对传统文化和古代建筑就是极有兴趣的，自以为也有一些感悟和心得，但在课题获得立项，开始了对晋陕豫三省坛庙建筑的调研考察，走访处于荒僻的山乡村落、秀丽的山巅高冈、静寂的深山幽谷的祠庙建筑时，我感觉自己仿佛被注入了新的力量，对传统文化和古代建筑有了新的认知。有许多次，当夕阳西下，落日的余晖映照在祠庙屋檐飞翘的翼角上，为其罩上一层金色的光晕时，我和课题组的马婷等几位同学静立在古柏苍翠的祠庙庭院中，心中会产生一种莫名的感动。我们努力整理思绪，去捕捉那种感觉，若用一个词语（或曰概念）形容它，形容"艺术美"之外那种抽象的意味，那就是"文化"二字。

　　借着无声的建筑与环境构成的空间氛围，到访者感受到了传承数千年的精神和气质，仿佛穿越时空，达到了与古人的对话。这种感受是无法用文字或语言完全表达出来的，无论怎样精彩的文字、怎样动人的语言，都不能使旁人达到与到访者同样的感受。事实上，正是由于语言文字在表意方面缺少画面感和体验感，才有了美术来补充，才有了音乐、建筑艺术来补充。《易传·系辞上》云："立象以尽意"，看来，两千多年前的古人已经认识到了以物象来表意、尽意的文化作用。

　　坛庙建筑就其艺术形态来讲是宏大的，让人可以身临其境地感知它所传达的文化意象，不论是具有怎样文化修养的人，都可以从中获得感悟，体会到古代儒、释、道三教与华夏农耕文化交汇融合形成的深邃博大的文化源流，认识到华夏民族文化的根脉、精神和气度。这种体验感是其他艺术形式所不具备的，这也是今天的我们更应该珍视这些黄河文明的物质见证和记忆源泉、这些给我们带来文化自信的宝贵遗产的原因。

　　在调研考察过程中，使我们感动的还有所接触到的晋陕豫三省文物界人士，山西省文物局许高哲副巡视员、临汾市尧都区文旅局王金保局长、霍州市文旅局关文旗局长、河南登封文物局宫嵩涛副局长、河南南阳古建保护研究所贾付军所长、陕西西岳庙张跃峰总工程师、山西省博物院安瑞军研究员、晋城博物院安建峰研究员、介休市文物局段青兰女士、介休后土研究会梁月林会长、万荣后土祠吴雷馆长等人所传递出的对华夏传统文化的挚爱和对当地祠庙古建筑的深情。文化自信，是他们，也是我们，更是所有的人从晋陕豫黄河流域传承数千年的坛庙建筑及其所蕴含的思想精神中得到的最宝贵的收获。

对祖先、先贤的崇拜与信仰是华夏民族血脉相连、生生不息、传承数千年长盛不衰的根基，也是当代中国正在大力弘扬的文化精神，对晋陕豫坛庙建筑艺术及其文化内涵的课题研究，正是对中华优秀传统文化的传承和弘扬，是对社会主义核心价值观的落实和践行。

从这个意义上讲，本书稿的完成并不意味着我的课题研究的结束，而是标志着新的开始。

参考文献

方志、碑刻

[1] 蒲县志（清乾隆十八年）[M].台北：成文出版社，1976.

[2] 解州安邑县志（清乾隆二十八年）[M].台北：成文出版社，1976.

[3] 闻喜县志（清乾隆三十年）[M].台北：成文出版社，1976.

[4] 介休县志（清嘉庆二十四年）[M].台北：成文出版社，1976.

[5] 太原县志（清道光六年）[M].台北：成文出版社，1976.

[6] 荣河县志（清光绪七年）[M].台北：成文出版社，1976.

[7] 长子县志（清光绪八年）[M].台北：成文出版社，1976.

[8] 临县志（民国3年）[M].台北：成文出版社，1968.

[9] 偏关志（民国4年）[M].台北：成文出版社，1968.

[10] 万泉县志（民国6年）[M].台北：成文出版社，1976.

[11] 洪洞县志（民国6年）[M].台北：成文出版社，1968.

[12] 闻喜县志（民国8年）[M].台北：成文出版社，1968.

[13] 解县志（民国9年）[M].台北：成文出版社，1968.

[14] 介休县志（民国19年）[M].台北：成文出版社，1976.

[15] 临汾县志（民国22年）[M].台北：成文出版社，1976.

[16] 晋城市地方志丛书编委会.晋城金石志[M].北京：海潮出版社，1995.

[17] 张晋平，编著.晋中碑刻选粹[M].太原：山西古籍出版社，2001.

[18] 王汝雕，牛文山，编著.临汾历代碑文选[M].延吉：延边大学出版社，2005.

[19] 张正明，科大卫，王勇红，主编.明清山西碑刻资料选（续二）[M].太原：山西人民出版社，2005.

[20] 山西省史志研究院，编.山西旧志二种[M]//山西乡土志（清宣统）.北京：中华书局，2006.

[21] 《大金承安重修中岳庙图》碑[Z].

[22] 《蒲州荣河县创立承天效法厚德光大后土皇地祇庙像图石》碑[Z].

[23] 《钦修嵩山中岳庙图》碑[Z].

[24] 《敕建西岳庙图》碑[Z].

[25] 《敕修西岳庙图》碑[Z].

专著

[1] 赵玉春. 坛庙建筑[M]. 北京：中国文联出版社，2009.

[2] 刘敦桢. 刘敦桢文集[M]. 北京：中国建筑工业出版社，2007.

[3] 刘敦桢. 中国古代建筑史[M]. 北京：中国建筑工业出版社，1984.

[4] 楼庆西. 中国传统建筑装饰艺术大系·屋顶艺术[M]. 北京：中国时代出版社，2013.

[5] 李允鉌. 华夏意匠——中国古典建筑设计原理分析[M]. 天津：天津大学出版社，2005.

[6] 张江涛，刘帆. 西岳庙碑石[M]. 北京：中央文献出版社，2011.

[7] 楼庆西. 中国传统建筑装饰艺术大系·脊兽[M]. 北京：中国时代出版社，2013.

[8] 楼庆西. 中国传统建筑装饰艺术大系·砖石艺术[M]. 北京：中国时代出版社，2013.

[9] 高阳. 中国传统建筑装饰[M]. 天津：百花文艺出版社，2009.

[10] （清）景日珍. 嵩岳庙史[M]. 南京：江苏古籍出版社，2000.

[11] 李玉洁. 黄河流域的农耕文明[M]. 北京：科学出版社，2010.

[12] 田自秉. 中国工艺美术简史[M]. 杭州：中国美术学院出版社，1989.

[13] 张夫也. 外国工艺美术史[M]. 北京：高等教育出版社，2005.

[14] 李会智，王金平，徐强. 山西古建筑（下）[M]. 北京：中国建筑工业出版社，2015.

论文

[1] 张家泰. 《大金承安重修中岳庙图》碑试析[J]. 中原文物，1983.

[2] 吕智荣，刘育升. 西岳庙考古收获[J]. 文博，2005.

[3] 傅熹年. 中国古代礼制建筑[J]. 美术大观，2015.

[4] 牛建强. 地方先贤祭祀的展开与明清国家权力的基层渗透[J]. 史学月刊，2013.

[5] 王贵祥. 明清地方城市的坛壝与祠庙[J]. 建筑史，2012.

[6] 石国伟，周征松. 东岳信仰的传承及其地方社会的影响[J]. 宗教学研究，2009.

[7] 石国伟. 论山西蒲县东岳庙信仰的地方化[J]. 山西师范大学学报（社会科学版），2007.

[8] 姚春敏. 从方志看清代后土信仰分布的地域特征——以山西地方志为中心[J]. 兰州学刊，2011.

[9] 程文娟，王金平. 晋祠古祠建筑群浅析[J]. 太原理工大学学报，2006.

[10] 柏贵喜. 从宗庙祭祀制度看北朝礼制建设[J]. 中南民族大学学报，2003.

[11] 梁润萍. 探寻我国城隍信仰的历史嬗变[J]. 黔南民族师范学院学报，2017.

[12] 郭守信. 周代祭祀初论[J]. 中国史研究，1986.

[13] 加俊. 晋南万荣县后土祠俗民后土信仰调查研究[D]. 兰州：西北民族大学，2006.

[14] 陈伟，樊淑敏. 后土信仰的嬗变及其生态意义[J]. 江西社会科学，2007.

[15] 沈旸，布超，于娜. 山西后土庙建筑遗存探析[J]. 兰州理工大学学报，2011.

[16] 李文. 山西万荣县后土祠庙貌碑考略[J]. 山西档案，2012.

[17] 温春爱. 介休后土庙建筑艺术赏析[J]. 文物世界，2006.

[18] 郭华瞻. 山西介休后土庙建筑研究[D]. 天津：天津大学，2007.

[19] 李成生. 临县碛口黑龙庙碑刻解读[J]. 山西档案，2014.

[20] 李光明. 登封中岳庙选址理念解析[J]. 古建园林技术，2009.

[21] 郭丹. 《诗经》中的图腾崇拜[J]. 福建师范大学学报（哲学社会科学版），1992.

[22] 朱向东. 山西寺观祠庙传统建筑研究的内容和方法[J]. 山西建筑，2007.

[23] 王崇恩，朱向东，王金平. 山西寺观祠庙传统建筑的研究意义[J]. 山西建筑，2007.

[24] 唐嘉弘. 黄河文明与中国传统文化导论[J]. 中原文物，1990.

[25] 王树平，包得义. 论清代坛庙建筑的神祇信仰及其文化价值[J]. 求索，2015.

[26] 皮庆生. 宋代民间信仰中庙貌问题的初步考察[J]. 江汉论坛，2012.

[27] 陈牧川. 中国传统祠祀建筑文化的儒家伦理解析[J]. 高等建筑教育，

2013.

[28] 汤丽萍. 道教官规——城隍庙[J]. 中原文物，2009.

[29] 吕宏军，郑凯文. 中岳庙建置疑案考[J]. 中原文物，2010.

[30] 陈久金. 华夏族群的图腾崇拜与四象概念的形成[J]. 自然科学史研究，1992.

[31] 张立新. 信仰：《诗经》价值系统的重要维度[J]. 云南民族大学学报，2008.

[32] 黄春雨. 牛河梁红山文化大型礼仪建筑群的建造特征及其影响[J]. 理论界，2014.

[33] 贾红艳. 从后土祠庙貌碑看宋代后土祠在中国古代建筑史上的地位[J]. 文物世界，2009.

[34] 李仁孝. 中华民族对"天"和"龙"的崇拜心理与汉语词汇[J]. 内蒙古社会科学，1997.

[35] 于志斌. 祭城隍民俗考[J]. 苏州大学学报，1998.

[36] 梁润萍. 寻走于现代的传统：城隍信仰的世俗生活——基于晋中城隍庙的调查[J]. 青海民族研究，2014.

[37] 李祥林. 多民族视野中的城隍会与摊俗民艺[J]. 内蒙古大学艺术学院学报，2015.

[38] 段建红. 城隍信仰与明代社会考论[J]. 求索，2008.

[39] 石佳，傅岩. 城隍庙文化琐谈[J]. 城市科学，2003.

[40] 王健. 官民共享空间的形成：明清江南的城隍庙与城市社会[J]. 史学月刊，2011.

[41] 赵茜，李素英. 晋祠兴建之山水形胜考[J]. 中国园林，2017.

[42] 申迎迎. 榆次城隍庙的玻璃脊饰[J]. 美与时代，2012.

致谢

　　本书篇幅虽然不算宏大，但涉及的方面很多，工作量巨大。有古文献查阅、研究方面的，有相关著作、论文整理分析方面的，有田野调查资料整理方面的，还有大量的祠庙图片整理、祠庙手绘工作。在这里，感谢山西大学杭侃副校长、山西大学美术学院刘维东院长、王志俊副院长、冯任军副院长、高鑫玺教授、山西古风今韵建筑集团张兵兵先生、山西省文物局许高哲副巡视员、临汾市尧都区文旅局王金保局长、霍州市文旅局关文旗局长、河南登封文物局宫嵩涛副局长、河南南阳古建保护研究所贾付军所长、陕西西岳庙张跃峰总工程师、山西省博物院安瑞军研究员、晋城博物院安建峰研究员、介休市文物局段青兰女士、介休后土研究会梁月林会长、万荣后土祠吴雷馆长为本课题研究提出了宝贵的意见；感谢课题组马婷、杨艺泽、刘泊宁的倾力付出；感谢我的学生田子兴、刘思睿、牛孟涛、韩笑笑、赵杨杰、靳文杰、弓晓龙、王菁、王凌晨、尹志弘、郑苏洋、董佳琪、崔丽瑶的帮助。最后，还要感谢中国建筑工业出版社的张建老师，她在审校书稿和图书排版制作中付出的辛劳，提升了本书的出版质量和呈现效果。

图书在版编目（CIP）数据

黄河文明的记忆：晋陕豫坛庙建筑艺术／刘勇著
. —北京：中国建筑工业出版社，2021.6
ISBN 978-7-112-25765-2

Ⅰ.①黄… Ⅱ.①刘… Ⅲ.①宗教建筑－建筑艺术－
山西、陕西、河南 Ⅳ.①TU-885

中国版本图书馆CIP数据核字（2020）第256235号

责任编辑：张　　建
书籍设计：张悟静
责任校对：张　　颖

黄河文明的记忆

晋陕豫坛庙建筑艺术

刘勇　著

*
中国建筑工业出版社出版、发行（北京海淀三里河路9号）
各地新华书店、建筑书店经销
北京锋尚制版有限公司制版
北京中科印刷有限公司印刷
*
开本：880毫米×1230毫米　1/16　印张：22½　字数：437千字
2021年8月第一版　2021年8月第一次印刷
定价：99.00元
ISBN 978-7-112-25765-2
　　（37001）